21世纪高等学校规划教材｜电子信息

信息网络应用基础

范春晓 主编

范春晓 漆渊 吴岳辛 邹俊伟 编著

清华大学出版社

北京

内 容 简 介

本书从一个信息网络应用系统的网络环境、系统支撑及应用实现的角度,深入分析系统的组成,系统地介绍各个层次的相关概念、原理及实现技术,主要包括操作系统、网络基础、网络应用层协议、基于 TCP/IP 的网络编程技术、信息的网络定位、描述及表达、网络编程语言 JSP、Web 服务等内容,结合应用实例加强对基本原理的理解,培养学生解决网络环境下信息应用问题的能力。

本书可以作为高校电子信息专业及相关专业本科生、研究生的教材,也可以作为从事计算机网络及信息应用工作的工程技术人员的参考书。

图书在版编目(CIP)数据

信息网络应用基础/范春晓主编.--北京:清华大学出版社,2012.8
21 世纪高等学校规划教材·电子信息
ISBN 978-7-302-29060-5

Ⅰ.①信… Ⅱ.①范… Ⅲ.①计算机网络-高等学校-教材 Ⅳ.①TP393

中国版本图书馆 CIP 数据核字(2012)第 127744 号

责任编辑:闫红梅
封面设计:傅瑞学
责任校对:李建庄
责任印制:杨 艳

出版发行:清华大学出版社
    网 址:http://www.tup.com.cn,http://www.wqbook.com
    地 址:北京清华大学学研大厦 A 座 邮 编:100084
    社 总 机:010-62770175 邮 购:010-62786544
    投稿与读者服务:010-62776969,c-service@tup.tsinghua.edu.cn
    质 量 反 馈:010-62772015,zhiliang@tup.tsinghua.edu.cn
    课 件 下 载:http://www.tup.com.cn,010-62795954
印 装 者:三河市李旗庄少明印装厂
经 销:全国新华书店
开 本:185mm×260mm 印 张:21.25 字 数:529 千字
版 次:2012 年 8 月第 1 版 印 次:2012 年 8 月第 1 次印刷
印 数:1~3000
定 价:34.50 元

产品编号:045823-01

编审委员会成员

西南交通大学	冯全源	教授
	金炜东	教授
重庆工学院	余成波	教授
重庆通信学院	曾凡鑫	教授
重庆大学	曾孝平	教授
重庆邮电大学	谢显中	教授
	张德民	教授
西安电子科技大学	彭启琮	教授
	樊昌信	教授
西北工业大学	何明一	教授
集美大学	迟岩	教授
云南大学	刘惟一	教授
东华大学	方建安	教授

出 版 说 明

  随着我国改革开放的进一步深化,高等教育也得到了快速发展,各地高校紧密结合地方经济建设发展需要,科学运用市场调节机制,加大了使用信息科学等现代科学技术提升、改造传统学科专业的投入力度,通过教育改革合理调整和配置了教育资源,优化了传统学科专业,积极为地方经济建设输送人才,为我国经济社会的快速、健康和可持续发展以及高等教育自身的改革发展做出了巨大贡献。但是,高等教育质量还需要进一步提高以适应经济社会发展的需要,不少高校的专业设置和结构不尽合理,教师队伍整体素质亟待提高,人才培养模式、教学内容和方法需要进一步转变,学生的实践能力和创新精神亟待加强。

  教育部一直十分重视高等教育质量工作。2007 年 1 月,教育部下发了《关于实施高等学校本科教学质量与教学改革工程的意见》,计划实施"高等学校本科教学质量与教学改革工程(简称'质量工程')",通过专业结构调整、课程教材建设、实践教学改革、教学团队建设等多项内容,进一步深化高等学校教学改革,提高人才培养的能力和水平,更好地满足经济社会发展对高素质人才的需要。在贯彻和落实教育部"质量工程"的过程中,各地高校发挥师资力量强、办学经验丰富、教学资源充裕等优势,对其特色专业及特色课程(群)加以规划、整理和总结,更新教学内容、改革课程体系,建设了一大批内容新、体系新、方法新、手段新的特色课程。在此基础上,经教育部相关教学指导委员会专家的指导和建议,清华大学出版社在多个领域精选各高校的特色课程,分别规划出版系列教材,以配合"质量工程"的实施,满足各高校教学质量和教学改革的需要。

  为了深入贯彻落实教育部《关于加强高等学校本科教学工作,提高教学质量的若干意见》精神,紧密配合教育部已经启动的"高等学校教学质量与教学改革工程精品课程建设工作",在有关专家、教授的倡议和有关部门的大力支持下,我们组织并成立了"清华大学出版社教材编审委员会"(以下简称"编委会"),旨在配合教育部制定精品课程教材的出版规划,讨论并实施精品课程教材的编写与出版工作。"编委会"成员皆来自全国各类高等学校教学与科研第一线的骨干教师,其中许多教师为各校相关院、系主管教学的院长或系主任。

  按照教育部的要求,"编委会"一致认为,精品课程的建设工作从开始就要坚持高标准、严要求,处于一个比较高的起点上;精品课程教材应该能够反映各高校教学改革与课程建设的需要,要有特色风格、有创新性(新体系、新内容、新手段、新思路,教材的内容体系有较高的科学创新、技术创新和理念创新的含量)、先进性(对原有的学科体系有实质性的改革和发展,顺应并符合 21 世纪教学发展的规律,代表并引领课程发展的趋势和方向)、示范性(教材所体现的课程体系具有较广泛的辐射性和示范性)和一定的前瞻性。教材由个人申报或各校推荐(通过所在高校的"编委会"成员推荐),经"编委会"认真评审,最后由清华大学出版社审定出版。

目前，针对计算机类和电子信息类相关专业成立了两个"编委会"，即"清华大学出版社计算机教材编审委员会"和"清华大学出版社电子信息教材编审委员会"。推出的特色精品教材包括：

(1) 21 世纪高等学校规划教材·计算机应用——高等学校各类专业，特别是非计算机专业的计算机应用类教材。

(2) 21 世纪高等学校规划教材·计算机科学与技术——高等学校计算机相关专业的教材。

(3) 21 世纪高等学校规划教材·电子信息——高等学校电子信息相关专业的教材。

(4) 21 世纪高等学校规划教材·软件工程——高等学校软件工程相关专业的教材。

(5) 21 世纪高等学校规划教材·信息管理与信息系统。

(6) 21 世纪高等学校规划教材·财经管理与应用。

(7) 21 世纪高等学校规划教材·电子商务。

(8) 21 世纪高等学校规划教材·物联网。

清华大学出版社经过三十多年的努力，在教材尤其是计算机和电子信息类专业教材出版方面树立了权威品牌，为我国的高等教育事业做出了重要贡献。清华版教材形成了技术准确、内容严谨的独特风格，这种风格将延续并反映在特色精品教材的建设中。

清华大学出版社教材编审委员会
联系人：魏江江
E-mail：weijj@tup.tsinghua.edu.cn

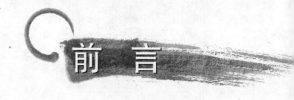

前 言

20世纪末，信息技术突飞猛进地发展，特别是网络技术的发展和"信息高速公路"的建设，使计算机化了的信息应用系统快速地朝网络化方向迈进，并使当前依托网络进行的大多数社会活动成为基于网络的信息应用系统。

任何一种产业发展都是在某个技术平台支撑下完成的，网络正是当今信息社会的地基。网络技术、计算机技术和通信技术是当代信息应用的基础，基于网络环境的信息应用技术基础已成为电子类工科学生需要掌握的重要知识。基于网络的信息应用系统，绝不仅仅是依靠网络程序设计语言就可以完成的，它需要设计人员深入理解网络的结构及服务原理，理解系统运行环境的支撑与决定性作用，掌握网络节点间通信的本质及技术，掌握网络信息的标识、描述、组织及表达原理和方法，在此基础上，才能有针对性地进行网络应用编程。本书正是从一个信息网络应用系统的网络环境、系统支撑及应用实现角度，深入分析系统的组成，层层介绍相关的概念、原理及实现技术，使读者对信息网络应用基础知识有一个全面及连续的理解。

本书共分为7章。第1章概述，定义了信息网络应用概念，给出了信息网络应用系统的体系架构。第2章讲述系统环境的主要部分操作系统，以及网络环境下的通信主体进程，介绍进程的概念、并发进程的关系、进程通信方法，以及文件管理和操作系统的网络功能和接口。第3章介绍计算机网络，侧重讲述与信息网络应用密切相关的网络应用层协议。第4章介绍网络编程基本概念及分类，并结合实例讲述基于 TCP/IP 的 Socket 编程方法。第5章针对信息应用在网络环境下的处理方法，介绍网络中信息的标识、定位技术、信息表达方法（HTML），以及一种信息组织方法。第6章介绍网络编程语言 JSP，在讲述 JSP 基本原理及语法的基础上，从实现信息应用系统角度附加了大量的程序实例，最后还给出了一个使用数据库完成信息网络应用的完整程序。第7章介绍了 Web Service 体系结构，包括 SOAP、UDDI、WSDL 等概念和原理，以及应用实例。

信息网络应用系统是一个综合技术实现的系统，包含了计算机、网络、通信等相关技术。本书讲述其中的子集，这个子集的内容从信息网络应用系统体系架构的底层至上层完成一个联通，使读者对信息网络应用基础概念有一个较全面的了解，对相关实现技术有一个贯通的掌握，可以从一个使用者变成为一个信息网络应用系统的设计者和提供者。

本书可以作为高校电子信息专业及相关专业本科生、研究生的教材，也可以作为从事计算机网络及信息应用工作的工程技术人员的参考书。

由于编著者水平有限，书中难免存在一些缺点和错误，敬请广大读者批评指正。

作 者

2012 年 7 月

目 录

第1章

概述

　　本章首先定义了信息和信息应用系统的概念，分析当代信息应用系统与网络技术相辅相成的关系，并通过3个信息网络应用实例，定义了信息应用系统的三要素，给出了信息网络应用系统架构，最后简单介绍了架构中的关键技术。本书正是基于这些关键技术展开，在第1章对本书涉及的内容进行整体的初步介绍，为学习后续章节提供基础。

1.1　信息网络应用

　　信息网络应用，是指信息在网络环境下的应用。本节界定本书"信息网络应用"中包含三部分概念——信息、信息应用系统和网络技术，以及它们之间的关系。

1.1.1　信息和信息应用系统

　　信息，是一个人人都知道是什么但要严格表达其概念又十分困难的术语。信息作为自然语言中的概念是音讯、消息的意思；信息是客观世界内同物质、能源并列的三大基本要素之一，近代关于信息及信息技术的研究持续不断，出现了各种领域关于信息的不同定义。大约在20世纪20年代初，西方科技界开始认真研究信息问题。从第二次世界大战到1948年前后，与信息有关的理论脱颖而出，其中包括信息论、控制论、系统论和计算机技术。信息作为一个科学术语被提出和使用，可追溯到1928年R. VHartly在《信息传输》一文中的描述。R. VHartly认为：信息是指有新内容、新知识的消息。

　　信息作为科学术语，会因学科领域的不同有不同的含义。在信息系统与信息管理学科中，通常认为信息是可以通信的数据和知识；在经济管理领域，通常认为信息是决策的数据；1948年，C. E. Shannon博士在《通信的数学理论》中给出信息的数学定义，认为信息是用以消除随机不确定性的一种度量，并提出信息量的概念和信息熵的计算方法，从而奠定了信息论的基础；Norbert Wiener教授在其专著《控制论——动物和机器中的通信和控制问题》中指出："信息就是信息，不是物质也不是能量"，认为信息是人们在适应外部世界并且使这种适应反作用于外部世界的过程中，同外部世界进行交换内容的名称；1975年，意大利学者G. Longo在《信息论：新的趋势与未决问题》指出：信息是反映事物构成、关系和差别的东西，它包含在事物的差异之中，而不在事物的本身。可见，至今为止，信息的概念仍然仁者见仁，智者见智。

　　本书中，给出一个原始的、不带技术特性的信息定义："信息是反映客观世界中各种事物特征和变化的知识,是数据加工的结果,是有用的数据"。这个定义首先指明信息是描述世界事物特征的、有用的数据;第二点指明信息是数据加工的结果。所谓加工,包含信息的定义、存储、处理等工作,就是说它的描述形式是会因加工的方法和技术的不同而不同的。

信息在人们的社会生活中具有十分重要的作用。例如:科学研究,既要及时获得别人研究的成果,还要及时把自己研究的成果发表、告诉别人,只有通过这样相互交流信息,才能不断地发展;经商,必须及时地了解各地市场的信息,才能确定进什么货,从哪里进货,到哪里去卖,卖什么;日常生活,必须及时获得有关天气、商品、文体活动、亲朋好友工作生活情况的信息,并经常把自己的工作、生活情况告诉亲朋好友。总之,人们之间只有不断交流信息,才能使生产、生活等活动正常进行,人们一时一刻也离不开信息。这种以提供信息服务为主要目的的信息处理、信息传递的机制,我们称为信息应用系统。"系统"一词现在应用广泛,它可以代表自然机制,也可以表示人为制造机制。前者如人体的血液循环系统,后者如供水系统、交通系统、财务管理系统、信息应用系统等。可以这样来描述系统:"系统是内部互相依赖的各个部分,按照某种规则,为实现某一特定目标而联系在一起的合理的、有序的组合。"我们定义广义的信息应用系统,是为一个特定目标,组织、定义、描述、传递、使用信息的一个整体机制,其根本目的是描述信息、处理信息、控制信息流向、实现信息的效用与价值。信息应用系统由信息传输系统和信息处理系统两部分组成,信息传输系统负责信息的传递,它不改变信息本身的内容,作用是把信息从一处传到另一处;信息处理系统包括输入部分、处理机制和输出部分,输入部分负责原始信息的定义和描述,输出部分是经过处理的特定需求或特定领域的有用信息,处理机制负责信息使用规则的定义和描述,并根据信息应用领域定义的规则对输入信息进行加工、处理,获得新的信息,各部分之间都存在信息传递,如图1-1所示。

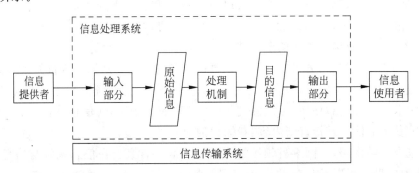

图 1-1　信息应用系统的组成

作为一般意义上的信息应用系统,其历史几乎和信息一样久远,因为只要有了信息就要使之发挥作用,不能发挥作用的信息是没有意义的。而各种使信息发挥作用的技术不但现代有,古代有,就是远古时代也有。就信息的传递来说,它是信息应用系统的重要组成部分。在远古时代,它是用手势、烽火台或驿站等来进行的;到了近代,它是用电话、电报、电视、传真、微波和通信卫星来进行的;而现代有了无处不在的网络与各种电子设备有机结合来进行。三个时代的功能和效率虽然不可同日而语,但是它们的目的却是一样的,那就是尽可能准确和迅速地传递信息。信息的传递技术如此,信息应用系统的其他组成部分也莫不如此。随着信息应用领域的广泛以及信息描述方式的多样、信息应用环境的丰富,信息不可避免的带有应用领域及信息技术的痕迹,因此信息可以按照用途或领域分类,例如有气象信息、交通信息、医疗信息、投资信息等;也可以按照数据描述方式分类为结构化信息、非结构化信息、半结构化信息等;按照信息应用环境分类为纸质信息、网络信息等;按照计算机存储信息类型分类为音频信息、图像信息、文本信息等。不同领域的信息应用产生了各种领域信息应用需求,在不同的技术发展环境下构成了不同的、完整的信息应用系统,信息应用系统与信息技术的关系如图1-2所示。

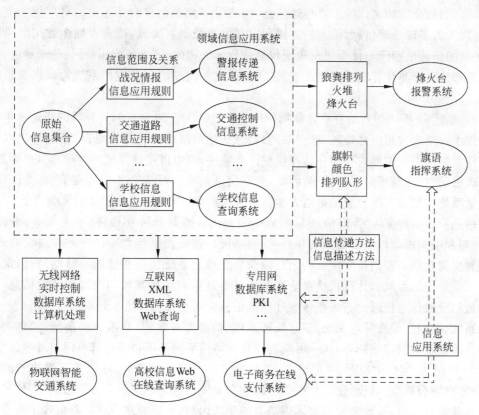

图1-2 信息、信息应用系统、信息处理技术之间的关系

图中虚线内是按照信息的应用目的划分的领域信息应用系统,划分规则是由信息的应用目的和领域决定的,由领域信息使用的范围和信息之间的关系规则定义的。而虚线框外是加入了信息处理技术后定义的信息应用系统,如物联网智能交通系统是一个现代信息网络应用系统,它采用无线网络技术传输信息,采用实时操作系统接收及控制信息,采用计算机技术描述、存储、处理交通信息的规则;高校信息Web在线查询系统也是现代信息网络应用系统,它依托互联网,采用扩展标记语言(Extensible Markup Language,XML)及关系模式描述信息,程序以Web页面方式运行,为客户提供网上查询服务。

1.1.2 信息网络应用系统

信息应用系统已经有几千年的历史了,信息的处理手段、传输范围、应用领域都随着信息传输技术和信息处理技术的发展而不断改变、逐渐提高。本节从20世纪20年代开始,从技术的发展对信息应用系统影响的角度来讨论信息应用系统的发展,从非机信息应用系统、计算机信息应用系统聚焦到现在的信息网络应用系统。

信息应用系统的信息传输系统和信息处理系统两部分组成与通信技术、计算机技术、网络技术等的发展有着密切的关系。许多人认为有了计算机才有信息应用系统,或者说没有计算机就没有信息应用系统,显然,这种观点是不对的。20世纪20年代到20世纪50年代初,计算机出现之前,商务活动、信息应用的各个领域,通过其组织机构和机构中的人,利用口头语言和纸介质的文件等工具传递信息,构成了早期的信息应用系统。早期信息应用系统,是以人为基础处理信息,信息的描述和定义由自然语言完成,信息存储多数用纸质的文件,信息的传递依赖于非计算机及非现代通信技术的物体,信息的应用范围、传递速度、信息精度等都与这种非计算机处理方式有关,我们称这一时期的信息应用系统为非机信息应用系统。

20世纪50年代初开始直到计算机网络普及(20世纪80年代),计算机的用途从单纯的科学技术逐渐扩大到信息处理,这一时期,信息描述可以使用计算机语言、信息可以以计算机文件或数据库表的形式存储在计算机硬件介质中,可以借助计算机的处理能力得到更多、更精确的信息,信息更多用于管理,因此,管理信息系统一词经常使用,但是直到1985年,管理信息系统的创始人——明尼苏达大学的高登·戴维教授(Gordon B. Davis)才给出了一个现代信息技术的定义:“管理信息系统是一个利用计算机软件和硬件、手工作业、分析、计划、控制和决策模型以及数据库的用户-机器系统。它能提供信息支持企业或组织的运行、管理和决策功能。”我们所要定义的第二阶段信息应用系统就是在这同一时期,我们定义为计算机信息应用系统。计算机信息应用系统主要是指利用计算机和数据库处理信息,用现代化通信手段传递信息的有机整体。计算机信息应用系统包含这一时期的各种类型的管理信息系统、自动化信息管理系统、信息处理系统、信息服务系统、数据处理系统、信息决策系统和计算机辅助管理系统等,这一时期的现代化通信手段还不包含计算机网络技术。

20世纪80年代中期到20世纪末,信息技术突飞猛进地发展,特别是网络技术的发展和“信息高速公路”的建设,使计算机化了的信息系统快速地朝网络化方向迈进,促使世界经济全球化发展,经济活动越来越多体现信息应用的内质,包括经济、新闻、娱乐和个人交流都属于信息应用系统范畴。在当下的信息经济时代,信息除了其本身的客观性、系统性之外,很重要的是它要具有开放性和共享性,信息就是经济社会的资源,相同的信息希望能为更多人共享。因此信息应用的主要应用环境是网络,信息在网络环境下的应用表现形式各不相同,其应用领域也在不断扩大,它是集计算机技术、计算机网络技术、通信技术为一体的基于网络技术的信息应用。只有掌握和使用这些技术,信息应用才能达到最好的效果,发挥应有的作用。我们把在网络环境下的信息应用称为信息网络应用。这一阶段网络对信息应用系统的重要性不言而喻,所以我们将这一时期的计算机信息系统称为信息网络应用系统。信息网络应用系统,是指信息传输系统和信息处理系统基于计算机网络环境完成,借助网络技术,信息应用系统能更及时正确地收集、加工、存储、传输和提供某领域决策所需的信息,实现组织中各项活动的管理、调节和控制。

信息网络应用系统是计算机信息应用系统中采用计算机网络作为主要通信技术的产物,但是网络绝不仅仅是通信工具或载体,因为,在网络环境下相关的信息处理技术特点都有很大程度的改变,本书正是讨论信息应用系统在网络环境下的基础技术。

信息应用系统从非机信息应用系统、计算机信息应用系统向信息网络应用系统的转变，反映了人们利用信息处理工具能力的提高，也使信息应用系统可以获得更多、更全面、更有效率的信息去辅助管理和决策，随着时间的推移，信息应用系统还会因为这些信息技术的发展得到更大的发展。

1.2　信息网络应用示例

作为社会活动的参与者，人们每天在与各个领域的信息打交道，这些信息以各种形式存在，以各种方式交互，形成了不同环境中的信息应用，包括阅读纸质书籍、在自己的笔记本电脑上查询较隐秘的信息、使用单位封闭环境中的应用系统完成日常工作，以及到万维网上共享世界范围内的公共信息，或者登录地球另一端的某机构专用服务器与之进行合作等；作为相关专业的学生或科技人员，我们不仅使用信息频繁，而且更感兴趣的是，这些信息应用系统是如何实现的？我们希望了解和掌握这种应用中的相关技术，以期成为信息应用系统的设计者和提供者。正是基于这个目的，本节给出几个信息应用示例的分析，通过分析了解信息应用环境和相关概念及技术。

1.2.1　实验室科研项目管理系统

某个大学的实验室有 6 位教师，几十名研究生，每年承担几十项科研项目，教师需要随时了解、使用科研项目相关的信息，比如每周了解项目进展，记录、统计教师和学生发生的科研经费，当要进行新项目申请时，查询每个老师已经承担的项目清单，统计老师在各个项目中的贡献率等。实验室 6 位老师共享这些信息，希望在各自的计算机上完成对信息的共享使用，另外，这些信息的使用范围限制在实验室内部。根据这些需求，实验室开发了一个在局域网环境中的实验室科研管理系统，系统运行环境如图 1-3 所示。

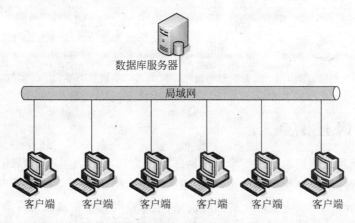

图 1-3　局域网实验室科研项目管理的运行环境

这是一个信息网络应用系统，由于用户为有限的教师，并且用户所在的物理位置局限在 1 至 2 个实验室中，因此选用局域网作为该信息应用系统的网络基础，应用系统采用典型的 C/S（客户-服务器）结构，局域网中的服务器作为数据库服务器。数据库服务器中需要安装一个多用户的客户-服务器模型的数据库管理系统 DBMS(Data Base Management System)，DBMS 的种类繁多，如 Oracle 或 Microsoft SQL Server，选择时考虑使用与服务器使用的操作系统适配。假如该实验室服务器安装的是 Windows 系列操作系统，那就选择 Oracle for Windows 或 Microsoft SQL Server for Windows；如果服务器安装的是 UNIX 操作系统，那就选择 Oracle for UNIX 或 Microsoft SQL Server for UNIX。目前的商用数据库管理系统都是关系数据库，因此，科研应用系统设计者要将科研信息结构化，组织成关系模型存储在数据库中，由数据库管理系统来管理。在开发应用系统软件时，首先考虑程序要运行的系统环境，主要是操作系统，根据操作系统选择适合的程序设计语言，虽然 Windows 和 Linux 或者 UNIX 操作系统都支持 C 语言，但是二者还是有不兼容的地方，如果想完全兼容，可以选择 Java 语言，但是 C 语言处理数据计算和统计要方便一些。本例中的科研应用系统采用 Windows 下的 C++ 语言开发，图 1-4 是查询项目状态的一个界面。每个要使用系统的老师，在自己的计算机中保存一份该 C++ 程序的运行程序，需要使用时，运行该程序。

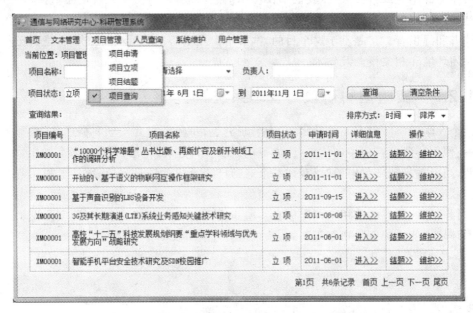

图 1-4　实验室科研管理系统的查询项目状态界面

1.2.2　网上书店

实验室科研项目管理系统是一个局域网环境的信息网络应用系统，只限于专用网络上授权获得运行程序的计算机用户使用，对于更大范围内的信息共享需求，局域网就无法满足了。现在随着 Internet 成为全球化的国际网络，全球范围共享信息成为可能，网上书店就是一个立足于 Internet 网络，以书籍为商品的专业性网上购书网站。网上书店对图书进行信息化管理，为 Internet 网络上的所有用户提供一种高质量，比传统书店更快捷、更方便的购书方式。网上书店不仅可用于图书的在线销售，也有音碟、影碟的在线销售，而且提供图书在线查询、书籍类商品管理、购物车、订单管理、会员管理、在线支付等功能。网上书店的图书信息存储在网站所在地的数据库中，世界各地的用户可以通过 Internet 网络在自己的计算机上访问该网站,浏览、查询相关图书信息,填写购买信息、在线支付,通过其他(书店之外)的渠道获得商品。网上书店的运行环境如图 1-5 所示。

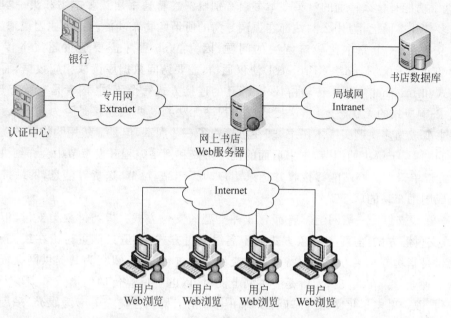

图 1-5　网上书店的运行环境

网上书店是一个典型的基于 Internet 网络的 Web 信息应用系统,系统采用客户-服务器体系架构。图书的信息存储在远程某地(网站服务器),用户(客户)借助 Internet 网络使用该网站提供的服务,下面简单分析每个功能及实现技术。

(1) 访问网站。实际就是运行网上书店的应用程序。用户在世界的任何地方,只要可以连接到 Internet 网的任意一台计算机中安装有 Web 浏览器,输入书店的统一资源定位符 URL(Uniform Resource Locator)地址,即可运行该网站程序,进入网站主页。这么容易? 运行程序在哪里? 在服务器中,用户不用在本地机保存它。不用考虑计算机的操作系统吗? 人们上网的时候考虑过这一点吗? 只需要有能够运行的浏览器即可。

(2) 图书在线查询。在网站的主页上即可以浏览书店网站的图书信息;服务器可以接收用户的查询条件,在网站的数据库或 XML 文件、Web 网页中查找匹配的图书信息,返回给用户显示或者将其他地方的链接返回给用户。

(3) 会员管理。网上书店的浏览和查询功能对所有的用户开放,但是为了交易安全,书店只允许会员购买图书。会员管理主要包括注册管理和身份确认管理,另外会有一些价格优惠等政策。注册管理中,书店保证用户在本书店有一个唯一标识,这个标识可以用户自己输入,由书店在数据库中检索保证其唯一性,或者由书店管理的标识产生机制来分配;身份确认管理,为每个用户提供一种验证身份的方法,目前大多数采用用户输入密码的方式。那么,密码传输的过程安全吗? 问题提得好,读者还记得现在上网时,在确认某种身份时经常显示一个歪歪扭扭的图像让人们输入其中的数字或字符吗(如图 1-6 所示)? 这种输入验证码的方法正是利用图片传输防止传输过程的数据(密

验 证 码:　　　　　ETKN　　看不清?

图 1-6　验证码方法

码)被人窃取而采取的一定的安全保护措施。

（4）购物车。用户可以利用购物车功能，在一个网站连续购买多本图书。读者可能很奇怪，这个功能有什么特别的？买多本书很特别吗？在普通书店买多本书和买一本书的区别就是多拿几本而已，为什么网站都在强调专门的所谓购物车功能？这个原因说来话长，但可以想象，这是一个原本比较难解决的问题，因为 Web 程序需要通过超文本传输协议HTTP(HyperText Transfer Protocol)协议通信，需要访问数据库读取相应数据，而数据库连接方式和 Internet 应用层传输协议 HTTP 的连接方式完全不同，前者是有状态连接，后者是请求-响应式的无状态连接，这就造成了程序无法判断两次连接是否为同一人，使购买多本图书变成为多次购买一本图书，现在虽然费了一些周章，但是显然用购物车的功能解决了这个问题，至于解决的细节，本书后面的网络协议和网络编程开发章节中会详细讲到。

（5）订单管理。网站能够接收并记录用户购买产品、付费、送货等信息，网站按照这些信息完成图书交易的后续工作。

（6）在线支付。一般网上书店都有 3 种类型的支付方式：货到付款类支付、汇款类支付、在线支付等方式，前两类付款方式属于离线支付方式，这里只侧重讨论在线支付方式。在线支付是指卖方与买方通过因特网上的交易网站进行交易，银行为其提供网上资金结算服务的一种业务。在线支付实际是一种网上支付，以电子信息传递的形式来实现资金的流通和支付，以金融电子化网络为基础，以商用电子化工具和各类交易卡为媒介，采用现代计算机技术和通信技术作为手段，通过计算机网络系统，特别是因特网进行传输。网上支付系统的构成主要包括两部分，一是网上支付主体，涉及网上商家、持卡人、银行和第三方认证机构；二是网上支付技术，如基于因特网的 TCP/IP(Transmission Control Protocol/Internet Protocol)协议标准、万维网 WWW(World Wide Web)技术规范和以安全网络数据交换为宗旨的电子数据交换协议 SSL(Secure Socket Layer)和 SET(Secure Electronic Transaction)。在线支付系统的基本构成如图 1-7 所示。

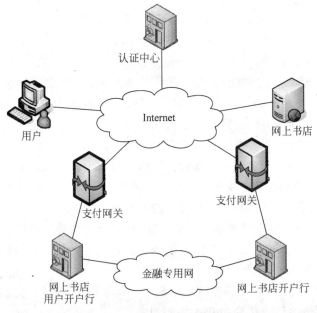

图 1-7　在线支付系统的基本构成

网站书店是 Internet 上的 Web 应用系统,它运行的网络环境不同于第一个例子,因此它的信息的组织、存储,程序的开发、运行方法都与前者有不同,主要有以下几点。

(1) 运行的网络环境不同。局域网环境下,网络节点间通信遵循 TCP/IP 协议;Internet 环境下,底层网络协议采用 TCP/IP 协议,应用层采用 HTTP 协议。

(2) 信息形式、信息的组织、存储方式不同。首先,信息的形式不同,科研信息都是文本信息,书店信息中含有大量的音频、视频信息,称之为多媒体数据,多媒体数据在存储、检索、传输和使用时都更复杂。其次,信息的组织和存储方式不同,一般的应用程序采用数据库管理系统管理数据,信息组织成关系模型的结构化数据,并存储在关系数据库中;Internet 环境下的 Web 应用程序,数据除了采用关系数据库组织之外,为了适合 HTTP 协议传输,还有相当部分的数据组成半结构化形式,用 XML 语言或网页描述,以文件的形式存储在网站的服务器中。

(3) 应用软件的开发工具不同。一般的应用程序采用 C、Java 等语言开发;Web 应用程序采用支持网页运行的专门的开发语言,静态网页使用超文本标记语言 HTML(HyperText Markup Language)和客户端脚本语言,动态网页使用 JSP(Java Server Pages)语言、ASP(Active Server Page)语言、PHP(Hypertext Preprocessor)语言等。不管哪类语言,开发环境都与操作系统相关。

(4) 运行程序形式、客户端显示原理不同。一般的应用程序,必须存储在运行的机器上,运行程序以编译后的代码形式存在,程序可以访问本地机器;Web 应用程序,必须存储在服务器端,客户端没有运行程序,只有客户端使用浏览器访问时才从服务器传送到浏览器,在浏览器中边解释边执行,Web 应用程序被严禁访问本地机器。普通应用程序的屏幕输出是操作系统管理完成的,由程序调用操作系统的系统调用,直接送到屏幕终端显示的,而 Web 应用程序的屏幕输出是浏览器完成的,浏览器遵循 HTTP 协议,由 HTML 语言表达输出,与操作系统无关。图 1-8 是同一个网站在操作系统不同的机器上运行的界面,(a)界面运行在 Linux 操作系统上,(b)界面运行在 Windows 操作系统上。

(a) Linux操作系统的网上书店运行

图 1-8 网上书店运行在不同操作系统上

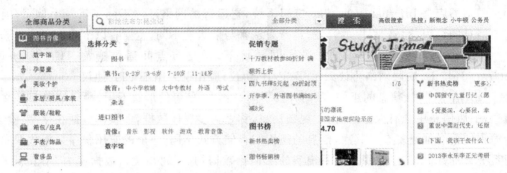

(b) Windows 7 操作系统的网上书店运行

图 1-8 （续）

1.2.3 BT 文件共享系统

网上书店是基于 Internet 的 Web 应用,系统采用客户-服务器模式,所有信息存储在网站的服务器上,用户将查询条件传到服务器,由服务器在它的数据库或文件系统中检索,如果需要下载信息,同样由服务器负责从网站的设备中传送给客户。当用户很多或用户需要的信息量很大(如视频、音频文件)时,会造成服务器负载过重,用户使用不方便。本小节介绍的 BT 文件共享系统可以解决这个问题。

BT 文件共享系统,大多数用户称其为 BT 下载软件,是一种音频、视频免费下载软件,BT 的客户端软件还有比特彗星 BitComet、迅雷、电驴等,图 1-9 是 BitComet 的主页。BT

图 1-9　BitComet 的主页

是 BitTorrent 的简称,是一个可以实现多点下载的文件分发协议,是 P2P(Peer to Peer)网络架构的典型应用。P2P 是 TCP/IP 协议的应用层协议,遵循 P2P 协议组成的网络称为对等网或 P2P 网络,在 P2P 网络中的节点(计算机)都处于同等地位,一般不依赖于专用的集中服务器,节点间可以直接交换来共享计算机资源和服务。

从用户使用的角度看,BT 文件共享系统有一个网站服务器,当某个用户想要共享文件或目录时,首先要为该文件或目录生成一个"种子"文件,或者叫做"元信息"文件,然后把这个"种子"文件上传到 BT 服务器上,等待别的用户来下载;需要下载某个文件的用户首先要到 BT 服务器上找到该文件的一个"种子"文件,然后根据"种子"文件提供的信息进行下载。一般的 HTTP/FTP 下载,发布文件仅存储在某个或某几个服务器上,下载的人太多,服务器的带宽很容易不胜负荷,变得很慢。而 BitTorrent 协议下载的特点是,下载的人越多,意味着"文件源"就越多,因此下载速度越快,体现出 BT 的基本原理,即每个人在下载的同时也为其他下载用户提供上传。

从软件实现角度看,一个 BT 文件共享系统由下列实体组成。

- 一个普通的 Web 服务器;
- 一个静态的"元信息"文件(种子文件);
- 一个 tracker 服务器;
- 一个原始下载者(第一个完整下载的人,可以继续作为信息源);
- 终端用户的 Web 浏览器;
- 终端下载者。

BitTorrent 系统网络结构示意图如图 1-10 所示。

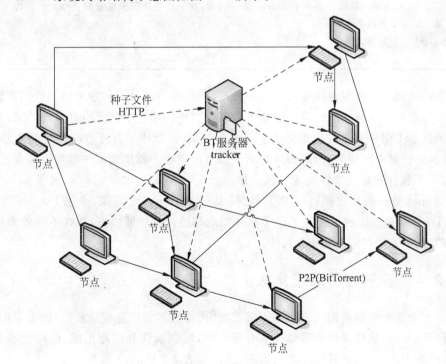

图 1-10 BitTorrent 系统网络结构示意

　　从结构上来看,BitTorrent 系统属于中心拓扑的 P2P 网络,其中,种子文件的上传和下载以及各个节点和 BT 服务器之间的其他通信都是基于 HTTP 协议的,见图中虚线;各个节点间的通信,主要是文件块的传送,通信协议是由 BitTorrent 规范规定的。BT 服务器存储了共享文件的索引信息,各个节点在查找文件时可能作为服务器的客户端访问 BT 服务器,这时节点与服务器的关系是客户-服务器模式,当节点下载文件时是节点与节点之间直接连接,节点间是点对点(P2P)模式。也可以说,服务器与各节点间是基于客户-服务器模式工作的,而各节点间是基于 P2P 模式工作的。

　　用户创建的种子文件,可以称为"元信息"文件,描述共享文件或目录以及用户的 URL 等信息,主要数据结构如表 1-1 所示。

表 1-1　BT 元信息文件的主要数据结构

字 段 名 称	字 段 含 义
announce	Tracker 的主服务器
info	目标文件摘要,是一个数据结构,包括目标文件长度、文件名、块长度及所有块摘要
comment	目标文件的描述
creation date	种子文件建立的时间
creation by	生成种子文件的软件
encoding	种子文件的默认编码,比如 GB2312、Big5、utf-8 等
piece length	每个文件块的大小,用 Byte 计算
pieces	目标文件的文件段的信息,BT 协议规定将所有文件按照 piece length 的字节大小分成块,每块计算一个 SHA1 值,然后将这些值连接起来就形成了 pieces 字段
publisher	发布者名字
publisher-url	发布者网址
...	

　　这个"元信息"文件包含的信息可以分为两部分,第一部分是目标文件属性的描述,第二部分是文件发布和下载状态记录。需要下载某个文件的用户根据元信息文件的第一部分信息进行下载,BT 服务器及时收集每个下载者的信息,包括地址以及目前拥有的文件块信息等,记录在元信息文件的第二部分,然后从下载者的列表中随机选取一组告诉某个正在下载的节点。BT 软件根据此文件完成下载工作。

　　BitComet 是国内比较流行的 P2P 软件,基于 BitTorrent 协议、采用 Python 语言开发的。BitTorrent 协议本身也包含了很多具体的内容协议和扩展协议,并在不断扩充中,协议是公开的,任何人都可以开发 BT 软件。

1.2.4　信息应用系统比较

　　上述 3 个例子都是典型的采用计算机技术、网络技术的信息应用系统,因为应用需求不同,运行环境不同,从而采用的具体技术有所不同,可以从信息应用范围、应用环境、网络基础、信息组织方式、开发工具等几方面做一比较,如表 1-2 所示。

表 1-2 信息应用系统组成元素比较

实例	应用范围	网络环境	系统环境	信息组织	开发工具	信息
实验室科研管理系统	实验室6人	局域网 客户-服务器模式	Windows 操作系统（可以任意） 关系数据库	关系模型	C 语言/Java/C++/Basic…	静态文本
网上书店	世界各地	Internet 网络 TCP/IP 协议 客户-服务器模式	Web 服务器 Web 应用服务器 关系数据库	关系模型 XML 文件 HTML 网页	HTML JSP/ASP/PHP Jscript/VBScript…	静态文本 静态多媒体 动态多媒体
BitComet 网上下载软件	世界各地	Internet 网络 TCP/IP 协议 BitTorrent 协议 P2P 模式	专用支持 BT 协议的服务器 关系数据库	二进制文件 BitTorrent 协议文件	Python/C/Java…	静态文本 静态多媒体 动态多媒体

表中几个因素存在互相影响或决定关系，具体将在下节详细介绍。

1.3 信息网络应用框架

本小节首先讨论信息应用系统的内在组成要素，在此基础上定义实现信息网络应用的系统架构，使读者了解架构间的有机联系。

1.3.1 信息应用系统组成要素

现在抛开技术手段，来看看信息应用系统中使信息发挥作用、相互交流的自身组成。

早在几千年前，在没有现代化的信息技术时，就有大家熟知的一个早期最经典的信息应用系统——烽火台报警系统，为了防备敌人入侵，采用"烽隧"作为边防告急的联络信号，在各国从边疆到腹地的通道上，每隔一段距离，筑起一座烽火台，接连不断，台上有桔槔，桔槔头上有装着柴草的笼子，敌人入侵时，烽火台一个接一个地燃放烟火传递警报。每逢夜间预警，守台人点燃笼中柴草并把它举高，靠火光给领台传递信息，称为"烽"，白天预警则点燃台上积存的薪草，以烟示急，称为"燧"。古人为了使烟直而不弯，以便远远就能望见，还常以狼粪代替薪草，所以又别称狼烟。朝廷规定：天子举烽燧各地诸侯必须马上带兵前去救援，共同抵抗敌人。由此可见，烽燧制度的实施，意味那时就已出现了庞大而又完善的军事信息应用系统。

同样在早期，人们用旗语进行海上舰船联络，或用旗语指挥部队变阵和进行战斗，使用旗子的颜色、个数，挥动旗子的方向上、下、左、右和倾斜的角度等组合，定义要传达的信息的含义，由站在高处的旗令兵肉眼获得信息，再向下一站旗令兵传递出去，所有人和机制组成较完善的指挥部队变阵信息应用系统。

在 1.2 节中的 BT 文件共享系统示例，是现代信息网络应用系统，采用视频、音频等计算机识别的文件存储原始信息，用约定协议定义"种子"文件，作为描述原始信息的元信息，通过 TCP/IP 网络协议之上的 P2P 模型网络传递信息,为最终用户下载或在线观看视频和收听音频。

信息应用系统中,信息总是与一定的形式相联系,这种形式在古代可以是特殊声音,如钟声、鼓声、鞭炮声等,也可以是灯光、火光,如孔明灯、烽火台等;在近现代可以是语音、图像、文字文件等。一定形式的信息是要传递到某个或某些目的地才能够发挥效用的。

在通信中传递的信息一定要"数据化",无论什么内容,一定要通过某种数据的形式传递到对端,无法用数据描述的信息是无法传递的,如气味。数据的形式要明确定义领域信息。信息应用系统的根本目的是描述信息、处理信息、控制信息流向,实现信息的效用与价值。尽管随着时代的发展,原始信息的描述方式逐渐变化,信息传递手段越来越快捷,但是信息应用系统内在的要素却是不变的,这是信息的本质与人类对信息的需求决定的。信息应用系统的组成要素包含三个部分,定义为信息应用系统三要素:

- 信息含义定义;
- 信息传递工具;
- 信息传达方法。

信息含义是信息的价值体现,"信息含义定义"包括信息的含义及定义含义的方法;"信息传递"是指信息提供者根据用户的需求,有针对性地传递给信息接收者的过程,信息传递的目的是使信息用户及时、准确地接收和理解信息,"信息传递工具"决定信息传递的范围、速度和质量;"信息传达方法"是最直接的信息传递者,它和信息传递工具密切相关。

在烽火台报警系统中,信息含义是战况,定义方法是烟火;信息传递工具是烽火台和光波;信息传递方法是靠烽火台上的值班哨兵用肉眼观看。在旗语训练系统中,信息含义是队形,描述方法是旗子的颜色、角度等;传递工具是旗台、光波;信息传递方法是靠站在旗台上的旗令兵用肉眼观看。在 BT 文件共享系统中,信息含义是某个影视剧或歌曲,定义方法是视音频文件和元信息文件(种子文件);信息传递工具是 Internet 网络;信息传达方法是各个计算机上运行的程序。

信息应用系统的三要素一直随着社会科学技术的发展而发展变化着。信息含义定义,从狼烟、旗语的定义一直到现在的计算机信息描述;信息传递工具从烽火台、驿站到现在的计算机网络;信息传达方法从人的眼观、耳听到现在计算机程序交互,由此可见,信息应用系统的实现方法、应用范围与相关技术有着相辅相成的关系。

1.3.2　信息网络应用系统架构

在当前信息网络应用环境下,由于信息传递技术的改变,造成了另外两个要素实现技术的改变,比如为了在 Internet 网络传递信息,信息的描述方法在原来的计算机文件、数据库文件的基础上增加了 HTTP 协议支持的、可读性强的 XML 文件,信息传达方法由原来的单机程序变为网络程序,网络编程技术较之单机编程更为复杂。因此,可以说信息技术就是人类开发和利用信息资源的所有手段的总和。在本节中,我们给出一个信息网络应用系统的体系架构,使读者对整体的架构有个宏观的认识,有了宏观的认识,进入后面章节的微观的学习才不至于迷失方向。

信息网络应用是一个大的概念,其应用目标各种各样,凡是在网络环境下通过信息交互实现的应用都可以称为信息网络应用,因此它的信息交互的范围大,并且应用所涉及的环节和角色多,因此它的实现要做到标准统一,才能信息畅通。

信息网络应用要在网络环境框架下,利用网络基础设施,在必备的系统环境下实现针对应用目标的信息服务软件。信息网络应用框架由网络环境框架、系统环境框架及信息应用服务框架 3 部分组成,如图 1-11 所示。

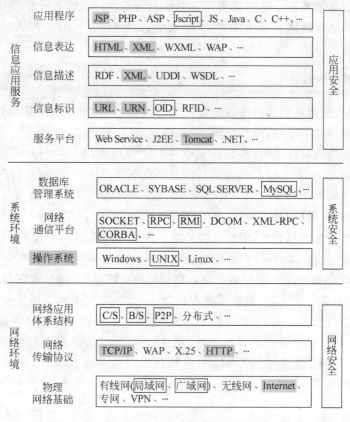

图 1-11 信息网络应用框架

1. 网络环境框架

网络环境框架包含物理网络基础、网络应用传输协议、网络体系结构。信息网络应用一般根据信息应用范围选择已建设的物理网络,如局域网、Internet 网等,它是信息应用的传输通道,是信息交互及流动的载体;网络传输协议是网络中计算机间通信的约定(第 3 章),是网络节点进行信息共享的理论保障;网络应用体系结构决定网络节点间程序(进程)(第 2 章)通信的模式及共享信息的存储位置,它直接影响信息访问效率、信息访问安全等问题。在 1.2.1 节的实验室科研项目管理中,网络基础是局域网,网络应用体系结构是客户-服务器(Client/Server,C/S)结构;1.2.2 节的网上书店,网络基础是 Internet 网络,网络应用体系结构是浏览器-服务器(Browser/Server,B/S)结构。

2. 系统环境框架

系统环境框架是开发信息应用系统的软件支持环境,包括操作系统、数据库管理系统和网络环境下通信主体的通信平台。操作系统完成计算机所有软硬件资源的协调和管理(第2章),操作系统中的网络功能(2.5节)是网络传输协议的实现者,保证网络节点间的通信实现;数据库管理系统承担共享信息的结构化组织、存储、维护及检索(第6章);网络通信平台支持网络计算机中应用程序间的不同的信息交互方式(4.4节)。在1.2.1节的实验室科研项目管理中,服务器和各个终端采用Windows系列操作系统,系统数据库管理系统采用Oracle,局域网节点间的通信没有依托的特殊的通信平台,采用操作系统中的进程通信方法。

3. 信息应用服务框架

信息应用服务框架是信息应用系统提供信息网络应用的最上层,是最直接与信息应用者交互的部分,包括服务平台、信息标识、信息描述、信息表达和应用程序。服务平台承载信息应用软件,支持应用软件运行,决定应用软件的工作模式,如Tomcat是支持JSP运行的Web应用服务器(第6章);信息标识保证网络环境下信息的唯一、定位(URL、URN、OID)(第5章),并且负责网络程序的定位及链接;信息描述提供信息及信息服务的描述方法,包括描述信息的网络位置(RDF等)、信息的语义和结构(RDF、XML等)、信息服务的注册信息(UDDI)及信息服务的属性(WSDL)(第7章),保证用户在网络环境下可以兼容地使用信息及信息服务;信息表达相关技术保证信息在不同的网络环境下得以显示,如Web浏览器中信息的显示(HTML、XML等)(第5章)、移动终端上的信息显示(WXML等);应用程序是完成信息应用服务的实体,它集前述所有功能于一体,完成不同网络协议、网络结构下的网络节点通信,进行数据组织、维护及检索,将定义的信息及服务提供给信息应用的用户等,应用程序可以由很多程序设计语言来完成(第4、6、7章)。1.2.2节网上书店的例子中,服务平台是Tomcat,信息标识采用URL,信息描述采用数据库及XML文件,编程语言采用HTML及JSP。

4. 信息安全

信息安全是信息应用的一个关键问题,不论在哪一层次的框架中,都存在着安全问题,包括网络安全、信息安全及应用安全,不同层次中有不同的技术,它们互相结合保证信息在网络环境下的安全应用。

信息网络应用框架中的3部分存在互相影响甚至决定的关系,总的原则是底层框架的选择影响上层框架的选择,具体到各个因素间的关系要复杂一些,如图1-12所示。

网络基础由用户或设计者根据信息应用范围选取,网络基础决定网络传输协议和网络体系架构,网络架构也可能受网络协议影响,由网络协议决定;网络环境决定软件环境中的操作系统选型,操作系统进而决定数据库管理系统和开发工具的选择,信息的结构化模型由数据库管理系统负责,信息的描述还会因为网络协议的不同有不同的组织方式,例如,如果应用系统网络应用层协议采用HTTP,那么可以由XML语言组织描述信息;开发工具实现应用软件,共享的信息按照信息描述方法定义,信息的存储位置与网络应用体系结构有关,例如,在P2P网络结构下,共享信息存放在网络上的各个节点中。

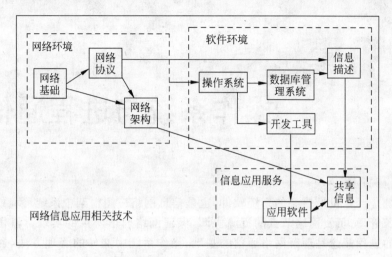

图 1-12　信息网络应用框架各因素的关系示意图

1.4　小结

　　本章通过信息网络应用的实例,分析了信息网络应用的相关基础技术及它们之间的关系,给出了信息及信息系统概念,定义了信息应用系统的内在组成要素,重点介绍了现代网络环境下的信息应用技术框架构成,使读者对信息网络应用基础有一个较全面的了解。信息网络应用系统集中了计算机、网络、通信等所有技术,是一个综合技术实现的应用系统,本书只讲述其中的子集,这个子集的内容从框架的底层至上层完成一个连通,包括图 1-11 中带阴影字部分和加框字部分(带阴影字的部分是本书重点阐述内容,加框字的部分在本书中会有不同程度的介绍)。读者学习后,可以设计、实现与 1.2.1 节及 1.2.2 节类似的应用系统,成为名副其实的信息网络应用的设计者和实现者,而且对信息网络应用的所有技术有触类旁通的效果。

第 2 章

操作系统与进程通信

操作系统是计算机最核心的系统软件,也是信息网络应用框架中系统环境的基础,它负责计算机资源管理,负责网络节点的资源协调,保证网络通信协议的实现。值得注意的是,操作系统中的进程概念是理解网络通信的基础,操作系统中文件的管理方法(目录)是理解网络应用层协议及信息组织方法的基础。本章介绍操作系统在计算机及计算机网络中的作用及原理,着重讲述进程及进程通信、文件目录组织及操作系统的网络功能。

2.1 操作系统概述

2.1.1 操作系统概念

1. 裸机与虚拟机

计算机已经是 21 世纪人们经常使用的工具,每一个使用过计算机的人,都从用户的角度使用过操作系统。因为用户使用的计算机是计算机硬件之上装配了操作系统等软件的计算机系统。计算机本身是硬件设备的组装,包括主机、键盘、显示器、鼠标、导线、网络接口卡等,仅将这些配件装配好,通上电,计算机是无法工作的,它既不能从键盘接收字符,也不能在屏幕上显示数据,更不用说执行程序了,人们很难与这些电子元件直接通信,人们把这种计算机叫做裸机,一个裸机的功能即使很强,往往也是不方便用户使用的,功能上也是有局限的。

用户如果想方便地使用计算机,就必须在裸机之上装配相关的软件,软件在硬件基础之上对硬件的性能加以扩充和完善,使之成为一个完整的计算机,称为虚拟机,如图 2-1 所示。

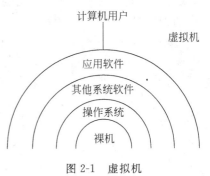

图 2-1 虚拟机

2. 系统软件与应用软件

现在一个完整的计算机系统,不论是大型机、小型机或微型机,都由两大部分组成:即计算机的硬件部分和计算机的软件部分。通常硬件部分指计算机物理装置本身,它可以是电子的、电的、磁的、机械的、光的元件或装置,上面说的裸机即计算机的硬件组装而成,按照计算机的功能,其基本硬件系统由运算器和控制器、存储器、外围接口和外围设备组成。而软件是针对硬件而言的,它是指计算机硬件完成一定任务的所有程序及数据。

　　计算机软件又分为两大类,即系统软件和应用软件,系统软件为计算机使用提供最基本的功能,用于计算机的管理、维护、控制和运行,以及对运行的程序进行翻译、装入、多媒体服务、网络通信等服务工作,是计算机运行所必需的,并不针对某一特定应用领域。而应用软件则恰好相反,是指那些为了某一类的应用需要而设计的程序,不同的应用软件根据用户和所服务的领域提供不同的功能。

　　系统软件本身又可以包含3部分,即操作系统、语言处理系统和常用的服务程序。语言处理系统包括各种语言的编译程序、解释程序和汇编程序。服务程序的种类很多,通常包括库管理程序、连接编辑程序、连接装配程序、诊断排错程序以及存储介质间的复制程序等。

　　软件之间的关系是层次结构的关系,一部分软件的运行要以另一部分软件的存在为基础,并为其提供一定的运行条件,而新添加的软件可以看成是在原来那部分软件基础上的扩充与完善,如图2-2所示。

图 2-2　计算机软件层次结构

3. 操作系统概念

　　在计算机领域中,从裸机到用户之间有多层软件,通常将接近设备的软件称为底层软件,将接近用户的软件称为上层软件。操作系统是最接近硬件的、最底层的系统软件。

　　目前没有一个十分完整的、关于操作系统的定义。本书总结了关于操作系统的多种定义,从操作系统的作用的角度,给出一种描述:操作系统是系统软件的基本部分,它统一管理计算机资源,协调系统各部分之间、系统与使用者之间、及使用者与使用者之间的关系,以利于发挥系统的效率和方便使用。

　　从定义可见,操作系统充当两个角色,一个是资源管理者,一个是计算机与用户的连接者。为了更加全面地理解操作系统所担当的角色,接下来从两个观点探索操作系统:即从用户服务观点和资源管理观点来研究。

　　从用户的观点看,操作系统为用户提供使用系统硬、软件资源的良好接口。用户对操作系统的内部结构并没有多大的兴趣,他们最关心的是如何利用操作系统提供的服务来有效地使用计算机。在用户眼里,它能够为用户提供比裸机功能更强、服务质量更高、更方便灵活的虚拟机器。

　　计算机的用户观点因所使用接口的不同而异,包括 PC机、与大型机或小型机相连的终端,或者与其他工作站和服务器相连的工作站,不同类型的机器,会有不同的操作系统支持。举一个所有程序员都会做的工作,即编辑、编译、运行一段程序,这个动作过程可以如图2-3所示。

　　其中,1、2、3、5步都由操作系统完成相应工作,现以

图 2-3　编辑、编译、运行一段程序的工作过程

DOS(Disk Operating System)操作系统完成第一步为例,分析操作系统完成的工作,用户输入编辑器的名字时,操作系统作为命令接收后进行判断,之后转入相应的处理程序,操作过程如图 2-4 所示。

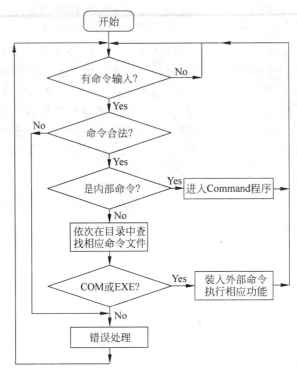

图 2-4　DOS 操作系统的命令管理

如果将这些事情交给每个用户自己完成,不仅大大增加用户的工作量,而且还会产生各种各样的错误,使计算机系统的可靠性和效率大大降低,甚至整个系统无法使用。因此操作系统将这些功能集中起来,统一编写、统一管理,提供给所有用户使用。

从计算机的角度来看,操作系统是与硬件最为密切的程序,可以说操作系统是一个资源分配器。在现代计算机系统中,一切可以活动的软硬件设施都是系统资源,硬件资源包括CPU、内存空间、文件存储空间、I/O 设备等;软件资源包括存在于计算机系统中的所有程序和各种类型的数据,在操作系统中都称为文件。操作系统管理这些资源,面对许多冲突的资源请求,操作系统必须决定如何为各个程序和用户分配资源,以便计算机系统能有效而公平地运行,并且使资源得到最有效的利用。例如,用户在一台计算机上(单 CPU)正在浏览网页,又开了一个窗口运行程序,还有一个窗口进行 QQ 聊天,每一项工作都是在 CPU 上运行的一段程序,一个 CPU 如何分配给 3 个程序运行使用? 这就需要操作系统进行处理机管理——计算机资源管理之一。

操作系统的资源管理观点和用户服务观点是一致的。通过严格有效的管理达到良好的服务,通过服务而进行有效的管理。因此,衡量系统性能的标准是方便和安全有效。方便是指用户工作方便,界面友好,这由用户的直觉来决定;有效是指当多道程序、多个用户共同使用一个计算机时,不会发生互相干扰,计算机资源得到充分利用。

2.1.2　计算机结构与操作系统的产生

了解操作系统的发展历史,有助于理解操作系统的关键性设计需求,也有助于理解现代操作系统的基本特征。在研究操作系统的形成和发展之前,需要对计算机系统的结构有一个全面的了解。

1. 计算机体系结构

一台计算机由处理器、存储器和输入/输出部件组成,这些部件以某种方式互相连接(一般为系统总线),共同实现计算机执行程序的功能,4 个部件如下。

(1) 处理器。控制计算机的操作,执行数据处理功能。当只有一个处理器时,它通常指中央处理器(CPU)。

(2) 主存储器。存储数据和程序。这个存储器是易失的,通常称为主存储器或内存。

(3) 输入/输出设备。在计算机和外部环境之间移动数据。外部环境由各种外部设备组成,包括辅助存储器设备(通常为磁介质、光介质存储设备)、通信设备和终端、键盘等。

(4) 系统总线。为处理器、主存储器和输入/输出设备间的通信而提供的一些结构和机制。

现代通用计算机系统涉及的输入/输出设备很多,由设备控制器来管理,每个设备控制器负责一种特定类型的设备(如磁盘驱动器、音频设备、视频显示器)。CPU 与设备控制器可以并发工作,并竞争内存周期。为了确保对共享内存的有序访问,需要内存控制器来协调对内存的访问。这些部件都是计算机硬件资源。

2. 串行处理——简单批处理系统

20 世纪 40 年代后期到 50 年代中期,是早期的计算机发展阶段,这期间称为第一代电子管计算机时代,当时还没有操作系统,程序员都是直接与计算机硬件打交道的,使用方式是用户独占计算机,每次只能一个用户使用计算机,一切资源全部由该用户占有。每台机器由控制台控制,控制台包括显示灯、触发器、某种类型的输入设备和打印机。用机器代码编写的程序通过输入设备(如卡片阅读机)载入计算机。如果程序运行出现错误,程序终止,错误提示由显示灯指示。程序员修改错误后,重新输入程序。如果程序正常完成,输出结果在打印机上打印。

计算机的主要工作是运行程序,程序的运行时间是机器的必须开销,除此之外,此时计算机的最大时间开销主要有两个:一个是运行程序间的调度时间,另一个是作业(程序)的准备时间。第一个问题的解决方法是,每个用户为运行的程序(称为作业)预订使用机器的时间和时长,机器按照这个预定表调度机器,一个作业运行时间如果比预定时间短,空余的时间会浪费;相反,如果超时则会被强制停止。第二个问题的解决方法是,程序员将编写好的程序机器码穿成卡片,由卡片阅读机将程序装入内存,需要花费大量的时间。

早期的机器是非常昂贵的,因此最大限度地使用机器是非常重要的,如上由于调度和准备而浪费的时间是难以接受的。为了提高机器利用率,人们开发了一个程序运行监督程序来解决第一个问题,由该程序来取代预订时间调度,监督程序实时了解程序运行状态。如果正在运行的程序出错或结束,监督程序自动调度下一个程序运行,实现自动的串行调度处理,这就是批处理操作系统的雏形。根据这一雏形,20 世纪 50 年代中期由 General Motors

开发了第一个批处理操作系统,也是第一个操作系统,在 IBM 701 上运行。

3. 设备并行——提高资源利用率

批处理操作系统,实现了作业自动调度执行,解决了程序间人工调度或按预订时间表执行所浪费的时间,计算机的使用效率提高了,但是处理机仍然经常空闲。问题在于,一个程序计算的内容是依靠输入设备输入的,相对于处理器,I/O 速度太慢,因此 I/O 设备工作时,CPU 长时间空闲。这里观看一个程序执行的例子,程序的任务是处理一个记录文件,每读一条记录后进行处理,之后进行输出。处理器的处理能力是平均每秒处理 100 条指令,图 2-5 给出了一组有代表性的数据,描述处理机的运行情况,整个工作时间中,计算机用 96.8% 的时间等待 I/O 设备读写数据,造成的浪费很明显。

从文件中读一条记录	0.0015 秒	I/O 工作,处理机等待
执行 100 条指令	0.0001 秒	处理机工作
向文件中写一条记录	0.0015 秒	I/O 工作,处理机等待
总计	0.0031 秒	
CPU 利用率＝0.0001/0.0031＝0.032＝3.2%		

图 2-5　I/O 速度与 CPU 速度例

这个问题是由于作业的输入输出联机(联机 I/O)造成的。所谓联机 I/O 的工作过程是,程序员把写好的程序交给操作员,操作员把一批作业穿到纸带上,输入设备(输入机或读卡机)读取纸带上的程序,将其写到磁带上,监督程序读取磁带数据装入内存运行;程序结束时,监督程序读取磁带上的结果送到输出设备。也就是说,作业从输入机到磁带,由磁带调入内存,以及结果的输出打印都是由中央处理机直接控制的(联机)。在这种联机操作方式下,随着处理机速度的不断提高,处理机和输入输出设备的速度差距形成了一对矛盾。因为在进行输入或输出时,CPU 是空闲的,使得高速的 CPU 要等待慢速的输入输出设备,从而不能发挥它应有的效率。为了克服这一缺点,在批处理系统中引入了脱机输入输出(脱机 I/O)技术,采用一个简单的外围机控制 I/O 设备,输入时,外围机控制将代码从低速 I/O 设备(如纸带机)读取到高速 I/O 设备(磁盘或磁带)中,输出时,外围机控制将代码从高速 I/O 设备(磁盘或磁带)读取到低速 I/O 设备(如纸带机)中,而 CPU 只与高速 I/O 设备交换数据,从而减少了对 I/O 设备的依赖性,我们称为脱机 I/O 工作,如图 2-6 所示。

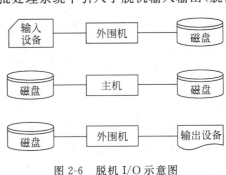

图 2-6　脱机 I/O 示意图

为了消除而不是仅仅减少对 I/O 设备的依赖性,必须使 I/O 和 CPU 并行处理,并行处理是在通道和中断两种硬件的帮助下得以实现的。所谓通道是专门用来控制 I/O 设备的处理器,称之为输入输出处理器(简称 I/O 处理器)。通道比起主机来说,速度较慢,价格较便宜。它可以与中央处理器(简称 CPU)并行工作。当要传输数据时,CPU 只要命令通道去完成即可,当通道完成传输工作后,用中断机构向 CPU 报告完成情况,由 CPU 控制取数据。这样,CPU 和 I/O 设备就可以并行工作,而不必让 CPU 空闲等待低速 I/O 设备工作,让 CPU 机时用来完成主要的数据处理工作,很大程度上提高了资源的利用率。

4. 多道程序设计——根本提高设备利用率

设备上的并行操作,初步解决了高速处理机和低速 I/O 设备的矛盾,提高了计算机的工作效率,但是不久又发现,这种并行是有限的,并不能完全消除 CPU 对传输的等待。因为,到目前为止,所讨论的计算机运行环境都是资源为一个程序所独占(称为单道运行环境),在这种环境下,即使设备可以并行,由于内存中只有一个用户作业运行,CPU 在等待通道控制输入输出的过程中,无事可做,仍然处于空闲状态。那么,为了提高设备的利用率,能否在系统内同时存放几道程序呢?这就引入了多道程序的概念。所谓多道程序,是指在计算机内存中同时存在几道已经运行但尚未结束的相互独立的程序。

在多道环境下,CPU 在等待一个作业传输数据时,就可以转去执行内存中的其他作业,从而保证 CPU 以及系统中的其他设备得到尽可能充分的利用,图 2-7 示意了两道程序运行时 CPU 的利用率比单道运行有所提高。

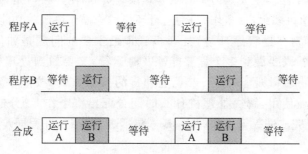

图 2-7　多道程序运行 CPU 利用情况

5. 解决多道程序共享资源——操作系统产生

多道程序设计的思想使设备利用率从根本上可以得到解决了,但是,内存中存放多个作业,多个作业共享系统的所有资源,给系统带来一系列复杂的问题,例如,内存如何分配给多个作业? CPU 如何为多个作业所用? 不仅计算机的硬件资源,软件资源也面对如何为多道程序共享使用的问题。总的来说,多道程序环境下,需要解决下列问题。

- 处理机管理问题;
- 内存管理问题;
- I/O 设备管理问题;
- 文件管理问题;
- 作业管理问题。

解决这些问题是计算机有效工作的根本,需要专门的机制,因此操作系统产生了,这些问题恰恰就是操作系统要解决的问题。接下来就要在一个 CPU、一个内存、一套外设的环境下讨论如何协调多道作业的运行——操作系统的功能及作用。

2.1.3　操作系统功能及构成

作为管理计算机系统资源、控制程序运行的操作系统,它的宗旨是提高系统资源的利用率和方便用户使用,操作系统的设计目标如下。

- 有效性　提高资源利用率。操作系统充分合理地管理和分配系统内的各种软硬资源,提高整个系统的使用效率和经济效益。
- 方便性　方便用户使用。操作系统将裸机转变成一台用户易于使用的、功能更强的、服务质量更高的、更灵活安全可靠的虚拟机。
- 可扩充性　能适应硬件的发展,容易升级。便于增加新的功能层次和模块,并能修改老的功能层次和模块。
- 开放性　使应用程序具备可移植性和互操作性。为使来自不同厂家的计算机和设备能通过网络加以集成化,并能正确、有效地协同工作,必须具有统一的开放环境,进而要求操作系统具有开放性。

操作系统功能有处理机管理、存储器管理、设备管理、文件管理、用户接口(早期还有作业管理功能)。前 4 个功能主要是为了有效管理系统资源,用户接口是为用户使用计算机提供方便。下面将以单机多用户(多作业)为运行环境讨论操作系统的功能。

处理机管理,面对多道程序环境,处理机管理最主要的问题是如何将一台处理机分配给多个程序使用?既要做到多个程序能够及时运行,又要做到处理机得到最充分的利用。操作系统采用一种微观上串行、宏观上并行的操作方式,按照一定策略将处理机分配给要求的用户作业使用,解决处理机什么时间分配给哪个作业、分配多长时间、下一个轮到谁等问题,主要完成进程管理和调度,具体包括进程控制、进程同步、进程通信、进程调度等功能。

存储器管理,主要指内存储器管理,在采用多道程序设计的系统中,要决定将哪一部分内存分配给哪一道作业,分配多少空间,既包括物理空间的分配,也包括逻辑空间的扩充,并且考虑内存保护及数据安全等,具体包括内存分配、内存保护、地址映射、内存扩充等功能。

设备管理,管理种类繁多、用法各异的物理设备,所有设备都可以与处理机并行工作,并且有的要为多个用户程序共享,因此设备管理不仅要解决设备分配问题,还要解决设备分配的无关性,能够按照各类设备的不同特点和不同策略把设备分配给要求的作业使用,具体包括假脱机、缓冲管理等功能。

文件管理,确切说是信息资源管理,包括系统中各类程序和数据,它们都是以文件的形式存储在外存储器中的,因此通常称为文件管理,这是操作系统管理的最接近用户的功能。文件管理主要涉及文件的逻辑组织和物理组织、目录的结构以及对文件的操作等功能。

以上的操作系统功能都是对计算机资源的管理,目标是有效协调、使用资源,操作系统的另一大目标——方便用户使用,由用户接口完成,它支持用户与操作系统之间进行交互,提供用户交互式接口及用户编程接口。

操作系统是一个大型的系统软件,尽管随着时间的推移和技术的进步,操作系统在持续发展,不断加入新的功能和特性,但是从构成元素来说变化不大,只是减少了作业管理功能,现在由用户接口、处理机管理、内存管理、设备管理、文件管理等 5 个部分组成,如图 2-8 所示。

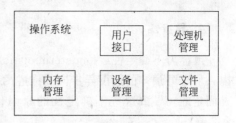

图 2-8　操作系统组成

操作系统的这些基本组成部分每一块都有自己的功能,但是它们之间并不是独立的,它们协同工作,共同完成操作系统的总任务。例如,用户通过操作系统提供的接口发出打开文件命令,文件管理模块接收文件名字,通过目录找到文件在磁盘中的所有存储单位的实际位置(物理地址),设备管理模块使用这些物理地址从磁盘上读取文件,即将文件读入内存供程序使用,与此同时,内存管理模块要保证内存中有足够的空间来存储该文件,而处理机管理模块负责分配处理机来完成输入输出操作。

操作系统作为软件,其软件架构有多种,包括最早的简单层次模块结构,以及现在的微内核、客户-服务器结构等。

2.1.4　操作系统的特征

操作系统具有下列 4 个主要特征:

* 并发性(Concurrence);
* 共享性(Sharing);
* 虚拟性(Virtual);
* 异步性(Asynchronism)。

1. 并发性

从一般意义来说,并发性是指两个或多个事件在同一时间间隔内发生,对多道环境下的计算机系统来说,并发是指在一段时间内,多道程序"宏观上同时运行",在这个现象下,操作系统体现了多种并发:内存中同时存放多道程序;多道程序同时处于运行状态;CPU 的计算工作与 I/O 设备的输入输出工作并发。因此,操作系统是一个并发系统的管理机构,其本身就是与用户程序一起并发执行的。

2. 共享性

多道环境下,一个角度是多个程序并发执行,另一个角度就是系统中的资源可供这多个并发的程序(进程/线程)共同使用,即共享,包括并发程序对 CPU 的共享、对内存的共享、对外部存储器的共享以及对系统中的数据(文件)的共享。

3. 虚拟性

虚拟的本质含义是指通过某种技术把一个物理对象实体变为若干个逻辑上的对应物。如通信领域的分时复用和分频复用,虚拟之所以成为操作系统的特性,是因为多道环境下存在多种虚拟技术,包括虚拟机、虚拟内存、虚拟设备等。例如,虚拟机技术,简单说是把一个物理意义的 CPU 变为多个逻辑上的 CPU,并使得在单个物理 CPU 上运行的多道程序都感觉到它自己独占一台 CPU(分时系统)。这正是操作系统的奇妙功能所完成的。

4. 异步性

或称为不确定性(Nondeterministic),是指在操作系统控制下,多道并发程序(进程)是以人们不可预知的速度异步向前推进的,它们的执行顺序和速度是不确定的,但结果要保证是固定的。导致这些不确定性的原因包括多道环境的复杂性、进程的动态性等(详述见2.2节)。

并发、共享、虚拟、异步是操作系统共同的特性,其中并发特征是操作系统最重要的特征,其他3个特征都是以并发为前提的。

2.1.5 操作系统的分类

计算机从最早的仅用于科学计算,发展到今天深入人类生活的各个领域,伴随其发展的也有操作系统。在世界范围内,人们熟知的操作系统多达数十种。操作系统的发展动力和形成原因除了不断提高计算机资源利用率,受器件的不断更新换代、计算机体系结构的不断发展的影响外,满足各类用户需求也是一大因素。在计算机广泛的使用领域中,人们对计算机上的操作系统的性能要求、使用方式也是不同的,按照性能特点和使用方式不同,对操作系统的分类方法也有很多。例如,可以按照机器硬件的大小而分为大型机操作系统、小型机操作系统和微型机操作系统;还可以按照操作系统软件结构分为微内核操作系统、模块化操作系统、分层操作系统等。本书按照计算机运行环境来分别介绍两大类操作系统,一类是单CPU、非分布式环境下的操作系统,另一类是多个计算机协作环境下的操作系统。

1. 单CPU、非分布式环境下的操作系统

对于单CPU、非分布式环境下的操作系统,这里介绍一种被广泛采用的典型分类方法,即把操作系统分为多道批量处理操作系统、分时操作系统和实时操作系统三类。

(1) 多道批量处理操作系统

主要用在科学计算的大中型计算机上。它的特点体现在多道和批量两点上,多道指内存存放多个作业,批量指系统根据一定的调度原则,从后备作业中选择搭配合理的一批作业调入内存运行。

批处理的概念源于20世纪50年代初早期的单道批处理系统,当时系统将多个作业组织为一批进行处理,由外围机将其输入到磁带中,系统对这批作业每次只能接纳一个作业(单道),多个作业是串行执行的;多道批量处理操作系统则不同,作业不必集中成批组织进入系统,随时可以存放在磁盘输入池中,形成作业队列,“批”的概念并不明显;多道是指系统按照调度策略和原则同时从磁盘调入一个或多个作业进入内存运行。

多道批处理操作系统具有如下优点:

- 提高资源利用率(CPU和I/O设备);
- 系统吞吐量大;
- 系统切换开销小。

(2) 分时操作系统

多道批量处理操作系统十分注重对系统资源的利用,追求高的吞吐量,各类资源管理功能非常强,但是没有提供用户与作业的交互能力,用户无法控制其作业的运行,造成用户响

应时间过长。例如,早期使用多道批处理操作系统进行人口普查计算,计算机可以发挥其效用,计算量巨大,作业(程序)投入运行,几十小时之后才出现结果,但是,新开发的程序难免有不少错误和需要修改的地方,用户要在几小时甚至几十小时之后才知道程序有错误,修改后,又要重新开始几十小时的运行周期,给用户带来极大不便。因此导致人们去研究一种能够提供用户和程序之间有交互能力的系统。在 20 世纪 60 年代初期,美国麻省理工学院建立了第一个分时操作系统,简称分时系统。

分时系统的产生,既是人们对人机交互能力、共享主机的需求推动的,也是终端技术的成熟促成的。分时系统是多用户共享系统,一般是一台计算机连接多个终端,每个用户通过相应的终端使用计算机。所谓分时,是把每个作业的运行时间分成一个个的时间段,每个时间段称为一个时间片,从而可以将 CPU 工作时间分别提供给多个用户使用,每个用户依次轮流使用时间片。时间片非常小,一般以微妙为单位,用户从键盘输入输出比较慢,有时还需要停下来思考,而 CPU 处理速度很快,这样用户在多个时间片间切换时感觉不到间断性,以为自己独占计算机,这就是"微观串行"达到"宏观并行"的效果。分时系统具有以下特征:

- 同时性(多路性) 若干用户可同时上机共享一个 CPU;
- 独占性 系统用户之间互相独立工作,独占一台终端,互不干涉,虽然共享 CPU 及其他资源,但是每个用户感觉好像独占计算机系统;
- 及时性 用户可在短时间内得到系统的响应;
- 交互性 用户可根据系统响应结果,通过终端直接控制程序运行,同其程序之间可以进行交互"会话"。

多道批处理系统和分时系统都使用多道程序设计,现在一个商业操作系统都同时具有多道和分时功能,一般把分时功能称为前台功能,批处理称为后台功能。

(3) 实时操作系统

多道批处理系统和分时系统都是通用的操作系统,而实时操作系统一般是专用系统。实时意味着"立即"和"马上",可知实时系统强调和注重响应时间,它必须在有限时间内响应用户的外部请求,对其进行相应处理和回答。实时系统通常包括实时过程控制和实时信息处理两种系统。前者如钢厂高炉控制、轧钢系统控制,后者如订票系统、联机情报检索等,目前随着数据库技术的发展,有学者将后者归为数据库应用系统。

2. 多个计算机协作环境下的操作系统

多个计算机协作环境下的操作系统,典型的有网络操作系统、分布式操作系统。

早期,计算机网络刚刚出现,为了实现计算机在网络互联下的通信及协调工作,出现了网络操作系统。网络操作系统(Network Operating System,NOS)是网络用户和计算机网络的接口,它除了提供标准操作系统功能外,还管理计算机与网络相关的硬件和软件资源,提供网络管理和通信服务。网络相关的硬件诸如网卡、网络打印机、大容量外存等,为用户提供的服务包括文件共享、打印共享等各种网络服务、电子邮件、WWW 等专项服务。目前所有操作系统都具有网络功能,因此都可以称为网络操作系统。

分布式操作系统是将一组物理上分布的计算机系统通过网络连接在一起,形成逻辑上统一的系统。系统中任意两台计算机可以交换信息,每台计算机都具有同等地位,既没有主机,也没有从机,每台计算机上的资源为所有用户共享,任何工作都可以分布在几台计算机上,由它们并行工作协同完成。用于管理分布式计算机系统的操作系统称为分布式操作系统,负责全系统的协调控制、资源分配、任务划分、信息传输等工作,并为用户提供统一的界面和标准的接口。分布式操作系统是计算机网络环境下的理想目标,但是实现这个目标非常复杂,因此目前还没有完全商用化的成熟的分布式操作系统。

2.2　进程及进程通信

进程是网络环境下计算机通信的基本单位,在多道环境下的操作系统中,程序并不能独立运行,作为资源分配和独立运行的基本单位都是进程,操作系统所具有的四大特征都是基于进程而形成的。进程是理解和控制系统并发活动的最基本、最重要的概念,本节就介绍进程的概念及进程通信相关技术。

2.2.1　进程的引入

到目前为止,本书讨论计算机系统的运行程序时,有多种称呼,在批处理时称为作业,分时系统时称为用户程序或任务,大多数情况下又称为程序,这些称呼都关乎 CPU 的执行单元,我们到底应该如何称呼或描述所有这些 CPU 的活动呢?

其实在早期的计算机系统中,一直采用程序这个概念,那时计算机系统只允许一次执行一个程序(单道程序),程序对系统有完全的控制权,能访问所有的系统资源。但是多道程序设计出现之后,多个程序可以同时存在于内存,共享系统的所有资源,情况产生了变化,什么变化呢? 我们就从单道程序与多道程序的不同说起。

单道环境下的程序的最大特点是其具有顺序性,即程序是顺序执行的,顺序性的特征有顺序性、封闭性和可再现性。

(1) 顺序性。处理机的操作严格按照程序所规定的顺序执行,只有当一个操作结束后才能进行下一个操作。

(2) 封闭性。程序是在封闭的环境下执行的,即程序运行的环境资源只能由程序本身访问和修改,与其他程序无关。

(3) 可再现性。一个程序只要它的运行条件(初始数据)相同,不论运行速度如何,其运行结果一定相同,不管是运行错误或正确,每次运行过程都会不变的再现。

在多道环境下,程序可以并发执行,它们共享系统的所有资源,不再具有如上的程序的顺序性,相对于顺序性、封闭性和可再现性,体现出的是间断性、失去封闭性和不可再现性。

(1) 间断性。对并发的程序的整体来说,它们相互制约,各程序在执行时间上是重叠的,即当一个程序还未执行完成,就开始了另一个程序的执行;对每一个程序来说,则出现"执行－暂停－执行"的间断特点。

(2) 失去封闭性。并发的程序共享系统的某些变量,所以,一个程序的环境可能会受其他程序影响,或者说,一个程序可能会改变另一个程序的环境,程序环境不再封闭。

(3) 不可再现性。以上的两个特点造成的后果就是,并发程序的运行结果不确定,即使运行的初始条件(数据)相同,它在运行过程中会受到其他程序影响,而且这种影响是不可预期,也无法再现,因此结果不可再现。

可以称并发程序以上的特点为不确定性,这理解起来有些抽象,这里举一个不确定性的示例。

假设一个火车订票系统程序,其中读取某车次车票余额并售出车票的程序片段为ticketP,现在两个售票窗口 T1 和 T2 并发执行这段程序,两个并发程序必须共享某车次的剩余车票数的变量 tNum。

```
ticketP
…
//从共享文件中读取车票数 tNum
Read(tNum);
//如果还有余票,则售出,票数减 1,假设每次只能售一张,否则票数不变,返回
if tNum >= 1 then tNum -- ;
else return( - 1);
//车票数据写回共享文件
Write(tNum);
…
```

同时售票的两个窗口 T1 和 T2 并发执行这段程序,若每段程序不加约束,各自按自己的速度执行,每一时刻代表一个 CPU 单位,在一个时刻里只能有一个程序执行,我们将CPU 分为 6 个时刻 t0-t5,两个窗口运行的程序顺序可能有多种组合,出现多种执行序列,产生不同的执行结果。图 2-9 给出两种执行组合,一种产生正确的结果,一种不正确。

时刻	t0	t1	t2	t3	t4	t5	
变量 tNum 值	1	1→0	1→0	0	0	0	共 1 张车票
窗口 T1 执行	Read(tNum)	tNum--	Write(tNum)				卖出 1 张
窗口 T2 执行				Read(tNum)	return(-1)		无票

(a) 正确的情况

时刻	t0	t1	t2	t3	t4	t5	
变量 tNum 值	1	1	1→0	1→0	0	0→-1	共 1 张车票
窗口 T1 执行	Read(tNum)		tNum--	Write(tNum)			卖出 1 张
窗口 T2 执行		Read(tNum)			tNum--	Write(tNum)	卖出 1 张

(b) 不正确的情况

图 2-9 并发程序的结果不确定性示例

表中 tNum 值有两种表示方式:一种是 T1 或 T2 的操作不影响 tNum 时,值为一个单值;另一种是 T1 或 T2 的操作改变 tNum 值时,值为"操作前值→操作后值"。并发程序设定共享变量 tNum 的初值为 1,即有一张火车票,按照 a 的运行组合,系统中的这张车票由T1 窗口卖出(t0-t2 时刻),t3 时刻窗口 T2 执行时,tNum 为 0,已经无票,程序返回,这个运行结果是正确的;情况 b 则不同了,尽管 T1 和 T2 正常执行,却把一张票卖给了两个窗口的两个旅客,这显然是错误的。原因是,窗口 T1 和 T2 运行的程序使用的变量是共享的,两个程序运行环境不封闭,T1 中的变量 tNum 可以由 T2 的程序修改,T2 中的变量 tNum 也

可以由 T1 的程序修改,这样,T1 读到有 1 张火车票,T2 也读到有 1 张火车票,而 T1 将火车票卖出,修改了 T2 读到的变量值,而 T2 却不知,造成 1 票多售。

这个例子充分表现了并发的程序有间断性(b 情况下,T1 和 T2 都是执行—暂停—执行状态),失去封闭型,和结果不可再现性(T1 和 T2 进程运行程序 ticketP,不可预知是什么样的组合序列,如果形成 a 组合,结果正确;如果形成 b 组合,结果不准确),我们也称这种问题为与时间有关的错误。因此对一组并发程序的执行过程必须进行有效的控制,否则会造成不正确的结果。

从此也看出,程序这个概念已经无法体现多道环境下并发的特点,因此需要引进新的概念,这就是"进程"。

2.2.2　进程描述、进程状态及进程控制

为了刻画多道程序环境下系统内出现的情况,描述并发程序的特点及活动规律,引进了进程的概念。进程是操作系统中最基本、最重要的概念。处理机调度、内存分配、设备共享等功能都是以进程为单位(线程出现之前)。

1. 进程概念及特点

进程这一概念至今未形成公认的定义,但是进程却已广泛而成功地用于许多系统中。目前不同教科书中给出的不同定义如下。

- 进程是程序的一次执行;
- 进程是一个程序及其数据在处理机上顺序执行时所发生的活动;
- 进程是程序在一个数据集合上的运行过程,它是系统进行资源分配和调度的一个独立单位;
- 可以与其他程序并行执行的程序的一次执行。

这些定义都从不同的角度提出了对进程的看法,总结起来,进程与程序有关,与程序的并发执行有关,与多道环境下系统资源的共享有关。

本书采用一种使用较广的描述:进程是进程实体的运行过程,是系统进行资源分配和调度的一个独立单位。

尽管进程的定义很抽象,但是正如定义描述,进程是有实体存在的,我们称为进程映像。它是由程序、数据以及描述进程状态的数据结构组成的。进程的特征有下列 4 点。

(1) 动态性。这是进程的最基本特性,进程是程序的执行,有产生和消亡的状态变化。

(2) 并发性。进程是可以并发执行的程序,因此具有并发性。

(3) 独立性。进程是可并发的,但是并发的进程间是相互独立互不干扰的。

(4) 异步性。进程的运行是异步的,运行速度是无法预测、不可再现的。

2. 进程与程序

从概念来看,进程与程序有关又与程序不同,为了更好地理解进程,现在来比较一下进程与程序的异同。

(1) 进程是程序的执行过程,是动态的概念;程序是一组指令的集合,是静态的概念。

(2) 进程是程序的执行,因而它有生命过程,从投入运行到运行完成,所以进程有诞生

和死亡。或者说,进程的存在是暂时的,程序的存在是永久的。

(3) 进程是程序的执行,进程包括程序和数据,一个进程可以顺序地执行多个程序;一个程序可以对应多个进程(即由多个进程共享),如"售火车票"的多个窗口,每个窗口存在一个进程,但是执行的都是一个程序。

3. 进程控制块及进程映像

进程是程序的一次执行活动,如何描述这一活动呢?操作系统设计了一个数据结构——进程控制块。

进程控制块(Process Control Block,PCB)是唯一标识进程存在的数据结构,包含了进程的描述信息和控制信息,是进程的动态特征的集中反映。操作系统根据进程控制块而感知进程的存在,所以说它唯一标识进程的存在。它的主要作用是使一个在多道程序环境下不能独立运行的程序(含数据),成为一个能独立运行的基本单位,一个能与其他进程并发执行的进程。每个操作系统的 PCB 内容不尽相同,但是下列内容是必须包括的。

- 进程标识符 唯一标识一个进程,有操作系统内部标识和外部标识(用户);
- 进程状态信息 描述进程的动态性,包括运行、就绪、阻塞等状态;
- 进程执行现场信息 包括处理机状态、通用寄存器、指令计数 IDIP、程序状态字 PSW 用户栈指针等内容;
- 进程调度信息 进程的优先级、等待事件(阻塞原因)等;
- 进程控制信息 程序和数据的地址、同步和通信机制、资源清单、链接指针等。

进程的实体即进程映像,是由程序、数据和进程控制块组成的。程序描述了进程所要完成的功能,数据是进程在执行时的操作对象,这两部分是进程存在的物理实体,而进程控制块是进程存在的物理标志和体现。进程映像的三部分可以有不同的组合,如图 2-10 所示。

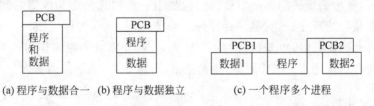

(a) 程序与数据合一 (b) 程序与数据独立   (c) 一个程序多个进程

图 2-10 进程映像

4. 进程状态及状态变化

进程是程序的一次执行,是动态的,因此,进程从产生、存在到消亡是有不同的状态的,而且在进程的存在过程中,由于系统中各个进程并发及相互制约的结果,使得它们的状态不断变化。通常一个进程至少可以划分为下列 3 种基本状态。

(1) 运行状态(Running)。一个进程已获得处理机,正在执行。

(2) 就绪状态(Ready)。一个进程得到了除 CPU 以外的所有必要资源,一旦得到处理机就可以运行,又称为逻辑可运行状态。

(3) 阻塞状态(Blocked)。一个进程因等待某事件发生(如申请打印机,打印机忙)而暂时无法继续执行,从而放弃处理机,使进程执行处于暂停状态,此时,即使得到处理机也无法运行,又称为逻辑不可运行状态。

系统中不同的事件有可能引起进程状态的不同变化,变化如图 2-11 所示。

图 2-11　进程基本状态变化

由图 2-11 可见:

(1) 当一个新进程被接纳,初始状态为就绪态。

(2) 处于就绪态的进程被进程调度程序选中后,分配处理机,转变为执行状态。

(3) 处于执行态的进程可以有三种状态变化。进程执行完成,转变为结束状态;系统分配给该进程的时间片到了,其转变为就绪态,等待再次调度;进程运行过程中由于等待某个事件,例如申请打印机,而打印机正忙,或者等待某进程传来的数据未到,这样进程只能将自己阻塞,进入阻塞状态。

(4) 处于阻塞态的进程,若等待的事件发生,逻辑上可运行,则变为就绪态。

在不同的系统中,出于调度策略的考虑,可能将进程划分为更多的状态,如挂起状态。

2.2.3　进程控制

进程的状态变化是由系统的进程控制机构完成的,控制机构具有创建进程、撤销进程和实施进程间同步、通信等功能,控制机构构成操作系统的内核,内核并非一个进程,而是硬件的首次延伸,即是加到硬件的第一层软件。内核由一些特殊的称为原语的程序段组成。原语是不可中断执行的程序段,它是一种特殊的系统调用命令,可以完成一个特定的功能,一般为外层软件所调用,其特点是执行时不可中断,在操作系统中原语作为一个基本执行单位出现。控制进程的原语有:创建原语、撤销原语、阻塞原语、唤醒原语等。

1. 创建原语

创建原语创建一个新进程。通常,有四类事件会导致创建一个进程:在批处理环境中,响应作业的提交会创建进程;在交互环境中,当一个用户登录时会创建进程;操作系统提供一项服务时,如用户请求打印操作,系统会创建一个管理打印的进程,使得原进程可以与打印进程并发执行;用户请求创建进程时,也会创建进程。

一个进程生成另一个进程时,称前一个进程为父进程,生成的进程为子进程。一个系统运行初始只有一个进程,称为根进程,其后出现的进程都为根进程的子孙进程,随着系统运行,所有进程形成一棵进程树,如图 2-12 所示。

创建原语的主要工作是为被创建进程建立一个进程控制块 PCB,分配进程标识符,形成 PCB。操作过程是:向系统申请一个空闲 PCB,然后为新进程分配请求的资源,根据父进程提供的参数以及获得的资源情况初始化进程控制块,将新进程插入就绪队列。

操作系统创建进程的方式对用户和应用程序都是透明的。

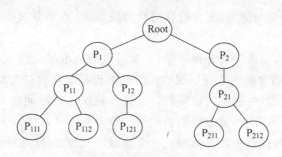

图 2-12　进程树

2. 撤销原语

撤销原语撤销或终止一个进程。一个进程可能因为完成了运行任务正常终止；或者由于错误而非正常终止；也可能由于其祖先进程的要求被撤销。系统可以按照进程标识符撤销一个进程，也可以按照优先级撤销多个进程。撤销进程一般由父进程或祖先进程发出，给出的参数是进程标识符或优先级。如果一个进程被撤销，那么它的子孙进程必须先行撤销。

撤销原语的主要工作是将被撤销进程及其子孙进程的所有资源（主存、外设、PCB）全部收回，归还系统。具体操作过程：根据被终止进程的标识符，从 PCB 队列中检索出该进程的 PCB，从中读出该进程的状态；若被终止进程正处于执行状态，应立即终止该进程的执行，并置调度标志为真；若该进程还有子孙进程，应将其子孙进程终止；将被终止进程所拥有的资源，归还其父进程或系统；将被终止进程 PCB 从所在队列移出，如果调度标志为真，要启动处理机调度程序。

3. 阻塞原语

创建原语和撤销原语，解决了进程从无到有，从存在到消亡的变化，阻塞和唤醒原语则完成进程由"运行"到"等待"，由"等待"到"就绪"的变化。

当一个进程期待某一事件（如请求系统服务、启动某种操作、数据尚未到达、无新工作可做等）出现时，该进程就调用阻塞原语将自己置为阻塞（等待）状态。阻塞原语的主要工作是保存阻塞进程的现场，让出处理机，具体工作过程：发现上述事件，调用阻塞原语把自己阻塞；停止进程的执行，修改 PCB 中的状态信息，并将其插入相应的阻塞队列；转处理机调度程序，选择一个进程运行。

4. 唤醒原语

当处于阻塞状态的进程所等待的事件出现时，由发现者进程调用唤醒原语唤醒该阻塞进程。引起唤醒的事件与引起阻塞的事件是相对应的。唤醒原语的主要工作是将阻塞进程从阻塞队列移到就绪队列，工作过程：将该阻塞进程的进程控制块 PCB 从阻塞队列中移出，修改 PCB 中的状态信息，再将其插入到就绪进程队列中。

阻塞与唤醒要匹配使用，以免造成"永久阻塞"。

2.2.4　并发进程的相互制约——同步与互斥

并发是操作系统最基本的特征，也是操作系统设计的基础。它包括很多设计问题，如进程间的通信、资源的共享与争用、多个进程活动的同步等,本小节讨论单机多道环境下的并发进程关系。

多道环境下的操作系统支持进程并发,并发的进程既有独立性又有相互制约性。独立性是指各进程都可以独立向前推进;制约性则是指进程之间有时会相互制约,这种制约分为两种,一种是直接制约,一种是间接制约。直接制约源于进程间的合作,间接制约源于进程对资源的共享和争用。当并发进程竞争使用同一个资源时,它们之间会发生冲突。比如,两个或多个进程在执行过程中需要访问同一个资源,它们之间没有任何信息交换,每个进程不知道其他进程的存在,并且每个进程也不受其他进程的影响。但是,一旦操作系统将这个竞争资源分配给一个进程,其他进程就必须等待,直到前者完成任务释放资源为止,由此造成进程间的间接制约。直接制约主要源于进程间的合作,这种合作有共享合作和通信合作。

我们将并发进程的相互制约分为同步和互斥,操作系统要有进程间的同步与互斥控制机制,这是并发系统的关键问题,关系到操作系统的成败。

1. 互斥

竞争资源的进程首先面临的是互斥的要求,这种要求与竞争的资源特性有关。某些资源由于其物理特性,一次只允许一个进程使用,不能多进程同时共享,我们称其为临界资源。多个进程之间需要互斥使用临界资源,即一个进程正在访问临界资源,另一个要访问该资源的进程必须等待,直到前者使用完毕并释放之后,后者才能使用。许多物理设备属于临界资源,如打印机、磁带机;许多变量、数据、队列也可以由若干进程共享使用,这时这些资源也是临界资源,又有将其称为软临界资源,如车票文件。软资源互斥使用的原因是为了避免与时间有关的错误(如 2.2.1 节中的火车售票系统),导致错误原因有两个:一是共享了变量(例中的车票数量变量),二是同时使用了这个变量。所谓同时是指在一个进程开始使用但尚未结束使用的期间,另一个进程也开始了使用(例中的同时读出、写入车票数量变量)。

一个进程可能包含使用临界资源和不使用临界资源两部分程序,并发进程在使用临界资源时必须互斥使用,而在不使用临界资源时则没有约束。为了控制进程的互斥,可将这两段程序从概念上分开,把访问临界资源的程序段称为临界区(Critical Section,CS),而把其他程序段统称为非临界区 non_CS,并且把与同一个临界资源相关联的临界区称为同类临界区。这样,互斥使用临界资源的问题就可以转变为控制不允许进程同时进入各自的同类临界区。可以总结出使用临界区的基本要求:

- 互斥进入　在共享同一个临界资源的所有进程中,在同一时间,每次至多有一个进程处在临界区内,即只允许一个进程访问该临界资源;
- 不互相阻塞　如果有若干进程都要求进入临界区,必须在有限时间内允许一个进程进入,不应互相阻塞,以至于哪个进程都无法进入;
- 公平性　进入临界区的进程要在有限时间内退出,不让等待者无限等待。

要想实现这个原则,应该在临界区前后都加以标识和控制,每一个进程的描述如下。

```
Repeat
        Non_CS;
        临界区入口控制代码 CS - inCode;
        CS;
```

```
        临界区出口控制代码 CS - outCode;
Until false
```

可以看出,解决互斥问题的关键在临界区的入口控制代码和出口控制代码,计算机专家从1965年代开始,不断提出代码中控制互斥的相应算法,不断改进,直到提出信号量机制和管程概念才为用户提供了简单的、成熟的解决互斥问题的方法(下节介绍)。

2. 同步概念与同步问题

同步(synchronism)是指有协作关系的进程之间需要调整它们之间的相对速度。例如,两个合作进程,计算进程和打印进程,共同使用同一个缓冲区,计算进程(Computing)对数据进行计算,并把结果送入单缓冲区;然后由打印进程(Printer)把单缓冲区的数据打印出来。这是两个具有协作关系的进程,在运行过程中存在一种制约关系:当计算结果未出来前,Printer进程必须等待;反之,当上一次计算结果还在缓冲区未被打印时,Computing进程不能向其中送入新的计算结果,计算进程必须等待。这就需要调整它们的相对速度,即同步。同步现象在计算机内到处可见,其实,互斥也是一种特殊的同步,而同步时共享的资源(缓冲区)也是临界资源,因此有时也将同步和互斥面临的问题统称为同步问题。

为了有效管理进程的同步和互斥,实现进程互斥地进入自己的临界区,操作系统设置了专门的同步机制来协调各进程间的运行。所有同步机制都应遵循下述4条准则。

(1) 空闲让进。当无进程进入临界区,即临界资源处于空闲状态时,应允许一个请求进入临界区的进程立即进入临界区。

(2) 忙则等待。当已有进程进入临界区,即临界资源正在被访问,其他请求进入临界区的进程必须等待,以保证对临界资源的互斥访问。

(3) 有限等待。对请求进入临界区的进程,应保证在有限时间内能够进入临界区,避免"死等"。

(4) 让权等待。当进程不能进入自己的临界区时,应立即释放已占用资源,以免产生死锁。

2.2.5 信号量机制

在解决并发进程的同步和互斥问题的过程中,人们经过了许多尝试和探讨,在总结这些探讨的基础上,1965年荷兰学者 Dijkstra 提出了信号量(Semaphores)机制,该机制可以很容易地被用户进程使用,是现代操作系统在进程之间实现互斥与同步的基本工具。它的基本原理是:两个或多个进程可以通过简单的信号进行合作,一个进程可以被迫在某一位置停止,直到它接收到一个特定的信号。任何复杂的合作需求都可以通过适当的信号结构得到满足。为了发信号,需要使用一个特殊变量,即信号量。

信号量是一个数据结构,它由一个信号量变量以及对该变量进行的原语操作组成,操作系统利用信号量实现进程同步与互斥的机制称为信号量机制。

1. 整型信号量

最初信号量变量定义为整数值变量,在它上面定义3个操作。

（1）一个信号量可以初始化成非负整数。

（2）原语操作 P（P 操作）。判断信号量值,如果为 0,忙等待(判断——等待),否则将信号量值减 1。

（3）原语操作 V（V 操作）。将信号量值加 1。

P、V 操作的算法描述如下。

```
P(S):
  While S<=0 do no-op;
  S:=S-1;
V(S):
  S:=S+1;
```

P、V 操作都是原语操作,因此在运行过程中不能被中断。使用 P、V 操作作为进入临界区的入口控制代码和出口控制代码,可以有效实现临界资源的互斥使用。

【例 2-1】 两个进程 P1、P2 共享临界资源 CR,同类临界区为 CS1、CS2。使用 P、V 操作作为 CS1、CS2 的入口和出口控制码,两者共享信号量 mutex,进程算法如图 2-13 所示。

```
Cobegin
Semophore  mutex=1;

P1:                    P2:
Repeat                 Repeat
  P(mutex);              P(mutex);
  CS1;                   CS2;
  V(mutex);             V(mutex);
  non_CS1;              non_CS2;
Until false            Until false

coend
```

图 2-13　使用整形信号量控制互斥

分析两个进程的一种推进顺序,如图 2-14 所示。

时刻	t0	t1	t2	t3	t4	t5	t5
进程 P1 执行	P 操作:判断 mutex 值为 1;mutex--;进入临界区	临界区工作,访问临界资源		退出临界区;执行 V 操作;mutex++;		non_CS1;	non_CS1;
进程 P2 执行			P 操作:判断 mutex 值为 0;在 P 操作中等待		P 操作:判断 mutex 值为 1;mutex--;进入临界区	临界区工作,访问临界资源	退出临界区;执行 V 操作;mutex++;

图 2-14　两个临界区的一种推进顺序

两个进程进入临界区前都要执行 P 操作,先执行 P 操作的进程将信号量减 1,进入临界区;后执行 P 操作的进程判断信号量时已经为 0,只能在 P 操作中不断检查信号量值,处于等待状态,直到进入临界区的进程,访问临界资源结束,退出临界区时,执行 V 操作,将信号量值加 1,等待的进程此时判断信号量值为 1,将其减 1,进入临界区;如果有多个进程想要进入临界区,都会被阻塞在 P 操作中。

2. 记录型信号量

整型信号量机制成功的控制了进程对临界资源的互斥访问,但是当进程阻塞在 P 操作中时,虽然进程没有实质上的运行进展,但是却在执行语句 while,这个语句每次也需要占用处理机,这就浪费了宝贵的处理机资源,因此产生了记录型信号量机制。

记录型信号量数据结构中,除了一个整数变量外,还加了一个指针队列,用以记录阻塞进程。

```
Struct Semaphore {
  int value;
  List_of_process L;
}S;
```

随之,P、V 原语也有变化,在很多文献中,又将 P、V 操作称为 Wait 和 Signal 操作。

```
Wait (S) {
    S.value -- ;
    if S.value < 0 then block(S,L);
}
Signal (S) {
    S.value++;
    if S.value ≤ 0 then
    wakeup(S,L);
}
```

其中,block 是操作系统进程控制机制的阻塞原语,block(S,L) 是将调用此原语的进程挂在(阻塞在)L 队列中,等待资源为 S 的信号量;wakeup 是操作系统进程控制机制的唤醒原语,wakeup(S,L) 是将因等待 S 信号量的、挂在(阻塞在)L 队列中的进程唤醒。

现在仍然可以用 Wait、Signal 操作作为临界区的入口、出口控制码,此时,先执行 Wait 操作的进程仍然将信号量值减 1,直接进入临界区,只是,其后执行 Wait 操作的进程,将信号量值减 1 后,发现无法进入临界区,则调用阻塞原语将自己阻塞,并将自己挂在等待该临界资源的队列 L 中,等待唤醒,谁来唤醒它呢? 就是从临界区出来的进程,执行 Signal 操作,当发现 S.value 值小于等于 0 时,说明有进程等待该临界资源,则调用 wakeup 原语从队列中唤醒阻塞进程。

3. 利用信号量实现进程互斥

有了信号量机制,用户可以方便地解决进程的互斥和同步问题。

使用信号量互斥访问临界资源,需要设置一个互斥信号量,其初值必须为 1,然后以 Wait 操作作为临界区入口控制码,Signal 操作作为临界区出口控制码,如图 2-15 所示。

```
Cobegin
Semophore   mutex = 1;

P1:                        P2:
Repeat                     Repeat
  wait(mutex);               wait(mutex);
  CS1;                       CS2;
  signal(mutex);             signal(mutex);
  non_CS1;                   non_CS2;
Until false                Until false

coend
```

图 2-15　使用记录型信号量控制互斥

4. 利用信号量实现进程同步

信号量机制也可以用来解决同步问题。

【例 2-2】　设计一个同步方案解决计算进程与打印进程的同步(同步要求见本节前述)。

假设计算进程为 C,计算语句为 c1;打印进程为 P,打印语句为 p1。两者的同步关系是,计算进程先执行,有了计算结果才可以打印。定义同步信号量 sm,注意同步信号量初值应该设置为 0。两个进程同步形式如图 2-16 所示。

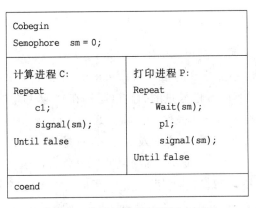

图 2-16　信号量机制解决同步问题

如此可以保证两者的同步关系。一旦打印进程先于计算进程获得处理机,由于信号量 sm 的值为 0,打印进程会阻塞在 Wait 操作中,只有等待计算进程计算结束后,调用 signal 操作,对信号量值加 1,打印进程被唤醒后才能执行。

值得注意的是,如果 Wait 操作和 Signal 操作使用不当,仍然会出现与时间有关的错误。当使用多个 Wait 操作时,一定要注意它们的使用顺序,这个在下一小节会详细介绍。

在长期且广泛的应用中,信号量机制得到了很大发展,它从整型信号量经记录型信号量,进而发展为"信号量集"机制,已被广泛用于单处理机和多处理机以及计算机网络环境的进程通信中。

2.2.6 经典的进程同步问题

这里介绍两个经典的进程同步问题以及它们的解决方法,这些问题代表了计算机应用中进程之间并发及共享资源的典型问题,深入分析和理解这些例子对于全面解决操作系统内同步、互斥问题有很大启发,更重要的是对我们解决计算机软件应用起到至关重要的作用。

1. 生产者-消费者问题

生产者-消费者问题是计算机中各种实际问题的一个抽象,代表两类对象共享资源,间接制约的关系。我们将问题描述为:一组生产者和一组消费者,通过一个有界的缓冲池进行通信。生产者不断(循环)将产品送入缓冲池,消费者不断(循环)从中取用产品。这里既存在同步问题又存在互斥问题。

这里将生产者和消费者看为两类进程,同步问题存在于两类进程之间。

- 若缓冲池满(供过于求),则生产者不能将产品送入,必须等待消费者取出产品;
- 若缓冲池已空(供不应求),则消费者不能取得产品,必须等待生产者送入产品。

互斥问题则存在于所有进程之间:缓冲池是临界资源,所有进程必须互斥地使用缓冲池,不论是存放产品还是取出产品。

我们使用信号量机制解决这个同步与互斥问题。先来看同步问题,如上分析,生产者和消费者的执行顺序,初始时,生产者先生产产品,之后消费者才能消费;接下来两者的执行顺序是不可预测的,但是与产品多少有关,也与缓冲池大小有关,因此控制两者同步,需要设置两个同步信号量,一个是产品数量(也可以看成满缓冲数量),一个是空缓冲数量,前者记为 full,后者记为 empty,这两个同步变量有语义含义,因此其初值设置也与语义相关,full 的初值设置为 0(开始时无产品),empty 的初值为 n。再来看互斥问题,这里只有一种临界资源,缓冲池,因此设一个互斥信号量 mutex,切记,互斥信号量初值一定为 1。

为了描述这个问题,我们将每类进程分为两部分:生产者的工作分为生产产品和存放产品,其中生产产品为非临界区,存放产品为临界区;消费者的工作分为取出产品和消费产品,其中消费产品为非临界区,取出产品为临界区;我们使用 Wait 作为临界区入口码,Signal 作为临界区出口码。设 producer 为生产者,consumer 为消费者,数组 buffer 表示一个环形缓冲池,in 为缓冲池存放产品的指针,out 为缓冲池取产品的指针,nextp 代表生产的产品,nextc 代表消费的产品,形式描述如下。

```
var mutex, empty, full : semaphore := 1, n, 0;
buffer : array[0, …, n − 1] of item;
in, out : integer := 0, 0;
begin
   parbegin //并发进程起始
```

producer :	consumer:
begin	begin
repeat	repeat
//非临界区	Wait (full);
生产产品;	Wait (mutex);
Wait (empty);	//临界区,取产品
Wait (mutex);	nextc := buffer(out);
//临界区,存放产品	out := (out + 1) mod n;
buffer(in) := nextp;	Signal (mutex);
in := (in + 1) mod n;	Signal (empty);
Signal (mutex);	//非临界区
Signal (full);	消费产品;
until false;	until false;
end	end

```
   parend//并发进程结束
end
```

这里临界区的入口控制码都由两个 Wait 操作组成,注意这两个 Wait 操作的顺序千万不能颠倒,否则可能引起死锁。

计算机应用程序中就存在许多生产者-消费者问题,如手机短信网关,接收上行短信进程和转发下行短信进程,共享一个存储短信的缓冲池,两者构成生产者-消费者关系,接收进程将短信写入缓冲池,转发进程从中取出短信。当缓冲池满时,接收进程不能接收短信,或者接收新短信写入缓冲池,覆盖掉旧短信(高峰期短信丢失可能与缓冲池不够大有关);当缓冲池为空时,转发进程等待。对缓冲池的互斥访问也与典型问题相同。

2. 读者-写者问题

生产者-消费者问题描述的情况是协作的进程运行比较均衡,这里考虑另一类较普遍的情况,从被共享的数据对象考虑,多个并发进程共享一个数据对象(如数据库或文件),这些进程中有的只想读共享数据,而其他一些进程可能要更新(即读和写)共享数据,我们把前者称为读者,后者称为写者,将这类问题抽象为读者-写者问题来描述和解决。

问题描述:一个数据文件或记录,可被多个进程共享,我们把只要求读该文件的进程称为"Reader 进程",其他进程则称为"Writer 进程"。显然,多个读者同时读共享数据是没有问题的,然而一个写者和别的进程同时存取共享数据,则可能产生混乱。这个问题和前面所举火车售票系统很相似,车票文件即共享数据,对车票的查询程序为读者,而售出车票程序是写者,多个窗口运行查询程序,为并发的读者进程,可以同时查询到正确的车票数量,但是当售出车票程序改写车票数量时则不允许有其他进程读或者写该车次的车票数量,否则,读取或售出都会造成车票数量的不正确。因此解决读者-写者问题,是指保证一个 Writer 进程必须与其他进程互斥地访问共享对象的同步问题,即允许多个进程同时读一个共享对象,但不允许一个 Writer 进程和其他 Reader 进程或 Writer 进程同时访问共享对象。

为了解决读者-写者问题，我们先来分析多个并发进程的行为。进程分为两类，读者 Reader 进程和写者 Writer 进程，它们共同访问临界资源——数据对象。多个 Reader 进程和多个 Writer 进程各自以自己的速度运行，各自的工作如下。

- Reader 进程临界区入口时　首先判断是否有 Reader 进程在访问数据对象，如果没有，说明有可能有 Writer 进程在访问数据对象，需要与 Writer 进程互斥访问数据对象；否则直接进入临界区读数据对象；
- Reader 进程临界区出口时　判断是否还有 Reader 进程在访问数据对象，如果没有，可以唤醒等待进入的 Writer 进程；否则直接退出临界区；
- Writer 进程　只单纯考虑与其他 Writer 进程的互斥即可。

利用信号量机制解决读者-写者问题，首先设置一个写数据对象的互斥信号量 wmutex，初值为 1；另外，由以上分析发现，Reader 进程处在临界区的数量对各进程运行有很大影响，因此设一个整数变量 ReaderCount，记录 Reader 进程处在临界区的数量，这个变量初值为 0，它的变化由 Reader 进程进出临界区时加 1 或减 1。注意：每个 Reader 进程都要访问 ReaderCount 变量，但是对其加 1 或减 1 的操作需要互斥进行，否则会出现混乱，显然变量 ReaderCount 也是一个临界资源，而对它的加减操作的程序段也是临界区，因此对该临界资源设一个互斥信号量 RCmutex，初值为 1。利用信号量机制解决读者-写者问题的算法描述如下。

```
Var wmutex, RCmutex: semaphore := 1,1;
ReaderCount: integer := 0;
begin
    parbegin //并发进程起始
                    Reader :                          Writer:
                     begin                             begin
                      repeat                            repeat
                        //非临界区                        //非临界区
                        …;                               …
                        Wait(RCmutex);                   Wait(wmutex);
                        //访问 ReaderCount 临界区           //临界区
                        if ReaderCount == 0              更新数据对象;
                          then Wait(wmutex);             Signal(wmutex);
                        ReaderCount++;                  until false;
                        Signal(RCmutex);             end
                        读数据对象;
                        Wait(RCmutex);
                        //访问 ReaderCount 临界区
                        ReaderCount -- ;
                          if ReaderCount == 0
                          then Signal(wmutex);
                          Signal(RCmutex);
                      until false;
                    end
    parend//并发进程结束
end
```

读者-写者问题对解决非对称进程的同步及互斥有很好的借鉴作用。

2.2.7 进程通信

进程是应用程序的执行,在很多实际应用中,往往需要多个进程协同工作,它们之间经常需要交换一定的数据,因此需要一种进程通信机制来允许进程相互交换数据与信息。进程通信即是指并发进程之间相互交换信息。从某种意义说,进程的同步和互斥就是一种进程通信。

进程通信有两种基本模式:共享内存和消息传递。在共享内存模式中,建立起一块供协作进程共享的内存区域,进程通过此共享区域读或写入数据来交换信息。在消息传递模式中,通过在协作进程间交换信息来实现通信,图 2-17 给出了这 2 种模式示意。

(a) 共享内存模式

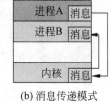

(b) 消息传递模式

图 2-17 通信模式

在操作系统中,上述两种模式都已经实现。两者各有特点,使用共享内存模式进行通信速度比消息传递要快,消息传递一般用于进程间交换数据较少的情况。

1. 共享内存模式

采用共享内存模式进行通信,需要通信进程建立共享内存区域,一般这个内存区域在进程的地址范围内,协作进程通过在共享区域内读或写来交换数据,在使用共享区域读操作或写操作时必须互斥,否则会产生错误。在这种方案中,操作系统只提供共享存储空间,对共享区域的使用和进程间的互斥关系都由程序员来控制。生产者-消费者的协作问题可以利用共享内存模式来解决。

2. 消息传递模式

消息传递模式提供一种机制,使协作进程不必通过共享地址空间来进行信息交换,这在分布式环境中特别有用。消息传递工具提供至少两种操作:发送消息和接收消息。进程发送的消息可以是定长的或变长的,发送消息包含 3 个数据项:接收进程标识、消息大小和消息正文。接收消息也包含 3 个数据项:发送进程标识、消息大小和消息正文。发送消息和接收消息操作都是原语操作。

2.3 线程

随着计算机硬件、软件的发展,以及计算机应用环境的网络化变化,操作系统也随之变化和发展,线程就是近年来操作系统领域出现的一个重要的新技术,其重要程度一点也不亚于进程。本节就对线程的概念和机制进行介绍。

2.3.1　线程的基本概念

自计算机出现到其逐渐发展成为人们生活的必备工具,提高资源利用率及使用效率一直是计算机领域致力研究的目标。并行性,包括硬件并行和软件并行,是计算机资源利用率及使用效率的根本指标。多道处理及进程机制的出现,使操作系统具备了并发能力,大大提高了计算机资源利用率及使用效率。但是,随着多媒体技术和网络服务技术的发展,使一个应用程序可能需要执行多个相似的任务,因而对并发有了更高的要求。例如,网页服务器接收用户关于网页、图像、声音等的请求,忙碌时服务器可能有多个(最多可达数千个)客户并发访问它,如果服务器采用进程来处理,为每个用户建立一个进程,响应不同的用户时,要进行进程切换,需要保存进程现场,造成响应时间很长。再比如,使用 Web 浏览器的用户可能一方面下载某个图形或程序,一方面处理多媒体文件中的声音,或者还想在屏幕输入信息,为了提高效率,现在的做法是编写可以并行计算的程序,完成各个子任务,为这个程序建立一个进程,该进程再建立几个子进程,完成整个工作。并发是解决了,现在的问题是,每个进程在运行中都需要切换,保存现场涉及内存等工作,总之进程并发运行的开销很大,这些开销的总和,在一定程度上降低了并发进程所带来的利益。

进程的并发能力是毋庸置疑的,关键是切换开销过大,这是由于每个进程作为申请资源的独立单位,每个进程运行过程中占有所有各类资源,包括虚拟地址空间以容纳进程映像,需要的 I/O 资源(I/O 通道、I/O 控制器和 I/O 设备),以及运行时占用处理机。其实前面所说的多进程并发(Web 浏览器)中,某些运行单位可以很小,运行时间可以很短,不需要过多资源。因此人们想到将进程所占资源分为两类,一类为处理机,要点是关于应用程序的执行;而另一类为其他资源,要点是关于拥有资源的主权。以前的操作系统把这两条都集中在进程这个基本实体单位上,现在考虑把这两个要点分开,引入更小的单位来负责执行程序,这样就可以减少开销了。这个更小的单位就是线程。

关于线程的定义至今没有统一,以下各种说法都描述了线程的特点:
- 线程是进程内的一个执行单元;
- 线程是进程内的一个可调度实体;
- 线程是程序中相对独立的一个控制流序列。

我们将线程描述为:线程是进程中可独立执行的子任务,是系统独立调度和分派 CPU 的基本单位。

操作系统中引入线程后,进程仍作为拥有系统资源的独立单位。通常一个进程包含多个线程并为它们提供资源,但是进程不再是执行实体。

从拥有资源的角度看,线程几乎不占资源,同族的线程共享进程的资源;从处理机调度角度看,进程不再是处理机调度的基本单位,通常一个进程都含有多个相对独立的线程,其数目可多可少,但至少要有一个线程,由进程为这些线程提供资源及运行环境,使这些线程可以并发执行。在操作系统中的所有线程都只能属于某一个特定进程。进程和线程都有并发性,进程之间可以并发,线程之间也可以并发执行;而对于系统开销来说,线程的创建、撤销与切换的系统开销比进程小得多,这也正是引入线程的初衷。

2.3.2 线程特点及状态

与进程一样,线程也是动态概念,它的动态特性由线程控制块 TCB(Thread Control Block)描述,主要包括下列信息:

- 线程状态;
- 当线程不运行时,被保存的现场,线程的现场相对简单,主要包括程序计数器、寄存器集合;
- 一个执行堆栈;
- 存放每个线程的局部变量主存区。

线程的实体或映像由程序、数据和 TCB 组成,线程的特点如下。

(1) 轻型实体。线程的实体中拥有尽量少的系统资源,以保证线程独立运行。因此我们说线程是"轻"型实体。

(2) 独立调度和分派 CPU 的基本单位。因为线程是独立运行的基本单位,所以它是独立调度和分派 CPU 的基本单位。

(3) 可并发执行。一个进程中的多个线程可以并发执行,不同进程中的线程也可以并发执行。

(4) 共享进程资源。在同一个进程中的所有线程都可以共享该进程的所有资源,包括虚拟地址空间、打开的文件、信号量机制等,并且同属一个进程的所有线程具有相同的地址空间。

和进程一样,线程也是有生命期的,从产生到消亡有状态变化。线程的状态有运行、就绪和阻塞。运行状态即线程占有处理机正在运行;就绪状态是线程具备运行的所有条件,逻辑上可以运行,在等待处理机;阻塞状态是线程在等待一个事件(如某个信号量),逻辑上不可执行。与线程状态变化有关的 4 个基本操作如下。

(1) 创建线程。一般来说,当创建一个新的进程时,也创建一个新的线程,之后,进程中的线程可以在同一进程中创建新的线程。创建新线程要为其分配线程控制块 TCB,提供指令指针和参数,同时还提供新线程的寄存器和栈空间,之后将其置为就绪态,挂到线程就绪队列。

(2) 阻塞线程。当线程等待某个事件无法运行时,停止其运行,保护线程的用户寄存器、程序计数器和栈指针,将线程置为阻塞状态,调度处理机调度程序。

(3) 唤醒线程。当阻塞线程等待的事件发生时,将被阻塞的线程状态置为就绪态,将其挂到就绪队列。

(4) 终止线程。一个线程在完成了自己的工作后,可以正常终止自己,也可能某个线程执行错误,由其他线程强行终止。终止线程操作主要负责释放线程占有的寄存器和栈。

尽管在多线程操作系统中,进程不再是执行实体,但是进程仍然具有与执行相关的状态,例如,所谓进程处于"执行"状态,实际上是指该进程中的某线程正在执行。此外,对进程施加的与进程状态有关的操作,也对其线程起作用。例如,把某个进程挂起时,该进程中的所有线程也都被挂起,激活也是同样。那么,反过来,一个线程的阻塞会导致进程阻塞吗?或者,一个线程被阻塞,会阻止该进程中的其他线程运行吗?前者答案是否定的,后者情况比较复杂,具体可参见 William Stallings 所著《操作系统——内核与设计原理(第四版)》。

2.3.3 线程同步和通信

一个进程中的所有线程共享同一个地址空间和诸如打开的文件之类的其他资源,因此,一个线程对资源的任何修改都会影响同一个进程中其他线程的环境。这就需要各种线程活动进行同步,以便它们互不干扰且不破坏数据结构。例如,2 个线程都试图往一个双链表中增加一个元素,则可能会丢失一个元素或者会使得链表畸形,这就需要互斥访问链表。另外,线程之间也会有合作类的同步需求。为使系统的多线程能有条不紊地运行,操作系统提供了用于线程同步和通信的机制,如互斥锁、条件变量、计数信号量等。

2.3.4 多线程系统

现代操作系统是多线程的,线程是形成多线程计算机的基础。目前一个应用程序是作为一个具有多个控制线程的独立进程的实现。例如,前述的 Web 浏览器的例子,可能有一个线程用于显示图像和文本,另一个线程用于处理声音,还有线程处理屏幕输入。

多线程是指操作系统支持在一个进程中执行多个线程的能力,现在大多数操作系统支持多线程,如 Windows 2000 及以上版本、Solaris、Linux、OS/2 等操作系统。多线程编程具有以下优点。

(1) 响应度高。如果对于一个交互程序,采用多线程,那么即使部分线程阻塞或执行时间较长,该程序仍能继续执行,从而增加了对用户的响应程度。例如,多线程 Web 浏览器,在一个线程装入图像时(时间很长),可以由另外的线程与用户交互,或显示文字。

(2) 资源共享及经济。线程共享它们所属进程的其他资源,其优点是允许一个应用程序在同一个地址空间有多个不同的活动线程,因而线程切换会更为经济。

(3) 更适合于多处理器体系结构。因为单线程(进程)操作系统下,硬件体系结构无论增加多少处理器,单线程进程只能运行在一个处理机上,有了多线程系统就可以使多处理器得到更充分的利用。

2.4 文件

文件系统是操作系统的子功能模块,是操作系统中最接近用户的管理功能,本节介绍文件的概念及文件系统的功能和原理。

2.4.1 文件及文件系统

在计算机系统中,信息是其管理的唯一的软资源,存储在多种不同的介质上(如磁盘、磁带和光盘),为了用户方便地使用计算机系统中的软资源,操作系统提供了信息存储的统一逻辑接口,对存储设备的各种属性加以抽象,定义了逻辑存储单元,即文件。对操作系统来说,文件是记录在外存上的具有符号名字(文件名)的一组相关元素的有序集合;对用户来说,文件是在逻辑上具有完整意义的信息集合,是记录在外存的最小逻辑单位。

1. 文件

文件的概念极为广泛,可以按照不同的标准,从不同的角度对文件进行分类。

(1) 按照文件的生成方式可以分成系统文件、用户文件、库文件。

- 系统文件　由操作系统的执行程序和它所用的数据组成,使用权仅归操作系统;
- 用户文件　由用户的程序和数据组成,使用权归文件的建立者;
- 库文件　由操作系统或某些系统服务程序的标准函数和子程序组成,使用权一般归用户。

(2) 按照文件的保护级别可以分成只读文件、读写文件、可执行文件、不保护文件。

- 只读文件　只允许对其进行读操作;
- 读写文件　既可以读又可以写的文件;
- 可执行文件　只能将其调入内存执行,不能对其进行读写操作;
- 不保护文件　不做任何保护。

(3) 按照文件的信息类型可以分成二进制文件、文本文件。

- 二进制文件　由二进制数字组成的文件,如可执行的程序、图像文件、声音文件;
- 文本文件　由可显示字符序列组成的文件。

(4) 按照文件的性质可以分成普通文件、目录文件、特殊文件。

- 普通文件　一般的用户文件和系统文件(叶子文件);
- 目录文件　由文件目录构成的文件;
- 特殊文件　一般指设备文件,因为很多操作系统将设备作为文件管理。

文件由文件的属性来描述,不同的系统中文件属性会有不同,但是通常都包括如下属性:

- 名称　用户用以唯一标识一个文件的符号名,通常为字符串,根据系统的不同,字符串的长短、大小写规定都有不同,但一般是按照用户容易引用和理解的角度定义的;
- 标识符　文件系统内唯一标识文件的标签,通常为数字,用户不可读;
- 类型　不同系统有不同的文件分类,文件的分类或它们的组合都可以是文件的类型;
- 位置　指向文件所在的存储介质的位置指针,这是文件系统可以将逻辑文件与物理介质中的信息关联的关键数据;
- 大小　文件当前的大小,以字节、字或块来统计;
- 控制信息　记录诸如谁能读、写、执行文件的访问控制信息;
- 时间、日期和文件主　文件创建、上次修改和上次访问的相关信息。这些数据用于保护和使用跟踪。

2. 文件系统

文件系统是操作系统管理信息或文件的子模块,是操作系统的重要组成部分,是操作系统中最为可见的部分,它提供了在线存储文件、检索文件以及长期保存文件的能力。

文件系统的设计目标如下。

(1) 用户能方便访问信息。

（2）有利于用户之间共享信息。

（3）信息安全可靠。

（4）文件系统可以为了提高系统效率和存储利用率而合理地组织信息的存取和检索。

文件系统的功能，可以从两个方面阐述，一个是系统角度，一个是用户角度。从系统角度看，文件管理系统是对文件存储器（各种存储介质）的存储空间进行组织、分配，负责文件的存储并对存入的文件进行保护、检索的系统；从用户角度看，能够完成对文件的存储和检索，即实现"按名存取"文件，实现共享和保护文件，提供对文件的操作和使用。

文件管理系统的组成如图 2-18 所示。

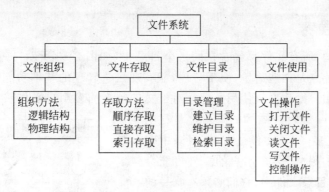

图 2-18 文件系统的组成

2.4.2 目录

计算机的文件系统可以保存数以百万计的文件，为了管理这些数据，需要通过数据结构来组织，该数据结构称为目录。可以说，文件系统由两个部分组成，一是文件，用于存储相关数据和程序，另一部分是目录结构，用于组织系统内的文件、记录并提供有关文件的信息，文件的属性信息都保存在目录结构中。

目录是一种数据结构，用于标识系统中的文件及其物理位置，供检索时使用；文件目录本身也是一个文件，称为目录文件，它由目录项（条目）组成，一个目录项描述一个文件的属性，称为文件控制块（File Control Block，FCB），文件与文件控制块一一对应。因此，又可以说，文件控制块的有序集合称为文件目录，一个文件控制块就是一个目录项。在一个文件目录中不允许有相同的文件名字。

文件控制块通常含有三类信息，即文件的基本信息、存取控制信息及使用信息。基本信息包括文件名、文件物理位置、文件逻辑结构、文件物理结构等；存取控制信息包括文件主的存取权限、核准用户的存取权限以及一般用户的存取权限等；使用信息包括文件的建立时间和日期、文件上次修改时间和日期，以及一些使用信息，如当前已打开文件的进程数、是否被其他进程锁住等。

对文件的组织和检索都与对目录的操作有关。

· 搜索文件　当需要查找某个文件时，文件系统按照给定的文件名搜索目录文件，以查找匹配的目录项，将目录项中的文件的物理地址返回给操作系统，这就是"按名查找"；

- 创建文件　当需要建立一个新文件时,文件系统将新建文件的描述填充到文件控制块,并作为目录项增加到目录文件中;
- 删除文件　当需要删除一个文件时,文件系统将对应的目录项从目录文件中删除。

还有遍历系统文件、重命名文件等操作都对应为对目录的操作。因此目录文件本身的组织关系到系统对文件访问的效率,目录文件的结构设计对文件系统性能的影响至关重要。

文件目录结构经历了一个发展过程:最早的简单目录结构称为一级目录结构,随着文件系统的发展,出现了为每个用户提供一个目录的二级目录结构。当代操作系统都使用多级的树形目录结构。

1. 一级目录结构

一级目录结构,所有文件都包含在同一个目录中(如图 2-19 所示),每个目录项直接指向一个文件。其特点是构造简单,便于管理,能实现目录管理的基本功能——按名存取,比较适合早期的单用户操作系统使用。但是对于文件较多的多用户操作系统,系统可能存在数百个文件,此时一级目录结构的缺点也是很明显的,由于文件较多,目录文件过大,在目录中查找文件速度很慢;另外,多个用户的文件可能会重名,但是在一个目录文件中,它们必须有唯一的名字,显然重名是不允许的。

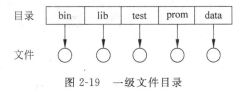

图 2-19　一级文件目录

2. 二级目录结构

在目录发展的历史上,为了解决一级目录不允许重名的问题,采用了二级目录结构,为每个用户建立一个用户文件目录(User File Directory,UFD),每个 UFD 都有相似的结构,只保存用户自己的文件目录项。系统建立一个主文件目录(Main File Directory,MFD),记录每个用户目录的名字和指向用户文件目录 UFD 的指针,如图 2-20 所示。

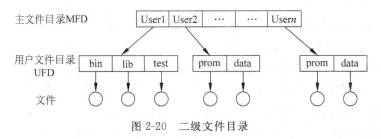

图 2-20　二级文件目录

二级目录做到了各个用户的目录相互独立,当一个用户访问自己的文件时,只需要搜索他/她自己的 UFD,这样不仅检索速度较之检索整个系统文件的单级目录速度快,而且不同用户也可以拥有相同的文件名字,解决了不同用户间的文件重名问题。但是恰恰由于用户文件独立隔离,造成了用户间共享文件的困难,使用户合作缺乏灵活性。

3. 树形结构目录

现在操作系统文件系统广泛采用的是多级目录结构,用户可以任意创建自己的子目录,系统中每个目录(或子目录)包括一组文件和子目录。一个目录也作为一个文件看待,它只是一个需要按特定方式访问的文件。所有目录具有同样的内部格式,并且用一个标识位来描述文件是目录(目录文件)或是文件(数据文件)。这样,系统的目录结构就成为一个树状结构,我们称为树形结构目录,如图 2-21 所示。

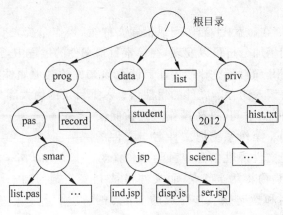

图 2-21　树形目录

在树形结构目录中,只有一个根目录,是每次操作系统初启运行时创建的,根目录可以拥有任意多个子目录或文件,每个子目录同样可以创建多个子目录或文件。图中每个目录或文件都称为节点,圆形表示的是目录文件,方形表示的是数据文件,数据节点不可以有子节点,因此也称为叶子节点。

4. 路径名

文件系统采用二级或多级目录后,就能够为用户提供同名的文件,也能使一个文件有多个不同的名字,在这种情况下,仅仅使用文件名字就不能唯一指定一个文件了,因此操作系统定义了"路径名"来标识文件。

所谓文件的路径名是指从根目录出发,一直到所要找的文件,把途经的各分支子目录名字(节点名)连接一起而形成的字符串,两个分支名(节点名)之间用分隔符分开。目前分隔符有两种,UNIX 操作系统的分隔符为"/",而 Windows 操作系统的分隔符为"\"。如 UNIX 操作系统下的一个文件的路径名记为"/user1/program/c/test. c",Windows 操作系统的一个文件的路径名记为"c:\client1\program\jsp\test. jsp",其中"c:"为存储设备名字。

虽然采用路径名可以无二义性的标识多级目录下的文件,但是,系统每次搜索文件都要从根目录开始,沿着路径查找文件目录,会耗费更多的查询时间,一次查询可能要经过若干次间接查找才能找到所要的文件,为此,系统引入了"当前目录"或"工作目录"的概念。用户当前工作的目录就称为当前目录或工作目录,用户访问这个目录下的文件,可以不必指定设备名和文件的路径,仅当访问其他目录下的文件时才要指定文件的路径名。用户可以通过系统调用改变工作目录。

在引入当前目录后,路径名就有两种形式:绝对路径名和相对路径名。绝对路径名从根开始给出路径上的目录名直到所指定的文件;相对路径名从当前目录开始定义路径。例如,在图 2-21 中,如果当前目录名是/prog/pas,那么相对路径名 smart/list. pas 与绝对路径名/prog/pas/smart/list. pas 指向同一个文件。

很多系统还支持两种特殊的路径分量,一个是".",代表当前工作目录。另一个是"..",指当前工作目录的父目录。根目录没有父目录,因此它的".."指向自己。

5. 索引节点

通常文件目录存储在磁盘上,当访问或检索文件时,操作系统先要将目录调入内存,之后才能进行检索,我们稍加分析可以发现,在检索目录文件的过程中,开始只用到了文件名,仅当按照文件名找到相应的目录项时,才需要读取该文件的其他属性,显然,这些属性信息在检索目录时,不需要调入内存。文件的属性信息占据目录的绝大部分存储量,减少将其读入内存将节省很多时间和空间,提高操作系统访问文件的效率。为此,UNIX 操作系统把文件名与文件的其他属性信息分开,使文件属性信息单独形成一个数据结构,称为索引节点,简称为 i 节点,而文件目录中的目录项,仅由文件名和指向该文件对应的 i 节点的指针构成,如图 2-22 所示。

文件名	i 节点指针
文件名 1	
文件名 2	
...	

图 2-22　引入索引节点后的目录结构

引入 i 节点后,大大提高了目录检索效率,假设一个系统,原来的 FCB 为 64B,则 600 个目录项占用约 40 个盘块(设一个盘块 1KB),每次查找一个文件需要访问约 40 个盘块,需要启动磁盘 20 次(这是最耗时的动作),如果引入 i 节点,则目录项约占 16 个字节,1KB 的盘块可以存放 64 个目录项,这样为了查找一个文件,只需访问 10 个盘块,启动磁盘次数减少到原来的 1/4,大大节省了系统开销。现在大部分操作系统采用索引节点结构的目录管理方法。

2.4.3　UNIX 文件系统简介

UNIX 操作系统是当代最著名的多用户、多任务分时操作系统,在 UNIX 操作系统中,文件分为三类:即普通文件、目录文件和特殊文件。

(1)普通文件。用来保存用户和系统的有关数据和程序的文件,这是一种无结构、无记录概念的字符流式文件。

(2)目录文件。由文件系统中的各个目录所形成的文件,这种文件在形式上与普通文件相同,由系统将其解释成目录。

(3)特殊文件。也称为设备文件,UNIX 系统中将设备也作为文件来处理,对于设备的所有操作都需要经过文件系统。设备文件与上两个文件不同,它除了在目录文件和 i 节点中占据相应位置之外,并不占有实际的物理存储块。将设备作为特殊文件管理是 UNIX 系统的成功特点之一,并被后来其他一些操作系统所借鉴。

从用户的角度看,UNIX 文件系统如图 2-23 所示。

图中"/"为根目录,包含在"/"中的每个目录都用于某个特殊的目的,最常见的目录名有如下。

- "/bin"　是包含应用程序和实用工具的许多目录中的一个;
- "/dev"　包含系统中所安装的所有硬件,包括终端和 USB 设备(以及从物理上连接到这台计算机的其他外围设备)、伪终端(用于与 X 终端窗口进行交互),以及硬盘驱动器等;

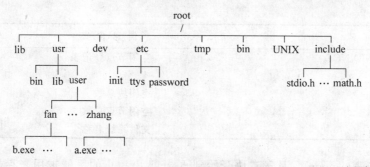

图 2-23　UNIX 文件系统树形结构

- "/etc" 专门用于系统配置,包含用于系统守护进程、启动脚本、系统参数和更多其他方面的配置文件;
- "/lib" 用于存储基本的系统库文件;
- "/tmp" 是系统范围的暂存存储区。Web 服务器可能会将会话数据文件保存在这里,并且其他实用工具将使用 /tmp 中的空间对中间结果进行缓存;
- "/usr" 用于存储最终用户应用程序,如编辑器、游戏和接口;
- "/unix" 存放 UNIX 操作系统核心程序自身。

某些 UNIX 版本之间目录会存在细微的差异。

UNIX 操作系统把所有的文件组织当做一个连续的物理块看待,一个独立的最小文件存储单位称为文件卷,以文件卷的存储格式和组织格式作为文件系统的存储格式,而不同的 UNIX 操作系统,文件卷格式是有差异的,甚至即使是同一 UNIX 操作系统的不同版本,其文件系统也未必完全相同,例如 SCO Unix 4.1 版与 5.0 版文件系统结构就有明显差异,但只要是 UNIX 操作系统,其文件卷的基本结构是一致的。文件卷至少包括引导块、超级块、i 节点表、数据区等几个部分,如图 2-24 所示。

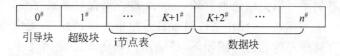

图 2-24　UNIX 文件卷结构

(1) 引导块。位于文件卷最开始的第 0 块,装有文件系统的引导代码或初启操作系统的引导代码。

(2) 超级块。描述文件卷的状态,例如文件卷的大小、i 节点长度、有关空闲区分配和回收用的堆栈等。其结构存放于/usr/include/sys/filsys.h 中,主要描述信息如表 2-1 所示。

表 2-1　超级块主要信息

字　段　名	信　息　含　义
ushort s_isize	磁盘索引节点区所占用的数据块数
daddr_t s_fsize	整个文件系统的数据块数
short s_nfree	在空闲块登录表中当前登记的空闲块数目
daddr_t s_free[NICFREE]	空闲块登记表
short s_ninode	空闲索引节点数

字 段 名	信 息 含 义
ino_t s_inode[NICINOD]	空闲节点登记表
...	
daddr_t s_tfree;	空闲块总数
ino_t s_tinode	空闲节点总数
char s_fname[6]	文件系统名称

（3）i节点表(i-node)。从第二块开始到 $K+1^{\#}$ 块为止的区域被用来存放文件说明信息，即索引节点，其长度是由超级块中的 s_isize 字段决定的，其数据结构在/usr/include/sys/ino.h 中，如表 2-2 所示。

表 2-2   i 节点表主要信息

字 段 名	信 息 含 义
ushort di_mode	文件模式
short di_nlink	与该 i 节点连接的文件数
ushort di_uid	用户标识
ushort di_gid	同组用户标识
off_t di_size	文件大小
char di_addr[40]	该文件所用物理块的块号
time_t di_atime	文件存取时间
time_t di_mtime	文件修改时间
time_t di_ctime	文件建立时间

（4）数据块。$K+2^{\#}$ 块以后称为数据块，其中存放文件数据，包括目录文件数据。

从这个文件卷例子可以更清楚地看到，一个文件存储在计算机存储介质上，它由文件系统中的目录进行标识和描述的，操作系统通过目录检索文件，为用户提供访问接口。如果目录数据混乱或者存储信息的物理介质损坏，普通用户都将无法使用文件。但是对于具有操作系统专业知识的技术人员，在目录数据混乱而存储介质未损的情况下仍然可以读出或恢复文件。

2.5　操作系统的网络服务

计算机网络的出现和发展，对计算机的运行环境带来了改变，使计算机程序的运行从独立变为互相通信和相互支持、理解的关系，也因此形成了不同的网络应用体系结构。作为计算机的核心管理软件，操作系统自然需要提供相应的网络服务，早期存在专门的网络操作系统，今天所有的操作系统都是网络操作系统，它们都可以提供丰富的、多种类的网络服务。本节首先介绍计算机运行环境及网络应用体系结构，然后从发展的角度介绍早期的网络操作系统，最后侧重描述网络环境下操作系统提供的网络服务。

2.5.1 计算机运行环境与网络应用体系结构

随着计算机的不断发展,计算机的运行环境也在不断变化,从最早的单机单用户的传统运行环境,发展到今天的网络环境,应用程序的运行模式也随之发生变化,从中心系统结构模式到客户机-服务器模式、浏览器-服务器模式、对等模式等,后三者都是网络环境下的应用程序运行模式,也可以称为网络应用体系结构。为了了解现代操作系统提供的功能,有必要了解计算机的运行环境。

1. 传统中心系统结构模式

计算机刚刚出现的时候(20世纪40年代),计算机资源非常贫乏,计算机运行环境多是单机单用户的集中式模式,称为中心系统结构模式,多个终端共用一个主机、一套内存和外设,如图2-25所示,各个终端称为哑终端或哑元,只有显示器和键盘,没有处理器及内存和外部设备,相应的操作系统是批处理系统和交互式的分时系统,多个用户共享系统处理机时间。

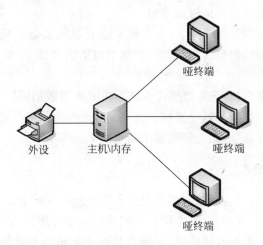

图2-25 传统中心系统结构模式运行环境

2. 客户机-服务器模式(C/S模式)

随着计算机硬件的发展和丰富,以及计算机网络的出现,计算机的运行环境不再是孤立的单机系统,而是多个计算机互连系统,组成网络的计算机能够共享数据、硬件和软件。互连环境下的计算机根据各个计算机扮演角色的不同、互相通信的模式不同,也分为不同的运行模式,客户机-服务器模式是目前网络计算机采取的一种主要运行模式。

所谓客户机-服务器(C/S模式)是指将某项任务在两台或多台计算机之间进行分配,一般客户机负责与用户交互,接收用户输入,显示和格式化表达数据,而服务器负责向客户提供各种资源及事物处理的服务,包括通信服务、打印服务、数据服务等。在客户-服务器模式的网络中,一个专门的计算机被指定为网络服务器,其他与之相连的计算机作为客户机,网络服务器提供相应的网络服务(详见2.5.2节)。服务器程序通常监听客户对服务的请求,直到一个客户机的连接请求到达为止;此时服务器被"唤醒",进而为客户机提供服务,对客户机的请求作出适当的响应,C/S模式计算环境如图2-26所示。在1.2.1节的实验室科研管理系统实例中,程序运行在C/S模式下,客户机程序负责与用户交互,服务器运行数据库管理系统,负责数据管理。

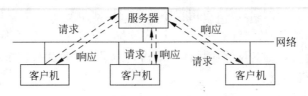

图2-26 客户-服务器模式计算环境

客户-服务器模式已经成为当前网络环境下软件的主要工作模式,主要由于该模式具有传统中心模式所无法比拟的一系列优点。

(1)均衡利用计算机资源、降低系统通信开销。客户-服务器模式可以充分利用两端硬件环境的优势,将任务合理分配到Client端和Server端来实现,降低了系统的通讯开销。

(2)提高系统吞吐量和响应时间。服务器专门负责事物处理,将结果返回给客户机,客户机专门与用户交互,响应用户的时间缩短。

(3)灵活性好、易于扩充。理论上,客户机和服务器的数量不受限制,虽然实际上会受网络操作系统功能的限制,但是客户机数量仍然可以达到数百个,而且客户机和服务器的类型可以配置多种。

除了上述优点外,客户机-服务器模式系统存在服务器瓶颈问题及单点失效问题。前者由于服务器事务处理过重,影响这个系统的效率;后者的问题更严重,整个系统的核心过重依赖于服务器,一旦服务器故障,会导致整个系统失效。

3. 对等模式(P2P模式)

计算机互连环境下的另一种运行模式是对等(peer to peer,P2P)模式。对等模式下,彼此连接的计算机都处于对等地位,整个网络一般不依赖于专用的集中服务器,网络中的每一台计算机既能充当网络服务的请求者,又能对其他计算机的请求做出响应,提供资源与服务,即每台机器都可以作为客户机或服务器。对等系统由分布在网络中的多个节点来提供服务,从根本上克服了客户机-服务器的瓶颈问题和单点失效问题,提供了更好的系统性能。任何处于网络中的计算机,都可以加入对等系统。网络节点首先申请加入对等网络,之后就可以开始向网络中的其他节点提供服务或请求服务。

采用对等模式组成的网络构成一个应用层的对等网络,对等网络的定义有很多,不同的组织或团体给出了多种定义,我们采用Intel工作组给出的对等网络定义:通过在系统之间直接交换来共享计算机资源和服务的一种应用模式。对等网络的体系结构有3种。

第一代集中式P2P网络,形式上有一个用中央服务器负责记录共享信息以及回答对这些信息的查询,每一个对等实体根据需要直接在其他对等实体上下载所需信息。虽然形式上与客户机-服务器模式相似,但是本质是不同的,客户机-服务器模式中,服务器垄断所有的信息,客户机被动读取信息。而集中式对等网络的中心服务器只是存放信息的索引资料。但是这一代的P2P生命力十分脆弱——只要关闭服务器,网络就死了。

第二代完全分布式非结构化P2P网络,没有中央服务器,采用随机图方式形成一个松散的网络,虽然它有较好的容错能力,但是结构复杂,检索速度太慢。

第三代混合型 P2P 网络,结合了集中式和分布式两种形式的优点,在分布式模式的基础上,将用户节点按能力进行分类,使某些节点担任特殊任务,成为临时的中心节点。1.2.3 节的 BT 文件共享系统就是采用混合型 P2P 网络。

对等网络在 20 世纪 90 年代后期得到越来越多的应用,并将在分布式计算及网格计算、文件共享与存储、即时通信交流、语音与流媒体等方面有更大的发展。

4. 浏览器-服务器模式(B/S 模式)

浏览器-服务器模式(B/S 模式)是随着 Internet 技术的兴起,对 C/S 结构的一种变化或者改进的模式。在这种结构下,用户工作界面是通过 WWW 浏览器来实现,极少部分事务逻辑在前端(Browser)实现,主要事务逻辑在服务器端(Server)实现,形成所谓三层(3-tier)结构,如图 2-27 所示。

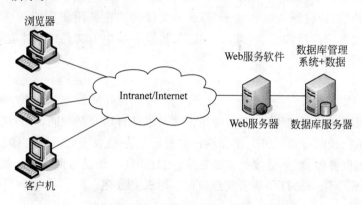

图 2-27 浏览器-服务器模式计算环境

基于 B/S 模式中的浏览器主要用于浏览、查询 Internet/ Intranet 信息,虽然浏览器功能较弱,但由于面向的是不特定的用户,客户机无须维护和升级。因此,随着 Internet 的普及,这种模式逐渐为人们所重视。

2.5.2 操作系统的网络服务

面对网络中计算机的互相通信问题,产生了相应网络通信协议(网络协议见第 3 章),这里关心的是,协议定好了,要执行协议,显然由软件来完成,那么这个软件在什么位置执行,由谁来控制和管理呢? 伯克利分校的 UNIX 操作系统工作组最早把网络协议的实现软件加入到它的 UNIX 操作系统中,支持网络环境下的计算机通信,逐渐的在操作系统中增加更多的网络功能,形成了网络操作系统。

网络操作系统(Netware Operating System,NOS)是网络用户和计算机网络的接口,它除了提供标准操作系统的功能外,最重要的是保证网络节点互相通信,还管理计算机与网络相关的硬件和软件资源。20 世纪 70 年代开始,有专门的网络操作系统出现,主要的是 Novell 公司的 NetWare 操作系统和 Microsoft 公司的 Windows NT。随着网络的快速发展,网络服务的需求越来越多,所有的操作系统都具有网络功能,不再单独定义哪些操作系统是网络操作系统了,而是侧重发展操作系统的网络功能,其中包括电子邮件服务、文件服务、打印服务、目录服务等。

1. 文件服务

文件服务使网络用户可以通过访问虚拟磁盘访问远程网络主机或服务器,创建、检索和更新远程文件系统中的文件。网络客户端用户向服务器发出访问文件系统的请求,文件服务对用户是透明的,用户可以像使用本地机一样使用远程服务器。文件服务能指定访问和控制信息,也提供文件压缩实用程序和数据转移实用程序,数据转移实用程序可以管理不同类型存储设备上的数据。文件服务的主要形式如下。

- 文件共享　主要用于局域网环境。允许通过映射,使登录到文件服务器的用户可以像使用本地文件系统一样来使用文件服务器上的文件资源。UNIX、Windows 和 Netware 均提供这种形式的文件服务。
- 基于 FTP 的文件传输　FTP(File Transfer Protocol)是 TCP/IP 协议应用层的文件传输协议(详见第 3 章),基于 FTP 的文件传输主要用于广域网环境。客户端的用户通过系统注册和登录,可以下载 FTP 服务器中的文件或将本地的文件资源上传到 FTP 服务器。

2. 打印服务

网络客户机可以使用网络打印机,使用方法与本地打印完全相同,客户机并不知道是由网络中的打印机完成的打印任务。操作系统的打印服务截取了向本地打印机的输出请求,把请求重定向到服务器,服务器按照调度策略,把打印任务传送给网络打印机。使用网络打印服务,可以将多个用户的打印请求放到一台打印机上处理。

3. 目录服务

我们了解操作系统的文件系统的目录,记录的是文件的目录,包括文件名和它的属性信息,用来管理文件系统中的文件。这里所说的目录服务的目录,是指网络环境下的资源的信息描述,记录的是网络中的三大资源:物理设备、网络服务和用户,它们的名字、属性以及它(他)们的当前位置和习惯位置;目录服务则对这些资源进行有效管理和利用。

网络上,特别是互联网上资源丰富并且庞大,这些资源杂散在网络中,虽然网络用户可以共享使用它们,但是要找到这些资源很费力,因此需要有一定的机制来访问这些资源,为网络用户提供相关的服务,于是就有了目录服务。早期的目录服务主要提供文件检索,Novell 就是广为使用的目录服务器系统;随着互联网的发展,网站的定位又成了难题,于是有了 DNS 服务,它也是典型的目录服务,即帮助完成域名与 IP 地址之间的转换。在 Windows 体系中,AD(Active Directory,活动目录)功能强大,是符合工业标准的目录服务器。在 UNIX 或 Linux 中,也有相应的目录服务器。目录服务对于网络的作用就像白页对电话系统的作用一样。人们可以使用目录服务按名称查找对象或者使用它们查找服务。

目录服务的主要功能是提供资源与地址的对应关系,比如用户想找一台网上的共享打印机或主机时,只需要知道名字就可以了,而不必去关心它真正的物理位置。由目录服务帮助维护这样的资源-地址映射。用户希望在使用网络资源时,不必担心信息和服务在何处或从哪里找到和得到,目录服务就是组织网络资源使之能简单被用户使用,在理想情况下,目录服务将物理网络的拓扑结构和网络协议等细节掩盖起来,这样用户不必了解网络资源的具体位置和连接方式就可以进行访问,由目录服务提供对网络资源和服务的单一逻辑视图,这个视图就是目录,以统一的界面提供给用户进行访问。

目录服务具有两个组成部分:目录和目录服务。目录,是存储了各种网络对象(用户账户、网络上的计算机、服务器、打印机、容器、组)及其属性的全局数据库。目录服务,提供用户使用资源及存储、更新、定位和保护目录中信息的方法。目录服务提供如下功能。

(1) 用户管理。对用户进行身份验证和授权管理,保证核准用户能够方便地访问各种网络资源,禁止非核准用户的访问。

(2) 分区和复制功能。由于网络规模的巨大,网络资源的目录非常多,因此目录服务负责将庞大的目录库分成若干分区,再将这些分区复制到多台服务器中,且使每个分区被复制的位置尽量靠近最常使用这些资源的用户。

(3) 创建、扩充和继承功能。允许在目录中创建新的对象、扩充服务新功能,并且目录对象可以继承其他对象的属性和权利。

(4) 多平台支持功能。目录服务具有跨平台的能力,能支持网络上各种类型的服务器,与企业网络的平台无关。

总的来说,资源访问的传统方法是,要想访问网络上的共享资源,用户必须知道共享资源所在的工作站和服务器的位置,并需要依次登录到每一台提供资源的计算机上。目录服务却使用户无需了解网络中共享资源的位置,只需通过一次登录就可以定位和访问所有的共享资源。这意味着不必每访问一个共享资源就要在提供资源的那台计算机上登录一次。

4. 电子邮件服务

电子邮件服务最早出现在电信系统中,后被引入到局域网和广域网中,如今,电子邮件服务是使用得最多的网络服务之一。服务器上的电子邮件就像一个邮局,客户端发出的消息到达并存放在这里。当用户有邮件时,电子邮件服务器通知客户端、分发电子邮件并允许用户读、写和回复消息(详见第 3 章)。

2.6 操作系统接口

操作系统的两大目标,一是有效利用计算机资源,一是方便用户使用。操作系统是用户与计算机硬件系统之间的接口,向用户提供了"用户与操作系统的接口",即操作系统接口,也称为用户接口。前面几节侧重介绍操作系统的资源管理功能,本节介绍操作系统如何为用户使用提供方便。

2.6.1 操作系统接口的发展及类型

在本章第一节就已看到了,用户使用的计算机是硬件加上软件的一个虚拟机,而操作系统是计算机裸机之上的第一层软件,用户是通过操作系统来控制和使用计算机硬件的。那么用户如何控制操作系统,并通过它使用计算机硬件呢? 这个方法是操作系统为用户提供的,称为操作系统接口,也称为用户接口,用户通过操作系统接口与操作系统打交道,接口以不同的方式告诉操作系统完成一项功能,如让用户登录、启动一个应用程序、分配外部设备等。

早期的批处理操作系统时期,用户不需要与计算机实时交互,因此接口比较简单,以作业控制语言为主,能够描述一个作业的属性,包括作业标识、作业运行时间、作业运行时需要的操作系统资源,操作系统根据这些作业描述调度作业、分配相应资源。分时操作系统出现后,增强了用户与操作系统的交互性,要求操作系统随时了解用户的需求,并能尽快响应用户,因此操作系统提供了一种联机接口。无论是批处理操作系统还是分时操作系统,运行用户程序是必须的任务,程序是使用系统资源的主要实体,程序使用系统资源的接口是各种操作系统必须提供的。随着计算机硬件的发展,计算机存储设备与初期变化很大,促使早期的单纯的批处理操作系统逐渐退出了操作系统的历史舞台,作业控制接口也没有用武之地了。因此很长一段时间,操作系统的接口有两类,一类是联机命令接口,一类是程序接口。20世纪80年代,图形界面技术得到大力推广,使操作系统的图形接口成为另一主要接口形式。

目前操作系统接口有联机命令接口、联机图形接口、程序接口三种类型。

1. 联机命令接口

联机状态下用户与计算机间的接口,接口形式是命令行,在用户界面中使用命令行,实现用户与计算机间的联机交互。用户在终端上键入联机命令,实时得到操作系统的服务,并控制自己的程序运行。

2. 联机图形接口

联机状态下用户与计算机间的接口,接口形式是图形界面,实现用户与计算机间的联机交互。用户在终端图形界面上,通过单击相应的图标,完成对操作系统的操作请求,实时得到操作系统的服务,并控制自己的程序运行。

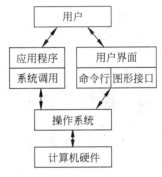

图 2-28　操作系统接口

3. 程序接口

程序接口提供了用户程序和操作系统间的接口,是操作系统专门为用户程序设置的,也是用户程序取得操作系统服务的唯一途径。程序接口通常由各种类型的系统调用组成。

操作系统接口提供用户使用操作系统功能的示意如图2-28所示。

2.6.2　联机命令接口

命令接口需要用户输入简短、有含义的命令。联机命令接口的工作方式是,在键盘上输入命令、从屏幕上查看结果,这是用户和操作系统交流的最常用、最直接的方式。几乎每种操作系统都有大量(几十条甚至上百条)命令,来为用户提供多方面的服务。根据命令所完成的功能的不同,命令主要分为文件操作类、目录操作类、磁盘操作类、系统访问类、其他命令等。

1. 联机命令类型

(1) 文件操作类。完成用户在界面中对文件的交互操作要求,命令包括显示文件、复制文件、删除文件、文件比较、文件重新命名等。

(2) 目录操作类。完成用户在界面中对目录的交互操作要求,命令包括建立目录、显示目录(内容)、删除目录、改变目录、显示目录结构等。

(3) 磁盘操作类。一般在微机操作系统中提供,完成用户在界面中对磁盘的交互操作要求,命令包括格式化磁盘、复制整个磁盘、软盘比较、备份磁盘等。

(4) 系统访问类。一般在多用户操作系统中提供,完成系统对用户的身份确认,命令包括注册、输入口令以及退出等。用户在进入系统时,系统要求用户注册用户名,并首次设置口令,以后登录时,以用户名和密码(口令)确认用户是否合法,在离开系统时,需要退出。

(5) 其他命令。每个操作系统会有一些不同的命令,方便用户使用,比如重定向、管道、批处理命令等。

每个操作系统设置的命令功能大致类似,但是格式会有区别,下面简单介绍微机操作系统(Disk Operating System,DOS)和 UNIX 操作系统的联机命令。

2. DOS 操作系统的联机命令

MS-DOS 操作系统是 Microsoft 公司在 1981 年为 IBM 个人计算机开发的微机操作系统,是一个用户命令驱动的操作系统。虽然现在大部分用户使用图形界面,但是所有微软公司的操作系统都配有 DOS 用户界面,而且在两种情况下仍然有必要使用 MS-DOS 的命令行,一是需要更直接理解操作系统的工作时,二是恢复瘫痪的计算机。Windows 系列的操作系统界面从用户的角度来说"太友好"了,从专业的角度说,它们隐藏了操作系统工作的内容和性质,使用户对操作系统概念很疏离。而 MS-DOS 更基本、更直接,如果能了解 MS-DOS 在做什么,也就很容易了解 Windows 在做什么。如果用户的计算机发生故障或感染了病毒,许多实用工具和杀毒软件提供的恢复盘都设计为 MS-DOS 引导的,并且用 MS-DOS 命令来恢复工作。

这里简单介绍 DOS 的命令。DOS 命令的一般格式如下:

默认驱动器 系统提示符 命令名 [选项] [参数 1] [参数 2] …

联机命令必须在操作系统的系统提示符下输入,以 Enter 键为命令结束符,在操作系统响应命令结束后,重新出现操作系统提示符,表示一个命令执行完毕,DOS 的操作系统提示符为">"。在 DOS 操作系统中,可以用 help 命令获得任何联机命令的语法格式,例如如果查询"dir"(显示目录)命令格式,查询和显示结果如图 2-29 所示。

DOS 的一些常用命令如表 2-3 所示,每个命令语法格式可以用 help 命令联机获得,这里不详细介绍。

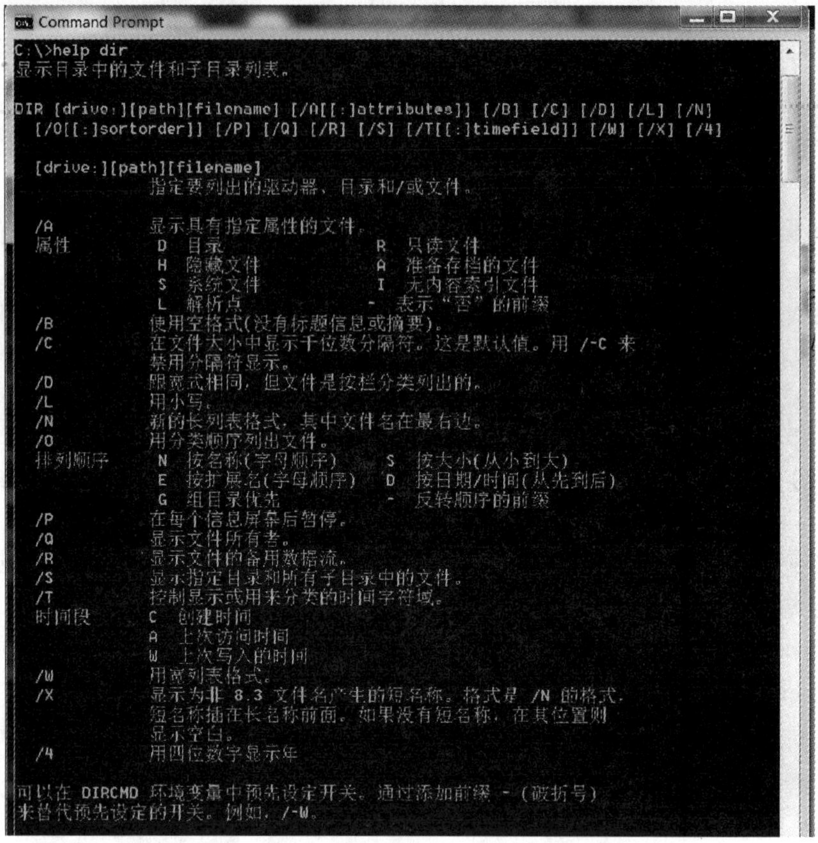

(a) 获得dir命令格式

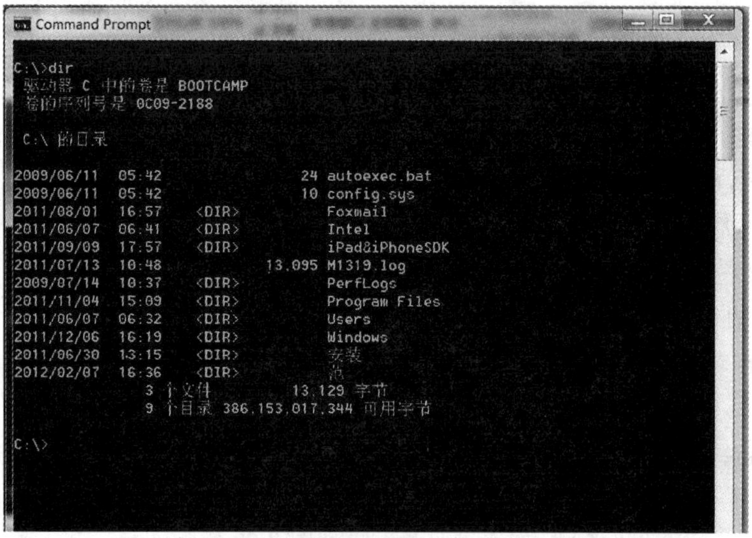

(b) dir命令执行结果

图 2-29 MS-DOS 联机命令界面

表 2-3　DOS 常用命令

类　别	命　令	功　能	备　注
文件操作类	type	显示文件,把指定的文件内容在屏幕上显示	
	copy	复制文件	
	comp	文件比较	
	rename	删除文件	
目录操作类	md	建立目录	
	dir	显示指定目录下文件目录	内部命令,例见图 2-29(b)
	rd	删除目录	
	tree	显示目录结构	
	cd	更改当前工作目录	
磁盘操作类	format	格式化磁盘	
	diskcopy	磁盘整体复制	
	diskcomp	磁盘比较	
	backup	备份	
	. bat	批处理文件	

　　其中的批处理文件是由多个 MS-DOS 命令组成的文件。批处理文件的文件名可以任意取,但是扩展名必须是". bat",输入一个批处理文件名并且按 Enter 键,DOS 系统将一次执行批文件中的各条命令。一般用户会把在同一时间需要统一处理的命令组织为一个批处理文件,DOS 系统启动时会自动执行一个批处理文件,它的默认文件名是 autoexec. bat,用户可以向其中添加要处理的命令。读者可以在自己的机器上打开或试试建立一个批处理文件。

3. Shell 联机命令

　　Shell 是 UNIX 操作系统为用户提供的键盘命令解释程序的集合,Shell 可以作为联机命令语言,为用户提供使用操作系统的接口,用户利用该接口与计算机交互,Shell 也是一种程序设计语言,用以生成 Shell 过程。Shell 又分为 B_Shell 和 C_Shell,其中 B_Shell 是 1978 年由 Bourne 开发的,主要用在 AT ＆T 系列的 UNIX system V 中,C_Shell 是 Joy 于 1983 年开发的,主要用在 BSD 系列(加州大学伯克利分校的用户社团系列软件)的 UNIX 中。Shell 是操作系统的最外层,也称为外壳。这里只介绍 Shell 作为联机命令语言的使用方法。无论是 B_Shell 还是 C_Shell,都提供 300 个以上的命令,本节仅作简单介绍。

　　Shell 命令的一般格式如下:

系统提示符 命令名 [选项] 〔参数 1〕 〔参数 2〕 …

UNIX 操作系统的提示符为"＄",有的为"％"。

Shell 的一些常用命令如下。

(1) 系统访问类

· login　用户登录;

· password　输入口令;

- logoff 退出系统(注销)。

（2）目录操作类

- mkdir 建立目录；
- ls 显示目录内容；
- rmdir 删除目录；
- chdir 修改当前工作目录(cd)；
- chmod 改变文件存取方式。

（3）文件操作命令

- cat 显示文件；
- cp(cp source target) 复制文件；
- mv 更改文件名字；
- rm 撤销文件；
- file 确定文件类型。

（4）系统询问命令

- date 访问当前日期和时间；
- who 询问当前用户,可以列出当前每一个处在系统中的用户的注册名、终端名和注册时间；
- pwd 显示当前目录路径,给出绝对路径。

（5）重定向命令

在 UNIX 操作系统中,定义了标准输入文件和标准输出文件,分别为终端键盘输入和终端屏幕输出,在程序中或交互式命令中,默认情况下,输入输出都是指的标准输入输出设备。用户经常会不使用标准输入输出设备进行输入输出,比如运行程序的数据来自于某个文件,这时就需要指定输入设备,Shell 的重定向命令就是用来改变输入输出设备的。

重定向：用户不使用标准输入、标准输出,而是把另外的某个指定文件或设备,作为输入或输出文件。重定向符“<”表示输入重定向,重定向符“>”表示输出重定向,例如：

$ cat file

会将文件 file 显示在标准输出文件——终端屏幕上,而

$ cat file > refile1

则将文件 file 显示输出到文件 refile1 中。

重定向命令是 UNIX 操作系统先提出和使用的,现在很多操作系统也采用了,如 DOS操作系统就支持重定向,重定向符也与 Shell 相同,如：

c:> type file > refile1

与上面的“$ cat file ＞refile1”命令功能一样。

（6）管道命令

管道命令也具有改变命令输入输出的功能,利用管道功能,可以流水线的方式实现命令的流水线化,即在单一命令行下,同时运行多条命令,使其前一条命令的输出作为后一条命令的输入,以加速复杂任务的完成。管道命令用管道符“|”连接两条命令,形式如下：

```
$ comd1 | comd2
```

例如希望统计目录内容的字数,可以使用管道命令,将查看目录内容命令 ls 的输出作为统计字数命令 wc 的输入,形式如下:

```
$ ls | wc
```

同重定向命令一样,DOS 操作系统也支持管道命令,管道符号也使用"|"。例如,在 DOS 下,若希望在屏幕上分页显示一个较长的文件,可以使用如下管道命令。

```
c:> type f1 | more
```

其中:more 为 DOS 的分页命令。

(7) 后台命令

对执行时间较长的命令,可以将该命令放在后台执行,以便用户在前台进行其他工作,为此,UNIX 操作系统设置了后台命令,在命令后面再加上"&"符号,就可以将该命令放入后台执行。值得注意的是,后台命令仍然以屏幕作为它的标准输出文件,所以,为了使后台进程与前台进程的输入输出不至于混乱,通常后台命令与重定向一起使用。

(8) 控制命令

用以了解和控制后台进程运行,如:

- ps 查看进程号,查看正在运行的进程的内部 ID;
- kill 删除后台进程,后面参数为进程号。一旦某个用户进程出现异常,系统管理员可以先查找其内部进程 ID 号,然后删除它。

2.6.3 联机图形接口

图形界面是近年来使用较多的一种联机接口,Apple Macintosh 和 Microsoft Windows 都采用图形用户界面(Graphical User Interface,GUI),它允许用户在窗口、图标、菜单和光标之间进行选择,请求操作系统服务。用户可以通过输入字母或数字、将选项设为高亮并按 Enter 键,或用鼠标单击所选择的选项。通常选择一个选项会出现许多子选项(子菜单),用户可以依次遍历或选择下去。

图形界面以桌面为初始界面,桌面用鼠标操纵,滑动鼠标指针至图标之上称为指向该图标,然后单击鼠标左键即为选中该图标。如果指向程序,双击该图标即可装入程序(或运行程序)。从功能上来说,图形接口提供的接口功能与命令接口的无异,操作起来更容易、更方便,只是其操作系统的含义表达不是很直接和集中。这里按照联机命令的功能分类来介绍图形接口的文件目录类操作、磁盘类操作以及程序控制类操作(以 Windows 系列操作系统为例)。

1. 文件目录类操作

可以直接在"资源管理器"或"我的电脑"窗口中看到所有存储设备及选中设备中的文件(目录)清单,清单可以以树形显示,也可以以图标二维排列显示。通过选中图标,单击鼠标右键,在弹出的操作子菜单中进行文件及目录操作,包括:

- 创建目录 光标选中所建目录的父目录,单击鼠标右键,在弹出的操作子菜单中选择创建目录功能,输入目录名字;

- 创建文件　光标选中所建文件的目录,单击鼠标右键,在弹出的操作子菜单中选择创建文件,输入文件名字;
- 复制文件　通过鼠标拖曳可以完成包括复制重名文件、复制到不同文件夹(目录)、复制多个文件、复制整个文件夹(目录)等操作;
- 查找文件　在资源管理器中,单击搜索图标,输入查找文件名字;
- 删除文件　光标选中要删除的文件,单击鼠标右键,在弹出的操作子菜单中选择删除文件功能。

2. 磁盘类操作

提供了灵活的磁盘管理功能。

- 磁盘格式化　在"我的电脑"窗口中,选择磁盘所在驱动器的图标,单击鼠标右键,在弹出的操作子菜单中选择磁盘格式化功能;
- 对硬盘碎片整理　在工具栏"控制面板"|"系统与安全"|"管理工具"中选择"对硬盘进行碎片整理"(Windows 2003),可以完成硬盘空间存储文件的物理顺序的整理,提高硬盘服务速度;
- 创建并格式化硬盘分区　在工具栏"控制面板"|"系统与安全"|"管理工具"中选择"创建并格式化硬盘分区"(Windows 2003),可以完成硬盘的格式化和分区。

3. 程序控制类

图形接口最方便的是对多任务、多进程的创建和切换以及对运行进程的控制。

- 多进程运行(创建进程)　双击运行程序图标,即可以运行一个程序(创建一个进程),一个界面下可以单击多个程序运行,即建立多个进程;
- 程序切换　任务栏(桌面底部)的图标代表正在运行的程序,可以单击这些图标进行程序(进程)间的切换;
- 查看进程及删除进程　在桌面底部单击鼠标右键,在弹出的菜单中选择"启动任务管理器"就可以查看正在运行的进程,也可以结束(删除)进程。

2.6.4　程序接口(系统调用)

程序接口是操作系统专门为用户程序设置取得操作系统服务的唯一途径。程序接口通常由各种类型的系统调用组成,因而,也可以说,系统调用提供了用户程序和操作系统之间的接口。系统调用的主要目的是使用户可以在程序中使用操作系统提供的有关输入输出管理、文件系统和进程控制、通信以及存储管理等方面的功能,而不必了解系统内部程序的结构和有关硬件细节,从而保护系统、减轻用户负担、提高资源利用率。

1. 系统调用类型

每个操作系统提供的系统调用数量和类型有所不同,但是它们的概念是类似的,种类也是大致相同的。这里以 UNIX 操作系统为例,介绍主要几类系统调用。

(1) 有关设备管理的系统调用

用户使用这些系统调用对有关设备进行读写和控制。例如,系统调用 read 和 write 用来对指定设备进行读写,系统调用 open 和 close 用来打开和关闭某一指定设备。

(2) 有关文件系统的系统调用

这一类系统调用是用户使用最为频繁的系统调用,也是种类较多的系统调用,包括文件的打开(open)、关闭(close)、读(read)、写(write)、创建(create)和删除(unlink)等,还包括文件的执行(execl)、控制(fnctl)、加解锁(flock)、文件状态获取(stat)和安装文件系统(mount)等。

(3) 有关进程控制的系统调用

进程控制是操作系统的核心任务,系统也允许用户进行必要的进程控制,包括的系统调用很多,常用的有创建进程(fork())、阻塞当前执行进程(wait())、终止进程(exit())、获得进程标识符(getpid())、获得进程优先级(getpriority())、暂停进程(pause())、管道调用(pipe())等,还有两个常用的实用程序睡眠(sleep(n))和互斥(lockf(fd,mode,size)),睡眠使当前执行进程睡眠 n 秒,后者指定将文件 fd 的指定区域进行加锁或解锁,以解决临界资源的竞争问题。

(4) 有关进程通信的系统调用

主要包括套接字的建立、连接、控制、删除以及进程间通信的消息队列、同步机制的建立、连接、控制、删除等。

(5) 有关存储管理的系统调用

主要包括获取内存现有空间大小、检查内存中现有进程以及内存区的保护和改变堆栈的大小等。

(6) 管理用的系统调用

例如,设置和读取日期和时间,获取用户和主机的标识符等系统调用。

系统提供的系统调用越多,功能就越强,用户使用起来就更加方便灵活。

2. 系统调用使用方式

一般系统调用以标准实用子程序形式提供给用户在编程中使用,从而减少用户程序设计和编程的难度和时间。目前很多用户编程时使用的一些库函数,就是简化了系统调用的接口,但是库函数也要通过系统调用获得操作系统的服务。

用户在不同层次编程,使用系统调用的方式也是不同的。底层编程,使用汇编语言时,系统调用是作为汇编语言的指令使用的,系统调用会在程序员手册中列出;使用一般高级语言进行顶层应用编程时,系统调用通常以函数调用的形式出现(如 C、Pascal 语言);而在使用面向对象编程语言时,系统调用都封装为类的方法。这里给出一个 C 语言使用系统调用的例子。

【例 2-3】　使用 C 语言创建一个子进程,打印相关进程号。

```
main()
{
int i;
while ( (i == fork() ) == -1) {          //若创建进程失败
  fprintf( "fork create failed");
exit(1);
}
```

```
//创建进程成功,出现 2 个进程,当前进程为父进程
if ( i > 0 ) printf("this is parent process! id = %d", getppid());//父进程运行,打印父进程号
 else if (i == 0) {      //子进程被调度运行,先睡眠 2 秒,打印子进程号
     sleep(2);
     printf("this is child process! id = %d", getppid());
 }
}
```

该 C 程序直接调用系统调用 fork()。fork()的功能是创建新进程,如果创建成功,分配处理机,其返回值有下列 3 个:

- −1　若创建进程失败,返回−1;
- 0　创建进程成功,处理机分配给新创建的子进程;
- >0　创建进程成功,处理机分配给当前运行的父进程。

各个进程的进程号是调用系统调用 getppid()获得的。

3. 系统调用的实现机制

尽管系统调用形式与普通的函数调用相似,但是系统调用的实现与一般过程调用的实现相比有很大差异。这主要是系统调用实现机制造成的。该机制由“中断与陷入硬件机构”和“中断与陷入处理程序”两部分组成。

(1) 中断与陷入硬件机构

先看什么是中断和陷入。中断是指 CPU 对系统发生某件事时的一种响应,中断发生时,CPU 暂停正在执行的进程,保护现场后转去执行该事件的中断处理程序,执行完成后返回被中断的程序继续执行。中断分为内中断和外中断,外中断指外部设备引起的中断,如打印机中断、时钟中断,而内中断是指由 CPU 内部事件引起的中断,如程序出错等,内中断又称陷入(trap)。中断和陷入的硬件机构完成暂停执行进程、保护现场、转入中断或陷入程序一系列工作。系统调用通过一条陷入(trap)指令实现,该指令是一条机器硬件指令,其操作数部分对应于系统调用号。

(2) 中断与陷入处理程序

中断与陷入处理程序就是系统调用的处理程序,又称为系统调用子程序,系统调用的功能主要由它来完成。系统调用子程序由系统调用号来标明入口,在系统中有一张系统调用入口表,用来指示各系统调用处理程序的入口地址,从而,只要把系统调用的编号与系统调用入口表中处理程序入口地址对应起来,当用户调用系统调用时,系统就可以通过陷入指令而找到并执行有关的处理程序,以完成系统调用的功能。

4. 系统调用实现过程

系统调用实现过程分为如下 3 步。

首先,中断与陷入硬件机构将处理机状态由用户态转为系统态,保护被中断进程的 CPU 环境,然后将用户定义的参数传送到指定的地方保存起来。

其次,分析系统调用类型,按照陷入号,根据系统调用入口表,转入系统调用子程序(中断与陷入处理程序),系统调用子程序执行,完成相应功能。

最后,在系统调用子程序执行完后,恢复被中断的进程现场,或者将CPU分配给新进程的,返回被中断进程或新进程,继续执行。

【例2-4】　在C程序中执行一个向已打开文件写一批数据的任务。这里C程序中要执行系统调用。

```
…
rflag = read(fd, buf, count);
…
```

这条语句被编译后形成的汇编指令如下:

```
trap 4
参数1
参数2
参数3
k1:…
```

其中参数1、2、3分别对应C语句中的文件描述符fd,读出数据存放地址指针buf,读出的字节数count。完成这个系统调用的步骤如下:

(1) CPU执行到trap 4指令时,产生陷入事件,硬件作出中断响应:保留该进程现场;程序控制转向一段核心码,将进程状态由用户态改为核心态。

(2) 根据系统调用号4查找系统调用入口表,得到相应系统调用子程序入口地址。

(3) 转入文件系统。根据文件描述符fd,查找目录,找到文件所在物理设备。

(4) 启动设备驱动程序,将设备上文件fd读入缓冲区。

(5) 启动CPU调度进程,如果选择本例的读文件进程执行,则恢复该进程现场,继续执行。否则执行新进程。

整个过程如图2-30所示。

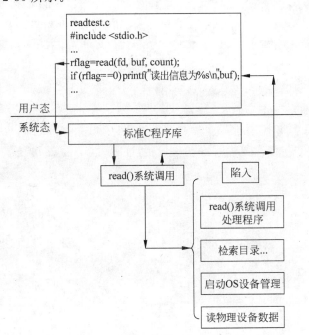

图2-30　系统调用执行过程示意图

2.7　小结

　　操作系统是计算机系统最核心的系统软件,进程是理解操作系统的最基本概念,是操作系统进行资源管理的基本单位,是网络节点计算机间通信的执行实体,本章介绍了进程的概念,侧重讲述并发进程的同步和互斥及进程通信方法;文件目录不仅是操作系统管理软资源的数据结构,其形成的层次树状目录结构也是网络协议(如 DNS,详见第 3 章)、应用程序等信息应用中解决问题的基本结构,本章讲述了文件及文件目录的基本概念及 UNIX 文件卷的构成;计算机网络的出现直接影响了计算机的运行环境,产生了新的计算模式:从传统的中心模式到客户-服务器、浏览器-服务器以及对等模式,网络环境下计算机节点间选择的计算模式不同会导致进程通信方式的不同以及实现技术的不同,本章在介绍计算运行环境的基础上,讲述了操作系统的网络功能。

　　本章虽然只是对操作系统的部分内容(进程、文件、接口及网络功能)进行了介绍,但却为读者理解信息网络应用体系架构奠定了基础。

第3章

网络与网络应用协议

从第一封电子邮件到如今流行的万维网、Skype、微博等，各种信息网络应用的产生与发展都极大地改变了人们的工作和生活。而正是无所不在的计算机网络为信息传递提供了媒介、为这些令人兴奋的应用提供了平台。为了解信息应用的网络环境，本章将介绍网络的概貌，以及网络体系结构与协议，重点讲述相关的应用层协议。

3.1 计算机网络概述

本节首先介绍计算机网络的概念、网络的构成及分类。由于大量信息应用目前都由 Internet 承载，接下来将对这个最著名的网络实例 Internet 进行描述以加深对实际信息应用网络环境的理解。最后将考察网络的标准化工作为后续介绍应用协议提供基础。

3.1.1 计算机网络概念及分类

1. 计算机网络的定义和特征

随着计算机工业的诞生，20 世纪进入了信息时代。虽然计算机工业仍然非常年轻，但其发展的速度却是惊人的。计算机技术和通信技术相结合，使得以往计算任务由单个大型机集中处理的形式逐渐被新的形式取代，即大量独立的相互连接起来的计算机共同完成计算任务，这种形式就是计算机网络。而计算机网络的产生也将信息应用推向了网络时代。

关于计算机网络目前还没有统一的精确定义，本书采用一个比较简单的定义：计算机网络是相互连接、自主的计算机的集合。其中，相互连接是指两台计算机能够实现相互通信、交换信息。而自主是指每台计算机都能够独立完整地实现计算机的各种功能。

计算机之间可能需要通过铜线、光纤、微波、红外线和通信卫星等通信链路进行连接，也可能还需要通信连接设备如交换机、路由器、微波站等建立连接。当然计算机网络最简单的形式就是两台计算机通过链路进行连接。

自主的计算机与早期主从式计算机系统是相对的。在主从式系统中，多个终端与一个主机相连并受控于该主机，主机与终端属于主从关系。而在计算机网络中，自主计算机不从属于任何一台主机。需要强调的是，由于信息应用的网络环境并不局限于由个人计算机组成的网络，所以本书讨论的计算机泛指具有计算能力的设备，包括手持终端、传感器等。

目前计算机网络的一些基本特征如下：

(1) 计算机网络建立的主要目的是实现通信和资源共享。

（2）构成网络的互联的计算机是分布在不同地理位置的多台独立的"自主计算机系统"。

（3）连网计算机要实现通信必须遵循相同的网络协议。

（4）多台计算机要实现通信还需要依赖通信媒介，包括通信设备和线路。

2．计算机网络的构成

为了更好地了解计算机网络，现在讲述网络的具体构成。计算机网络由硬件和软件构成。

（1）硬件构成

网络硬件主要包括：网络中的计算设备、传输介质、通信连接设备。

传统的计算设备多数是工作站（网络中个人使用的计算机，也称为网络的客户机）以及服务器（它们运行网络操作系统，负责对网络进行管理，提供网络的服务功能和共享资源，比如存储和传输 Web 页面和电子邮件等信息），现在，有越来越多的非传统的计算设备，如个人数字助手（Personal Digital Assistant，PDA）、数字电视、移动计算机、蜂窝电话、汽车、环境传感设备、家用电器和安全系统，都在与网络相连。所有这些设备都称为主机或端系统。

这些端系统在网络中是通过传输介质以及通信连接设备相互连接在一起的。传输介质由多种不同类型的物理媒体组成，包括常用于电话到本地交换机之间以及局域网中的双绞铜线、有线电视系统和城域网中应用很广泛的同轴电缆、用于长途电话网络以及 Internet 主干的光纤、无线局域网和蜂窝移动通信系统中的地面无线信道和卫星无线信道等。不同的传输介质，特性不同，传输的速率也有所不同。

除了传输介质之外，还需要一些通信连接设备将端系统连接起来，如网卡、中继器、集线器、网桥、交换机和路由器。这些连接设备可以保证通信可靠有效地进行。网卡正式名称是网络接口卡（Network Interface Card，NIC），是网络中连接计算机和传输介质的接口设备。中继器是模拟设备，用于连接两段传输介质，上一段传输介质中的信号经过中继器会被放大并传到另一段。集线器则是局域网的一种连接设备，主要功能相当于多端口的中继器，双绞线通过集线器将网络中的计算机连接在一起，以扩大网络的传输距离，完成网络的通信功能。而网桥将两个相似的网络连接起来，并对网络数据的流通进行管理。因此它不但能扩展网络的范围，而且可提高网络的性能、可靠性和安全性。通常网桥被用于局域网和局域网之间的互联。交换机是由集线器、网桥发展而来的，能够完成局域网的扩展，为接入交换机的任意两个网络节点提供独享的链路。路由器，是目前广域网上主要的互联设备，通常用于广域网的接续。

（2）软件构成

网络软件主要包括：网络操作系统、网络通信协议以及网络应用程序。

从上一章我们可以看到，网络操作系统是计算机网络的核心软件。网络操作系统除了具有一般单机操作系统的基本功能以外，还应具备如网络的通信功能、网络的管理功能以及网络的服务功能等。

网络通信协议（见 3.2 节介绍）是网络中进行通信的规则的集合。网络中需要进行通信的计算机都要遵守相同的通信协议。端系统、分组交换设备和其他网络组件，都要运行控制网络中信息接收和发送的一系列协议。

网络应用程序给用户提供许多的网络应用。网络应用软件能够通过网络提供电子邮件、Web 冲浪、即时信息、网络电话 VoIP(Voice over Internet Protocol)、Internet 广播、视频流业务、分布式游戏、对等(P2P)的文件共享、Internet 电视、远程注册等信息应用服务。这一部分是用户可以直接接触到的,如果没有这些吸引人的信息网络应用,那么网络的存在就没有意义了。

3. 网络的分类

关于计算机网络,没有一种被普遍接受的分类方法,这里介绍三种分类,即按照传输技术分类、按照网络作用范围分类和按照网络用途分类。

(1) 按传输技术分类

目前普遍使用的传输技术有两种,分别是:广播式链接和点到点式链接。因此按网络传输技术分类,网络可以分为广播式网络和点对点式网络。

在广播式网络中,所有联网计算机共享一个公共通信信道,当一台计算机发送分组时,所有其他计算机都会“收听”到这个分组。为了能将分组准确送达到目的地,在发送的分组中有一个地址域,包含了有关该分组目标接收者的信息。每台机器收到分组后,都会检查这个地址域。如果地址域表明该分组正是发送给它的,则接受这个分组,否则就忽略该分组。特别地,在地址域中使用一个特殊的编码,可以将一个分组发送给所有的目标计算机,这种操作模式称为广播。如果被传输的分组带有这样的地址编码,那么网络中的每一台机器都将会接收该分组,并进行处理。有些广播网络也允许将分组传输给一组计算机,即所有机器的一个子集,这种模式称为多播。

在点对点式网络中,整个网络由许多连接/通道构成,每一条连接对应一对计算机。当然,这对计算机不一定直接相连,分组从源端传送到目的地需要通过一个或者多个中间节点,即通信连接设备,选择合适的路径,进行接收、存储、转发。采用分组存储转发与路由选择机制是点对点式网络和广播式网络最重要的区别。只有一个发送方和一个接收方的点到点传输模式有时候也称为单播。

(2) 按传输距离分类

分类网络的另一个准则是网络的距离尺度或者作用范围。如果从网络的距离尺度或作用范围进行分类,可以将网络分为:个域网、局域网、城域网、广域网等。表 3-1 是按照作用范围来划分网络的。

表 3-1 按照距离尺度对网络进行分类

处理器间的距离	多个处理器的位置	网 络 分 类
1m	一平方米范围内	个域网
10m	同一房间	
100m	同一建筑物	局域网
1km	同一园区	
10km	同一城市	城域网
100km	同一国家	
1000km	同一洲内	广域网
10 000km	同一行星	Internet

值得一提的是,距离作为一种分类的度量是非常重要的,因为不同的距离尺度将会使用不同的技术。下面按距离尺度由小到大,对这几种网络进行简要的介绍。

个人区域网(Personal Area Network,PAN),简称个域网,就是在个人周边范围内把电子设备连接起来的网络,仅供一个人使用,其范围大约在 1 米左右。典型的例子是通过无线技术(如蓝牙技术)将计算机和外设连接成网络,常称为无线个人区域网(Wireless Personal Area Network,WPAN)。将嵌入式的起搏器、助听器等与一个用户操控的远程控制终端相连形成的网络就属于这一类。当然个域网也可以通过其他的技术将设备在短距离内相连,比如智能卡上的射频识别技术(Radio Frequency IDentification,RFID)。

局域网(Local Area Network,LAN)通常位于一个建筑物内,或者一个校园内,地理上局限在较小的范围(如 1km 左右)。它往往是专有网络,早期一个学校或企业通常只拥有一个局域网,但现在局域网已非常广泛地使用,一个学校或企业大都拥有许多个互连的局域网(常称为校园网或企业网)。局域网一般通过高速通信线路将个人计算机或工作站连接起来,以便共享资源和交换信息。局域网的覆盖范围是有限制的,这意味着最差情况下的传输时间是有限的。传统局域网的运行速度在 10Mbps~100Mbps 之间,其延迟很低(微秒或者纳秒量级),而且误码率很低,小于 10^{-9},也就是很少有传输错误。新型的局域网可以达到 10Gbps 的速度。

城域网(Metropolitan Area Network,MAN)的作用范围可跨越几个街区甚至整个的城市,其作用距离约为几公里到几十公里。城域网可以为一个或几个单位所拥有,但也可以是一种公用设施,用来将多个局域网进行互连,使用技术与局域网相似。最著名的城域网的例子是有线电视网。此外还有用于高速 Internet 接入的城域网,如目前已被标准化的 IEEE 802.16,也称全球互联微波接入(Worldwide Interoperability for Microwave Access,WiMAX)。

广域网(Wide Area Network,WAN)覆盖的范围大,通常为几十到几千公里,可跨越一个国家甚至一个洲。广域网是 Internet 的核心部分,其任务是通过长距离(例如,跨越不同的国家)运送主机所发送的数据。连接广域网各节点交换机的链路一般都是高速链路,具有较大的通信容量。

最后,两个或者多个网络连接起来之后称为互联网。世界范围的 Internet 是一个最有名的互联网例子。关于互联网的概念将在 3.1.2 节进行介绍。

还有一类比较特殊的计算机网络,是用于将端系统连接到其边缘路由器的物理链路,称为接入网(Access Network,AN)。它又可分为将用户家庭端系统与网络相连的住宅接入、将商业或教育机构中的端系统与网络相连的公司接入和将移动端系统与网络相连的无线接入。边缘路由器是端系统到任何其他远程端系统的路径上的第一台路由器。实际上,接入网只是起到让用户能够与网络尤其是 Internet 连接的"桥梁"作用。图 3-1 显示了广域网、城域网、接入网以及局域网的关系。

(3) 按照网络用途分类

从网络的使用者角度按照网络用途进行分类,可以分为公用网和专用网。

公用网是为签约用户提供服务的网络。所谓"公用"指的是任何支付签约费用的个体或团体都能使用这种网络,因此公用网也可称为公众网。提供通信服务的公司称为服务提供商。所谓"公"是指网络服务的公众可用性,而不是针对传输的数据而言,因此服务提供商需

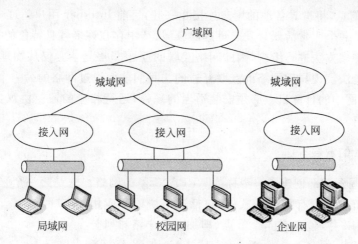

图 3-1 广域网、城域网、接入网以及局域网的关系

要保证通过公网传输的数据的安全性。通常公用网是由电信公司(国有或私有)出资建造的大型网络。

专用网可以为个体消费者、小型办公室、中小型商业和大型企业提供网络服务。这种网络一般是为根据特殊工作的需要而建造的,因此不向其他公众开放。例如,军队、铁路、电力等系统均有本系统的专用网。专用网可以包含从运营商那里租用的线路。

3.1.2 网络实例:Internet

从 3.1.1 节可以看到计算机网络涵盖了许多不同规模和技术的网络,有大的、有小的,有简单的、也有复杂的,它们都承载了许多不同的信息应用。而目前广受人们喜爱的一些应用比如万维网、电子购物、电子邮件、即时消息、Skype、BitTorrent 文件共享等,都是构筑在 Internet 这个网络平台上的。本小节将介绍这个典型的网络实例:Internet,包括它的概念、发展和传统应用,以便加深对于信息应用的网络环境的认识。

1. 互联网与 Internet 的概念

目前我们周围有大量网络在运行,这些网络的结构和采用的技术往往不尽相同,而一个网络中的人常常希望可以和另一个网络中的人进行通信,这就要求将那些互不兼容的不同网络连接起来。这些由网络相互连接起来形成的网络称为互联网(internetwork 或者 internet)。比如将两个局域网连接起来就构成了一个互联网,当然更为普遍的形式则是通过一个广域网将多个局域网组织起来。因此互联网是"网络的网络"(network of networks)。而著名的因特网(Internet)就是典型的互联网络。

这里需要对两个常见的词:internet 和 Internet 做一下特别说明。它们形式上的区别仅在开头的字母是小写 i 还是大写 I,但含义却完全不同。internet 翻译为互联网或互连网,是一个通用名词,泛指由多个计算机网络互连而成的网络。而 Internet 翻译为因特网,是一个专用名词,它指由美国的 ARPANET(Advanced Research Project Agency Network)发展起来的当前全球最大的、开放的、由众多网络相互连接而成的特定计算机网络,它是世界范围内计算机网络的集合,这些网络之间共同协作,使用一组公共的通信协议 TCP/IP(详见

3.2.4 节)交换信息,将世界各地的用户连接在一起,目前 Internet 用户超过 10 亿。

网络互联是一个非常活跃且发展迅速的领域,其中存在许多各具特色的技术,而这些技术又可以采用许多方法进行组合,因此网络互联的问题非常复杂。仅从物理上将网络用链路连接起来是无法实现异构网络的互联互通的。我们前面说过网络的另一个重要的组件是网络软件,互联网中的计算机上必须安装适当的软件,运行相应的通信协议,才能够实现通过网络传送信息。

2. Internet 的发展

1969 年美国国防部创建了一个称为 ARPANET 的网络。这是第一个采用分组交换的网络。网络的节点都配有相应的软件,包括通信协议和应用软件。1969 年 12 月,包含有 4 个节点(即加州大学洛杉矶分校(University of California, Los Angeles, UCLA)、加州大学圣塔芭芭拉分校(University of California, Santa Barbara, UCSB)、斯坦福研究院(Stanford Research Institute, SRI)和犹他大学(University of Utah, UTAH))的实验网络开始运行了,如图 3-2 所示。随后 ARPANET 得到了快速增长并很快扩展到了整个美国。

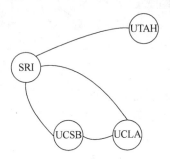

图 3-2　初期 ARPANET 的节点分布

ARPANET 最初并不是一个互连的网络。很快人们认识到一个单独的网络无法满足所有的通信问题,于是就开始了多种网络互连技术的研究,并发明了用于网络互连的 TCP/IP 协议。

美国国家科学基金会(National Science Foundation, NSF)设计了一个 ARPANET 的后继网络,即国家科学基金网(National Science Foundation NETwork, NSFNET)。它使用 TCP/IP 协议将一个骨干网络和一些区域性网络相互连接起来,并通过通信连接设备与 ARPANET 相连。NFSNET 在 1986 年后取代 ARPANET 成为 Internet 的主干网。1990 年由于实验任务已经完成,ARPANET 正式宣布关闭。

值得一提的是,由于 1983 年 TCP/IP 协议成为 ARPANET 上的标准协议,使计算机通过互联网通信成为可能,因而人们通常把 1983 年作为 Internet 的诞生时间。

从 1993 年开始,由美国政府资助的 NSFNET 逐渐被若干个商用的 Internet 服务提供商(Internet Service Provider, ISP)网络所代替。ISP 能够从 Internet 管理机构申请到的多个 IP 地址(详见 3.2.5 节),拥有通信线路以及路由器等连网设备。只要交纳相应的费用,端系统就可以通过 ISP 接入 Internet。

3. Internet 的应用

Internet 成为世界上规模最大和增长速率最快的计算机互联网络,其迅猛增长应归功于 ISP,它们为用户提供了连接到 Internet 的能力,因而可以访问电子邮件、万维网以及其他的 Internet 服务。所谓"连接到 Internet"是指如果一台机器运行了 TCP/IP 协议栈并拥有一个 IP 地址,可以向 Internet 上所有其他的机器发送 IP 分组,那么这台机器就是在 Internet 上。实际上只要一台机器被连接到 Internet ISP 的路由器上了,那么就可以认为它连接到 Internet 上了,因为 ISP 向连接到 Internet 的用户提供了 IP 地址。

20 世纪 90 年代早期及以前,Internet 和它的前身网络的传统应用主要包括电子邮件、新闻组、远程登录、文件传输。

(1) 电子邮件。现在非常普及的电子邮件实际在 ARPANET 的早期,就已经问世了。许多人每天都会通过电子邮件收到大量的消息,它已成为人们与外界交流的主要途径之一,远远超过了电话和缓慢的邮政信件。

(2) 新闻组。新闻组是一些专门的论坛,话题囊括方方面面,包括计算机、科学、娱乐和政治等。同一论坛的用户们往往有共同的兴趣,他们/她们通过新闻组相互交换消息。

(3) 远程登录。通过远程终端访问协议(TErminaL NETwork,TELNET)、安全外壳协议(Secure SHell,SSH)等程序,在 Internet 上任何地方的用户都可以通过拥有的合法账号登录到任何一台远程的机器上。

(4) 文件传输。通过文件传输协议 FTP 程序,用户可以将 Internet 上一台机器上的文件复制到另一台机器上,从而访问大量的文章、数据库和其他的信息。

那时 Internet 主要流行于政府以及学术界和工业界的研究人员之间。但由欧洲原子核研究组织开发的新的应用,即万维网 WWW 改变了这种状况。它被广泛地使用在 Internet 上,使得一个站点有可能安装大量的信息页面,内容可以包括文字、图片、声音、视频,还可以嵌入指向其他页面的链接,极大方便了非网络专业人员对网络的使用,推动了 Internet 的迅猛发展。

3.1.3　网络标准化

网络的规模、结构、技术都是多种多样的,为了保证网络的互联互通以便在各种网络中实现信息应用,必须遵循统一的标准。标准可以分为两大类:事实标准与法定标准。所谓事实标准是指那些已经发生并获得认可的、但事先没有任何正式计划的标准。例如 IBM 个人计算机 PC(Personal Computer)及后继产品是小型办公和家庭计算机的事实标准,UNIX 是大学计算机系操作系统的事实标准。法定标准是指由某个权威的标准化组织采纳的正式的合法的标准。下面我们将对网络尤其是 Internet 法定标准的相关组织和标准化过程进行介绍。

1. 有影响的标准化组织

(1) 国际电信联盟(International Telecommunication Union,ITU)

为了提供全球范围内的兼容性以保证一个国家的用户可以呼叫另一个国家的用户,在 1865 年,欧洲成立了标准化组织,后发展为 ITU。它的任务是对国际电信(当时指电报)进行标准化。

ITU 包括 3 个主要部门:无线通信部门(Radiocommunication Sector of ITU,ITU-R),电信标准化部门(Telecommunication Standardization Sector of ITU,ITU-T),开发部门(Telecommunication Development Sector of ITU,ITU-D)。其中 ITU-R 关注全球范围内的无线电频率分配事宜。

我们主要来看一下 ITU-T。在 20 世纪 70 年代的早期,一些国家确定了电信的国际标准。但由于标准在国际范围的兼容性较差,于是联合国就在国际电联下面成立了一个国际电报电话咨询委员会(International Consultative Committee on Telecommunications and

Telegraph,CCITT)。这个委员会致力于研究和建立电信的通用标准,特别关注电话和数据通信系统。1993 年 3 月,CCITT 改名为国际电联电信标准部(ITU-T)。ITU-T 的任务是对电话、电报和数据通信接口提供一些技术性的建议,这些建议通常会变成国际上认可的标准。

ITU-T 的实际工作通过它的 14 个研究组来完成。覆盖了各方面的主题,从电话计费到多媒体服务。为了尽可能完成自己的任务,研究组又分成工作组,工作组进一步分为专家组,再分为特别组。随着电信业逐渐转变成全球性的行业,标准也变得越来越重要,越来越多的组织也积极参与到标准制订工作中来。

(2) ISO

国际标准是由国际标准化组织(International Standards Organization,ISO)制定和发布的。ISO 是在 1946 年成立的一个自愿、非条约性组织,它作为一个多国团体,其成员主要来源于世界上许多政府的标准创建委员会。ISO 的目标是使国际范围内商品和服务的交换更加容易,同时提供一些模型以促进兼容性、质量改进、生产率增长和价格下降。它为大量的学科制定标准,已发布 17 000 多个标准。在电信标准方面,ISO 和 ITU-T 通常联合起来以避免出现两个正式的但相互不兼容的国际标准。ISO 有将近 200 个技术委员会(Technical Committee,TC),按照创建的顺序进行编号,每个技术委员会处理一个专门的主题。如 TC97 处理计算机和信息处理技术。每个技术委员会有一些分委员会(SubCommittee,SC),SC 又分成工作组(Work Group,WG)。

(3) 电气和电子工程师协会(Institute of Electrical and Electronics Engineers,IEEE)

标准领域另一个 IEEE 电气和电子工程师协会,是世界上最大的专业的工程师学会。它的范围是国际性的,目标是在电气工程、电子学、无线电以及工程的相关分支领域中推动相关理论发展、提高产品质量。IEEE 也有标准化组,专门开发电气工程和计算领域中的标准。例如 IEEE 802 标准化委员会制定了以太网和(Wireless Fidelity,WiFi)的标准。

2. Internet 的标准化

全球性的 Internet 有它自己的标准化机制,与 ITU-T 和 ISO 的标准化机制截然不同。主要区别在于 Internet 在制定时是面向公众的。Internet 所有的请求评论(Request For Comments,RFC)文档都可从 Internet 上免费下载,而且任何人都可以用电子邮件随时发表对某个文档的意见或建议。这样的特点对 Internet 的发展起到了非常重要的作用。

ARPANET 刚建立时,国防部建立了非正式委员会来监督它,后来更名为 Internet 体系结构委员会(Internet Architecture Board,IAB),负责管理 Internet 有关协议的开发。随着 Internet 的迅速增长,IAB 再次重组,下设 Internet 研究部(Internet Research Task Force,IRTF),专注于长期的理论方面研究和开发工作。它由一些研究组(Research Group,RG)组成,具体工作由 Internet 研究指导小组(Internet Research Steering Group,IRSG)管理。另外 Internet 工程部(Internet Engineering Task Force,IETF)负责处理短期的工程事项,主要是针对协议的开发和标准化,由许多工作组 WG 组成。具体工作由 Internet 工程指导小组(Internet Engineering Steering Group,IESG)管理。IRTF 和 IETF 一起成为 IAB 的附属机构。1992 年成立了一个国际性组织叫做 Internet 协会(Internet Society,ISOC),以便对 Internet 进行全面管理以及在世界范围内促进其发展和使用。从某种意义上讲,Internet 协会可以与 IEEE 相提并论。IAB 成员由 Internet 协会的理事会指定。图 3-3 给出了 Internet 标准化组织结构。

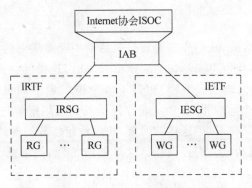

图 3-3 Internet 标准化组织

Internet 标准化需要经过严格的过程。制订 Internet 的正式标准要经过以下的 4 个阶段:

(1) Internet 草案(Internet Draft);

(2) 建议标准(Proposed Standard);

(3) 草案标准(Draft Standard);

(4) Internet 标准(Internet Standard)。

标准的制定是从 Internet 草案开始的。Internet 草案是正在加工的文档(工作正在进行),它不是正式的文档,其生存期为 6 个月。当 Internet 管理机构在进行推荐时,就将草案以 RFC 的形式进行公布。只有到了建议标准阶段才以 RFC 文档形式发表。所有的 RFC 文档都可从 Internet 上免费下载,使所有感兴趣的用户都可以得到它。每一个 RFC 在编辑时按收到时间的先后从小到大指派一个编号(即 RFC xxxx,这里的 xxxx 是阿拉伯数字)。一个 RFC 文档更新后就使用一个新的编号,并在文档中指出原来老编号的 RFC 文档已过时。但应注意,所有关于 Internet 的正式标准都以文档出版,但不是所有的 RFC 都是正式的标准,很多 RFC 的目的只是为了提供信息,只有小部分 RFC 文档最后才能变成 Internet 标准。

为了进一步推进到标准草案阶段,必须经过实现和严格测试。如果 IAB 确认合理,才能声明这个 RFC 称为 Internet 标准。

3.2 网络协议及网络体系结构

本节介绍网络协议和分层的网络体系结构的相关概念,重点讲述两种典型的分层参考模型:开放系统互连参考模型(Open System Interconnection/Reference Model,OSI/RM)和 TCP/IP 参考模型。尽管 OSI 在 20 世纪 90 年代以前的数据通信和网络的文献中占据了主导地位,但是获得实际应用的却是 TCP/IP。寻址对于通信服务是必需的,最后将介绍 TCP/IP 协议栈网络层中的编址机制。

3.2.1　网络协议概念

1. 协议

在介绍协议的概念之前,我们先来看看日常活动中经常碰见的场景。例如,当一个外国人想要向你寻求帮助时,他以"Can you speak English?"这类问话开始,希望与对方建立通信,此时这个"Can you speak English?"相当于一个请求通信的报文。而另一方可能会以"Yes"作为回应,这是一个响应报文,预示着你们的对话可以继续进行。当然他也许会收到"对不起,听不懂"或者"现在 6 点"这样的回复,按照约定俗成的规约这意味着你们的对话可能无法继续,他应该转向其他人进行询问。这里的语言,如英语或汉语,就是协议。当对方以"Yes"作为回应时,说明通信双方执行着相同的协议:英语,寻求帮助的对话才可以继续下去。但如果收到非英语的响应,则双方执行的协议不同,通信无法建立。

在计算机网络中,通信发生在不同系统的实体之间。通信过程中至少会涉及发送信息的一方与接收信息的一方。而所有参与通信的实体,必须在所交换的数据格式、传输顺序、收到相应报文的处理方式上达成一致。为确保这些通信细节的一致性,必须制定一套精密的网络通信规约,并要求所有通信方都遵守。这些为进行网络中的数据交换而建立的规则、标准或约定称为网络协议(network protocol),也可简称为协议。凡是涉及两个或多个通信的远程实体都受协议的制约,并且这些实体必须同意使用相同的协议。

2. 协议的三要素

网络协议主要由以下 3 个要素组成。

- 语法　数据与控制信息的结构或格式,以及数据出现的顺序的意义;
- 语义　控制信息的含义以及由此应采取的响应动作;
- 时序(同步)　事件实现顺序的详细说明,如数据应何时发、应当发多快等。

下面以两个人打电话为例来说明协议的三要素。A 要打电话给 B,首先 A 拨通 B 的电话号码,对方电话振铃,B 拿起电话,然后 A 和 B 开始通话。通话完毕后,双方挂断电话。在这个过程中,A、B 双方都遵守了打电话的协议。在这个协议中,电话号码就是"语法"的一个例子。一般电话号码由多位阿拉伯数字组成,不同部分有不同的含义,比如国家代码、长途区号等等。另外,振铃可以看作一个控制信号,表示有电话打进,B 收到该信号后作出响应动作,即接电话,然后开始讲话。这一系列的动作包括了控制信号、响应动作、讲话内容等等,就是"语义"的例子。"时序"的概念更好理解,因为 A 拨了电话,B 的电话才会响,B 听到铃声后才会考虑要不要接。这一系列事件的因果关系和发生的顺序十分明确,不可能出现在拨号前 B 的电话自己会响,也不可能出现电话铃没响的情况下,B 拿起电话却能听到 A 的话音。

3.2.2　网络体系结构

为了有效地建立信息通信网络,必须使网络的各个构件协同工作,而它们之间的行为都由不同的协议约束。网络体系结构就是将网络中的一系列协议按一定的功能配置和逻辑结构有效地组织起来的有机体。

　　层次结构是网络体系结构常用的一种组织形式,本节将讲述这种网络体系结构。通常网络体系结构把计算机间互连的功能划分成具有明确定义的层次,并规定了同层次进程通信的协议及相邻层之间的接口服务,以便于计算机间的协同工作。层次、协议、接口是层次网络体系结构的基本要素。

1. 层次

　　分层是人们处理复杂问题的一种方法。为了减少协议设计的复杂性,大多数网络都按层(layer)或级(level)的方式来组织,将总体要实现的很多功能分配在不同层次中。每个层次要完成的功能都有明确规定并且每层功能独立。每一层的目的都是向它的上层提供一定的服务,也就是说每层建立在下一层的基础上,可调用下一层的服务。而使用下层提供的服务时,并不需要知道其具体实现方法。但要注意的是,不同的网络,其层的数量、各层的名字、内容和功能都不尽相同。

　　分层有下列好处:

- 每一层只实现一种相对独立的功能,采用的技术也相对独立,有利于这种模块化的思想可将一个复杂问题分解为若干个较容易处理的问题。
- 从逻辑结构上看各层是分割开的,使得实现和调试一个庞大而又复杂的系统变得易于处理。
- 当任何一层的实现有所改变时,只要保证本层实现的功能不变,则其他各层均不受影响。当某层提供的服务不再需要时,甚至可以将这层取消。因此分层的结构具有较强的灵活性。
- 对每个层次要完成的服务及服务要求都有明确规定,有利于促进标准化工作。

　　当然在层次划分上还要注意分层的数量要适当。若层数太少,就会使某一层要完成的功能太多,导致协议太复杂;而层数太多又会使某些层次可能需要共同实现一个功能,导致逻辑混乱或者在描述和综合各层功能的系统工程任务时遇到困难。

　　为便于理解划分层次的概念,下面举一个生活中的例子。邮政系统是一个较为复杂的系统,包含了许多组成部分:写信人、收信人、邮局服务人员、邮局转送人员、运输部门等。信件从写信人写好后,会被装上信封,送到邮箱。邮局服务人员对发送的信件进行收集、盖上邮戳,邮局转送人员将信件分类打包,然后交给运输部门进行运输。信件包到达目的地后,由当地邮局转送人员将信件拆包分发,服务人员将信件投递到收信人手中,收信人拆开信封、阅读信件。这些是信件传送过程中涉及的邮政系统的活动。

　　我们可以将这些活动按不同功能划分为 4 层:读/写信层、邮件服务层、邮件转送层及邮件运输层,见图 3-4。

　　我们看到,划分的 4 层中,每层都有明确而独立的功能,同时每一层的目的都是向它的上层提供一定的服务。如第 4 层有读/写信件功能,即写信人写信件内容或收信人读信件内容,装上信封,贴上邮票,写收信人地址、邮编等等;第 3 层对已经封装的信封提供邮戳功能,第 2 层对盖好邮戳的信件提供分拣打包功能;第 1 层对于分拣好的信件提供运输功能。因此可以看到,这种模块化的分层结构,有助于明确一个大而复杂的系统的逻辑结构。

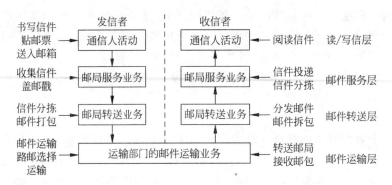

图 3-4　邮政系统分层结构

2. 协议

协议的概念在上一节已经介绍了。在邮政系统的例子中,存在着许多人与人、部门与部门之间的行为,必然需要有不同的协议来规范与协调它们之间的动作与行为。这些协议组成了关于邮政系统网络运行行为规范的协议集。有的协议适用于写信的用户,比如发信者应在信件的什么位置写地址、收信人和落款;有的协议适用于地方邮局的内部运行,如信件分拣打包的规范;有些适用于盖邮戳和投递信件;还有的适用于邮局之间的通信,如什么时间开始运输、通过什么交通工具运输等。

此外协议也需要根据实际运行过程的变化与新的服务功能加入进行修改。例如,一旦要求用户在信封上增加收信者与发信者的邮政编码时,设计者就需要对邮政编码的编码方法、邮政编码的填写方法、邮递员读取邮政编码的方法分别做出规定,这些规定将作为新的协议加入到已经存在的协议集中。

类似地,在网络进行层次划分之后,每层都有相应的一系列协议,如 TCP、HTTP,用以约束网络中的通信行为。不同层协议由分布在网络的不同实体中的软件实现,如应用层协议在端系统中用软件实现。网络中这一系列的协议正是以分层的形式被有效地组织起来并协调工作。

3. 接口

系统功能层次化之后,层与层之间的边界和在这个边界上进行的信息传送变得很重要。边界又称为层边界,层间的信息传送的规约称为接口,它定义了下层向上层提供哪些服务和原语操作。

服务定义为下层($n-1$ 层)向上层(n 层)提供的功能,方向是垂直的。下层可以向上层提供两种不同类型的服务,即面向连接的服务和无连接的服务。

面向连接的服务(connection-oriented service)是基于电话系统模型的。当两个端系统之间交换数据时,用户首先建立一个连接,然后才发送实际数据,最后释放连接。面向连接的服务往往提供可靠的数据传输确保从发送方发出的数据最终按顺序完整地交付给接收方。A 和 B 打电话的过程、远程登录等都属于面向连接的过程。

无连接的服务(connectionless service)是基于邮政系统模型的。每一条报文(信件)都携带了完整的目标地址,所以,每条报文都可以被系统独立地路由。两个端系统之间交换数据时,无需建立连接,直接通信,因而无连接的服务是不可靠的,源主机不能确定分组是否已经到达目的地,不能对最终交付作任何保证,但速度快,又称为尽最大努力服务。例如,数据报网络提供的就是无连接的服务。

服务在形式上是由一组原语(primitive)来描述的,原语操作使用户进程可以访问该服务。或者将某个实体所执行的动作报告给客户。由于协议通常位于操作系统中,这些服务原语通常就是一些系统调用。这些系统调用在内核模式中控制该机器,让操作系统发送必要的分组。具体到底哪些原语是可以使用的,这取决于所提供的服务。

这里要注意的是要提供某些服务,各层需要与其下面的层结合起来。例如,在第4层完成信件从写信人到收信人的传送。这依赖于邮件服务层完成信件的收集盖戳、分拣投递,依赖于邮件转送层完成信件的分类打包、信件包由邮局到邮局的传送,以及邮件运输层完成将信件包从发信邮局所在地传送到收信邮局所在地。

当某层的实现方式变化时,应保证本层的接口不变,这样可以使整个系统的功能不受影响。例如,运输层实现方式改变了,原本由汽车运输信件改为火车运输,但是它仍然提供相同的功能和服务,系统的其余部分将保持不变。

4. 其他术语

实体是每一层的活动元素,表示任何可发送或接收信息的硬件或软件进程。不同系统中同一层的实体叫对等实体。这些对等实体可能是进程或者硬件设备,甚至可能是人。换句话说,正是这些对等实体在使用协议进行通信。

协议是控制两个对等实体进行通信的规则的集合。一台机器上的第 n 层与另一台机器的第 n 层进行对话,在对话中用到的规则和约定合起来称为第 n 层协议。第 n 层的对等实体之间通过第 n 层协议进行通信,而第 $n+1$ 层对等实体之间则通过第 $n+1$ 层协议进行通信,如图 3-5 所示。

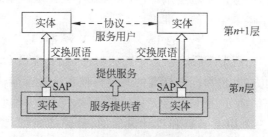

图 3-5　相邻两层的关系

在协议的控制下,两个对等实体间的通信使得本层能够通过接口向上一层提供服务。第 n 层向第 $n+1$ 层提供的服务中已经包含了在它下面各层所提供的服务。n 层相对于它的上层是服务提供者,而 $n+1$ 层则称为服务用户。

同一系统相邻两层的实体进行交互的地方,称为服务访问点(Service Access Point, SAP)。

此外,对等实体之间存在着"虚拟"通信,在图 3-5 中用虚线箭头表示,而实际的"物理"通信仅在最底层之间存在。在邮政系统的例子中,第 4 层的对等实体为写信人和收信人,可以认为"他们的通信是水平的",他们使用了第 4 层协议。但是,写信人并不是直接与收信人进行通信,而是通过层之间的接口将信息传给底下的层,真正的"物理"通信是由最底层的运输部门实现的。

5. 服务与协议

服务是指某一层向它上一层提供的一组原语(操作),或者说是网络体系结构中的下层通过层间接口向上层提供的功能。服务定义了该层代表其用户执行哪些操作,也会涉及两层之间的接口,但是它并不涉及如何实现这些操作。与此不同的是,协议规定了同一层上对等实体之间所交换的消息或者分组的格式和含义。这些实体利用协议来实现它们的服务定义。协议可以自由地改变,但是服务不能改变。它们之间的区别在于:协议是"水平的",即协议是控制对等实体之间通信的规则。服务是"垂直的",即服务是由下层向上层通过层间接口提供的。

总的来说,为确保所形成的网络是完整而有效的,必须把通信问题的所有方面划分成一个个协调工作的分块结构,从而构建一整套协议。这些协议被组织成一个线性序列,也就是不同的层。把协议划分到不同的层中,使它们各自专注于处理通信的某部分功能,而所有协议联合起来完成所有的通信功能。把各种协议集成为一个统一整体的抽象结构,就是分层模型,也称为参考模型。用来展现分层模型的直观图形像一个堆积起来的栈,各层的所有协议统称为协议栈。下面将介绍一些典型的分层模型和协议栈。

3.2.3　OSI 参考模型

自 1974 年 IBM 公司提出了世界上第一个网络体系结构——系统网络体系结构(systems network architecture,SNA)以来,许多公司纷纷提出各自的网络体系结构。这些体系结构都采用了分层技术,但层次的划分、功能的分配与采用的技术均不相同。随着信息通信网络的利用形式越来越多样化,应用领域越来越广,要想让不同网络体系结构的计算机系统相互连接,必须制定一个网络体系结构的标准。

国际标准化组织 ISO 发布了著名的 ISO/IEC 7498 标准,制定了开放系统互联参考模型 OSI/RM,简称为 OSI。所谓"开放"是与垄断相对的,只要遵循 OSI 标准,一个系统就可以与位于世界上任何地方的、遵循同一标准的其他任何系统进行通信。并且 OSI 参考模型仅考虑与互连有关的那些部分,把与互连无关的部分除外。但要注意 OSI 参考模型并不是一个标准或协议,它是一个用于了解和设计灵活的、稳健的和可互操作的网络体系结构的模型。

OSI 参考模型将网络的通信功能分解为 7 个层次,由上至下分别是应用层、表示层、会话层、传输层、网络层、数据链路层和物理层,如图 3-6 所示。

OSI 参考模型详细地规定了每一层的功能,以实现开放系统环境中的互联性(interconnection)、互操作性(interoperation)与应用的可移植性(portability)。下面从最上层开始,依次讨论该模型中的每一层。

(1) 应用层使用户(不管是人还是软件)能够接入到网络。它

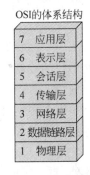

图 3-6　OSI 参考模型的
　　　　分层结构

为用户的应用进程提供多种类型的服务,并规定了从应用程序接收消息或向应用程序发送消息时数据采用的格式。它包含了许多直接面向用户需求的协议,如超文本传输协议 HTTP、远程终端访问协议、文件传输协议等。

(2) 表示层考虑的问题是两个系统所交换信息的语法和语义。表示层涉及定义计算机直接交换的数据结构,以及网络链路上传输数据的编码方式,并对这些抽象的数据结构进行管理。也就是说,它处理面向网络形式表示的数据和更专用的、面向平台形式表示的数据之间的变换。同时,也能够为应用程序提供特殊的数据处理功能,包括数据加密、解密、数据压缩等。

(3) 会话层允许不同机器上的用户之间建立会话。它定义了让发送方和接收方请求会话启动或停止以及参与通信的实体之间在没有其他数据流动时依然保持对话继续的机制。通常包括对话控制(如每个阶段由哪个用户来传输数据)、令牌管理(避免两方同时执行一个关键操作)、同步(在一个长的传输过程中设置一些检查点,以便在系统崩溃之后还能够在崩溃前的点上继续执行)。

(4) 传输层负责将完整的报文从源端交付到目的端。其基本功能是接受来自上一层的数据,在必要的时候把这些数据分割成小的单元并传递给网络层,并确保这些数据片段都能够正确地到达目标端。传输层通常涉及了端到端的错误检查和错误恢复数据、处理分段重组操作、在重组过程中请求出错或丢失的数据重传等,此外还决定了将向会话层(实际上最终是向网络的用户)提供哪种类型的服务。

(5) 网络层负责将一个分组从源端交付到目的端,这可能要跨越多个网络(链路)。网络层的特定责任包括处理网络上与独立机器相关的逻辑寻址问题,因此网络层能够识别哪一个网络连接属于计算机上的哪一个进程或应用程序。此外网络层还负责进行路由选择,保持通信不中断。

(6) 数据链路层将物理传输设施转换为逻辑链路,它的任务是在发送方实现物理层数据的可靠传输,在接收方检验所收到数据的可靠性;管理通过网络介质、从一台计算机到另一台计算机上单个逻辑或物理电缆段上点到点的传输。同时,还处理从发送方到接收方的数据串行化、控制从发送方到接收方数据传输的节奏即流控制、将网络层收到的比特流划分成可以处理的数据单元即组帧等。

(7) 物理层定义了传输信号的细节以及与网络介质接口的物理和电气特性。它的任务就是建立、维持和断开网络连接。主要关注组网硬件以及支持硬件访问某种网络介质的连接,同时管理网络介质到协议栈的通信,处理计算机所用的原始数据位和网络所用信号之间的转换。通常涉及的问题有比特的表示,比如应该用多少伏的电压来表示“1”,多少伏的电压表示“0”;每一位持续的时间是多少;传输过程是否在两个方向上同时进行;初始连接如何建立;通信结束之后如何撤销连接等。

在 20 世纪 90 年代初期,整套的 OSI 国际标准都已经制定出来,它试图达到一种理想境界,即全世界的计算机网络都遵循这个统一的标准,使它们能够很方便地进行互连和交换数据。但在 OSI 出现的时候,因特网在全世界已有相当广的覆盖范围,而它并未使用 OSI 标准,而是使用与之竞争的 TCP/IP 协议。由于 OSI 标准的制定周期太长,使得按 OSI 标准生产的设备无法及时进入市场,而且 OSI 的层次划分不太合理、协议实现起来过分复杂,而且运行效率很低,因此在市场化方面 OSI 事与愿违地失败了。当时的市场上几乎找不到有什么厂家生产出符合 OSI 标准的商用产品。而 TCP/IP 已经被广泛地应用于大学和科研机构了,因此 TCP/IP 就常被称为是事实上的国际标准。虽然 OSI 标准在商业应用上并不成功,但其层次设计的思想、互联的相关设计一直都是许多协议制定的参考依据。

3.2.4 TCP/IP 参考模型

TCP/IP 参考模型在 OSI 模型出现之前很久就被设计出来,因此两者有很大的不同。它不仅被所有广域计算机网络的鼻祖 ARPANET 所使用,也被 ARPANET 的继承者——全球范围内的 Internet 所使用。ARPANET 中使用的早期协议在网络互连的时候遇到了问题,所以需要一种新的参考体系结构,能够以无缝的方式将多个网络连接起来。由此产生的新的体系结构逐渐演变成了 TCP/IP 参考模型,成为今天的互联网的基石。

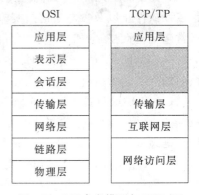

图 3-7　OSI 参考模型与 TCP/IP 参考模型的分层结构

TCP/IP 模型也采用了分层的结构,定义了 4 层,包括应用层、传输层、互联网层和网络访问层,与 OSI 模型对比可以发现,两个模型的传输层是比较对应的,如图 3-7 所示。只是 OSI 参考模型中会话层和表示层的一些功能出现在了 TCP/IP 的应用层中,而 OSI 参考模型中会话层的某些功能出现在了 TCP/IP 的传输层中。TCP/IP 的互联网层对应了 OSI 参考模型中的网络层。网络访问层也映射到了 OSI 参考模型中的数据链路层和物理层这两个分层。

(1) 应用层

应用层是协议栈与主机上应用程序或进程接口的地方,相当于 OSI 模型中的会话层、表示层和应用层的组合。TCP/ IP 模型并没有会话层和表示层,来自 OSI 模型的经验已经证明这种观点是正确的。对于大多数应用来说,这两层并没有太多用处。应用层包含了所有的高层协议。最早的高层协议包括远程终端协议 TELNET、文件传输协议 FTP 和简单邮件传输协议(Simple Mail Transfer Protocol,SMTP)等(后续章节介绍)。远程终端协议允许一台机器上的用户登录到远程的机器上,并且在远程的机器上进行操作。文件传输协议提供了一种在两台机器之间高速地移动数据的途径。表 3-2 列出了常见的应用层协议。

表 3-2　常见的应用层协议

协　　　议	应　　　用
远程登录协议 TELNET	远程登录
文件传输协议 FTP	文件下载和上传
简单邮件传输协议 SMTP	电子邮件
超文本传输协议 HTTP	Web 信息浏览

(2) 传输层

在 TCP/IP 模型中,传输层的设计目标是,允许源和目标主机上的对等实体之间可以进行对话。基本功能包括从发送方到接收方数据的可靠传输、数据分段重组功能,就如同 OSI

模型的传输层中的情形一样。

传输层中定义了两个端到端的传输协议。第一个是传输控制协议(Transport Control Protocol,TCP),它是一个可靠的、面向连接的协议,允许一台机器发出的字节流正确无误地递交到互联网上的另一台机器上。第二个协议是用户数据报协议(User Datagram Protocol,UDP),它是一个不可靠的、无连接的协议,以一种称为"尽最大努力交付"的方式简单地发送数据,而在接收方没有任何检验。因而 TCP 比 UDP 更加可靠,但是速度要慢一些并且更加麻烦。

(3)互联网层

互联网层是将整个网络体系结构贯穿在一起的关键层。互联网层定义了正式的分组格式和协议,该协议称为网际协议(Internet Protocol,IP)。TCP/IP 互联网层协议处理跨越多个网络机器之间的路由问题,同时也管理网络名称和地址。在功能上类似于 OSI 的网络层。

(4)网络访问层

网络访问层有时也称为网络接口层或主机至网络层,这一层是一片空白,TCP/IP 参考模型并没有明确规定这里应该有哪些内容,它只是指出,主机必须通过某个协议连接到网络上,以便可以将分组发送到网络上。TCP/IP 参考模型没有定义任何特定的协议,它支持所有标准的和专用的协议。不同的主机、不同的网络使用的协议也不尽相同。因此在这一层局域网技术、广域网技术和连接管理协议都可以发挥作用。

TCP/IP 字面上代表了 TCP 和 IP 2 个协议。但实际上通常所说的 TCP/IP 是指 TCP/IP 协议栈,它包含了一系列构成互联网基础的网络协议。可以通过分层次画出具体的协议来表示 TCP/IP 协议栈,如图 3-8 所示,这种形状的 TCP/IP 协议栈表明 IP 协议是互联网的核心。虽然相互连接的网络可以是异构的,但互连的网络都使用相同的网际协议 IP,因此互连以后的计算机网络在网络层上看起来好像是一个统一的虚拟互连网络,也就是逻辑互连网络。TCP/IP 协议允许 IP 协议在各式各样的网络构成的互联网上运行(所谓的 IP over everything),同时 TCP/IP 协议也可以为各式各样的应用提供服务(所谓的 everything over IP)。

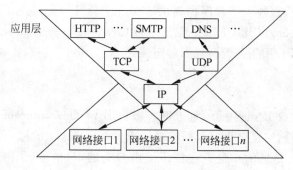

图 3-8 TCP/IP 协议栈结构示意图

3.2.5 IP 编址

由上节可以看到,网络节点通信中数据从源端送达目的端是在协议栈中逐层传递的,需要地址作为寻址依据。下面将介绍 TCP/IP 协议使用的编址方式。

1. 编址

使用 TCP/IP 协议的 Internet 使用了 4 个等级的地址,即物理(链路)地址、逻辑地址(IP 地址)、端口地址以及特定应用地址。每一种地址都与 TCP/IP 体系结构中的特定层相对应,如图 3-9 所示。

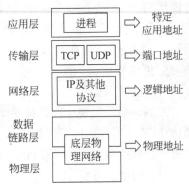

图 3-9　Internet 4 个等级的地址

（1）物理地址

物理地址也叫做链路地址,是节点的地址,它包含在数据链路层使用的帧中,是最低一级的地址。由它所属的局域网或广域网定义。这种地址的长度和格式是可变的,取决于网络协议。例如,以太网使用写在网络接口卡上的 6 字节(48 位)的物理地址,07:01:02:01:2C:3B,其中每个字节写作十二进制数并由冒号分隔。

（2）逻辑地址(IP 地址)

在 Internet 中仅使用物理地址是不合适的,因为不同网络可以使用不同的地址格式。为保证信息应用的异网互通,必须统一异网地址。互联网是将不同的物理网络互联在一起的虚拟逻辑网,因此需要有一种通用的编址系统,用来唯一地标识每一个主机,而不管底层是使用什么样的物理网络,这就产生了逻辑地址。网际协议第 4 版(Internet Protocol version 4,IPv4)中规定 Internet 的逻辑地址即 IP 地址是 32 位的,可以用来唯一标识 Internet 上的每一个主机。

（3）端口地址

现在的计算设备是多进程的,而信息应用的最终目的是使一个进程能够和另一个进程通信。比如计算机 A 能够和计算机 C 使用 TELNET 进行通信。与此同时,计算机 A 还和计算机 B 使用 FTP 通信。而仅有逻辑地址和物理地址只能标识成寻址主机,为了识别或标识进程还需要给进程指派一个标号,这就是端口地址(见第 4 章)。

（4）特定应用的地址

为方便用户使用,有些应用程序也提供了对应于特殊应用的地址。例如,E-mail 地址(如,xxx@bupt.edu.cn)以及 URL(见第 5 章)(如 www.bupt.edu.cn)。E-mail 地址用于电子邮件接收,而 URL 用于万维网页面的定位。

2. IP 编址

下面介绍网际协议 IPv4 中的编址方案。根据 IPv4 协议 Internet 组织规定了 IP 地址是一个 32 位的标识符,它在全世界范围唯一标识了 Internet 上的每一个主机(或路由器)的每一个网络接口。IP 地址的编址方法经历了由分类的 IP 地址、子网的划分、超网三个阶段。由于在信息网络应用中,较为常用的仍然是分类的 IP 地址,因此我们只讨论这种编址方法。

1）IP 地址的结构

IP 地址由网络号和主机号两个字段组成。网络号标志了主机(或路由器)所连接到的网络,确定计算机从属的物理网络。主机号标志该主机(或路由器),确定该网络上的一台计算机。网络号字段需要足够的位数以允许分配唯一的网络号给互联网上的每一个物理网络。同样地,主机号字段也需要足够位数为从属于一个网络的每一台计算机都分配一个唯一的主机号。这种两级的 IP 地址结构可以表示为:

IP 地址 = {<网络号>,<主机号>}

IP 的两级结构保证了两个重要性质:互联网中的每一个物理网络都分配了唯一的值作为网络号,网络号分配必须全球一致;同一网络上的两台计算机必须分配不同的主机号,但一个主机号可在多个不同网络上使用。这样的 IP 地址的结构使人们可以在因特网上很方便地进行寻址。

2) IP 地址的点分十进制记法

对主机或路由器来说,IP 地址都是 32 位的二进制码。为了人们阅读方便,我们常常把32 位的 IP 地址分为 4 段,每段 8 位,用等效的十进制数字表示,并且在这些数字之间用圆点隔开。这就是点分十进制记法。图 3-10 表示了这个方法。显然,128.11.4.31 比10000000 00001011 00000100 00011111 读起来要方便得多。

二进制	10000000	00001011	00000100	00011111
	128	11	4	31

点分十进制 　　　　128.11.4.31

图 3-10　点分十进制

3) IP 地址分类

从 IP 地址的两级结构可以看到,选择大的网络号可容纳大量的网络,但限制了每个网中的节点数;选择大的主机号意味着每个物理网络能容纳大量的计算机,但限制了网络的总数。为适应不同大小的网络或者满足不同类型组织的需要,IP 地址被分为 A、B、C、D、E 五类地址,如图 3-11所示。

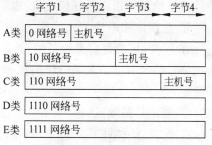

图 3-11　IP 地址分类

(1) A 类地址

A 类地址的网络号字段占一个字节,第一位已固定为 0,因此只有 7 位可供使用。A 类地址的主机号占 3 个字节。可容纳最多 $2^{24}-2$ 台主机,其中减 2 是去掉了主机字段全为 1 和全为 0 的情况。

A 类地址范围:1.0.0.0～126.0.0.0

(2) B 类地址

B 类地址的网络号字段有 2 个字节,前面两位(1 0)已经固定了,只剩下 14 位可以进行分配。B 类地址的主机号占 2 个字节。可容纳最多 $2^{16}-2$ 台主机。

B 类地址范围:128.1.0.0～191.255.0.0

(3) C 类地址

C 类地址的网络号字段有 3 个字节,最前面的 3 位是(1 1 0),还有 21 位可以进行分配。主机号字段有 1 个字节。可容纳最多 $2^{8}-2$ 台主机。

C 类地址范围:192.0.1.0～233.255.255.255

（4）D 类地址

D 类地址在多播情况下使用，前 4 位为 1110，剩下的 28 位定义不同的多播地址。地址范围：224.0.0.0～239.255.255.255。

（5）E 类地址

E 类地址为保留地址，前 4 位为 1111。地址范围：240.0.0.0～255.255.255.255。

（6）特殊 IP 地址

IP 协议还定义了一组具备特殊用途的 IP 地址，称为保留地址。保留地址从不分配给主机，如表 3-3 所示。

表 3-3　特殊地址

特　殊　地　址	网　络　号	主　机　号
网络地址	特定的	全 0
直接广播地址	特定的	全 1
受限广播地址	全 1	全 1
这个网络的这个主机	全 0	全 0
这个网络的特定主机	全 0	特定的
还回地址	127	任意

① 网络地址

在 A 类、B 类和 C 类地址中，具有全 0 的主机号的地址保留为网络地址。它指代网络本身，而不是连在该网络上的主机。例如，地址 128.211.0.0 表示 B 类前缀为 128.211 的网络。网络地址不指派给任何主机，也不会作为分组的目的地址出现。

② 直接广播地址

在 A 类、B 类和 C 类地址中，若主机号是全 1，则此地址称为直接广播地址，它用于向某个网络中的所有主机发送分组的特殊地址。所有的主机都会收到具有这种类型的目的地址的分组。

③ 受限广播地址

在 A 类、B 类和 C 类地址中，若网络号和主机号都是全 1（32 位），则此地址用于定义本网络内部进行广播的一种广播地址。一个主机若想将一个报文发送给本地网络所有其他主机，则可使用这样的地址作为在分组中的目的地址，但广播只局限在本地网络。

④ 这个网络上的这个主机

IP 地址由全 0 组成，表示在这个网络上的这个主机。点分十进制表示为：0.0.0.0，只能作为源地址。通常当一个主机在运行引导程序但又不知道其 IP 地址时。主机使用这个地址作为源地址来发送一个 IP 分组给引导服务器，并使用受限广播地址作为目的地址来发现其自己的地址。

⑤ 这个网络上的特定主机

具有全 0 的网络号的 IP 地址表示在这个网络上的特定主机。它用于当一个主机向同一网络上的其他主机发送一个分组。

⑥ 还回地址

第一个字节等于 127 的 IP 地址为还回地址，是用于网络软件测试以及本机进程之间通信的特殊地址。当任何程序使用还回地址作为目的地址时,分组永远不离开这个机器,计算机上的协议软件直接处理数据,不会把数据发送到任何网络。应注意,这样的地址只能用作分组中的目的地址。

3. IPv6

尽管 32 位二进制数可以对应于将近 40 亿个 IP 地址(IPv4),但是 IP 地址依旧资源紧张。一方面是地址资源数量的限制,另一方面是随着信息应用的发展,网络进入人们的日常生活,可能身边的每一样东西都需要连入 Internet。在这样的环境下,出现了 IPv6协议。

IPv6 协议规定用 128 位二进制数表示 IP 地址,由两个逻辑部分组成:一个 64 位的网络前缀和一个 64 位的主机地址。16 字节地址表示成用冒号(:)隔开的 8 组,每组 4 个16 进制位,例如,

```
8000:0000:0000:0000:0123:4567:89AB:CDEF
```

这样的地址格式明显扩大了地址容量。此外,IPv6 的主要变化还包括对头部进行了简化,使得路由器可以更快地处理分组;更好地支持选项,加快分组的处理速度;在安全性方面和服务质量上的改进。尽管 IPv6 的采用是一个缓慢的过程,但从长远的观点来看,其发展前景还是广阔的。

3.3　应用层协议 1:DNS 域名服务

在信息的网络应用中,应用层协议占据了非常重要的地位。它针对某一类应用问题规定了应用进程在通信时所遵循的协议。本节将介绍应用层协议——域名系统 DNS,包括名字空间、域名空间、域名服务器及域名解析过程等。

3.3.1　域名系统概述

Internet 上的主机由两种方式识别:通过主机名或者 IP 地址。人们喜欢便于记忆的主机名标识,如 www.bupt.edu.cn、www.sohu.com 以及 cnn.com 等,而主机、路由器只能识别和处理定长的、有着层次结构的 IP 地址,为了满足不同的需求,必须要提供主机名到 IP地址的转换服务。

早期 ARPANET 中,网络节点量很少时,主机名和 IP 地址的映射完全依赖于本地计算机上维护的静态文本文件,称为 hosts 文件,其中包含一个主机名、可能的别名以及对应的IP 地址。hosts 文件的作用就是将一些常用的主机名与其对应的 IP 地址建立一个关联"数据库"。这种实现方法很简单,在小规模的网络(几百台计算机)中工作良好。但是,随着数千台计算机被连接到 ARPANET 中以后,利用 hosts 文件完成主机名和 IP 地址映射就非常困难,主要问题:一是文件过大,检索效率低;二是主机过多,无法管理和维护重名。这时就出现了 Internet 的域名系统。

域名系统的主要思想是采用层次方法定义主机名字、采用分布式结构完成主机名和 IP地址映射的存储和解析工作。它为 Internet 上大量的主机建立主机名与对应的 IP 地址之

间映射关系,并提供主机名与对应 IP 地址之间的转换服务。

3.3.2 名字空间与域名空间

1. 名字空间

名字空间是指在某个系统中由某种命名方法构成的名字集合。它是任何一个命名系统中最基础的一部分,提供了名字的形式、结构以及创建名字的准则,并保证名字唯一。

现在常用的命名方法有平面名字空间和层次名字空间两种。

(1) 平面名字空间

平面名字空间中的名字取自单一标识符集,每个名字是无结构的字符序列。它必须依靠集中控制才能避免二义性和发生重复。平面名字空间的主要缺点是潜在名字冲突以及管理机构工作负载会随着名字空间的增大而增长,因而平面名字空间不适合用于大型系统中。Internet 早期采用的就是一种平面名字空间,由 hosts 文件完成名字的存储和映射工作。

(2) 层次名字空间

层次名字空间是以分层的命名方法来组织系统的名字定义。节点的名字由多层因素组合而成,每一个节点负责其下层节点的命名和唯一性。为了解层次名字空间,考虑一个大学的分级结构。例如,"北京邮电大学"是该结构的"学校"层节点,它下设多个学院,这个"学校"层节点有权对各学院进行命名并保证学院名称的唯一性,如不能在同一大学内出现两个"电子工程学院",而"学院"层节点可对院内教研重进行唯一命名,以此类推。

在对学校的结构进行了层次划分后,应指定管理机构对相应的节点进行管理。例如,校长负责整个学校层面的事务。院长负责管理每个学院。校长允许各个学院在一定范围内自治。这样管理机构组织形式可以使管理信息按机构分级下发,更易于管理。

层次名字空间采用了类似的机制进行管理。每一个名字由几个部分组成,一部分定义了组织的性质(比如,教育类),一部分代表了组织的名字(比如,北京邮电大学),还有一部分指定了组织的分支(比如,电子工程学院)等。相应地,名字空间在最高层进行划分后,委托了每个分区的管理机构,管理机构可以进一步细分。各级管理机构可以指派和控制名字的一部分。通常中央管理机构指派定义组织的性质和组织的名字那部分,其余部分则由其他管理机构自行管理。这样可以将管理名字空间的机构分散化。

此外,这样分级命名机制能够有效避免名字发生重复。即使地址的一部分相同,整个的地址还是不同的。例如,假定有两个学校,它们的电子工程系取名为 ee。中央管理机构给第一个学校取的名字是 xy. edu,给第二个学院的名字是 ab. edu。当这些组织中的每一个在已经有的名字上加上名字 ee 后,得到了两个可以区分开的名字: ee. xy. edu 和 ee. ab. edu。这些名字都是唯一的,而不需要全部由一个中央管理机构来指派。

2. 域名空间

Internet 采用了层次名字空间的命名方法定义其网络节点,形成的名字空间称为域名空间,对其进行命名、存储、解析的机制称为域名系统 DNS,这里介绍域名系统相关概念。

1) 域名

Internet 采用了分层的命名方法,赋予任何一个连接到 Internet 的主机或路由器一个唯一的层次结构名字,即域名。

具有层次结构的域名空间,从形式上看,像一棵根在顶部的倒置的树,树的每一级上每一个节点都有一个标号;从语法上看,域名就是由节点到根的标号序列组成。标号之间被分隔符"."隔开。级别最低的标号在最左边,级别最高的标号放在最右边。完整域名总共不超过255个字符。例如图3-12中的see、bupt、edu、cn都是节点的标号。see. bupt. edu. cn是北京邮电大学电子工程学院的域名,由4个标号组成,而bupt. edu. cn是北京邮电大学的域名。此外,DNS要求从同一个节点分支出来的子节点具有不同的标号,从而保证了域名的唯一性。

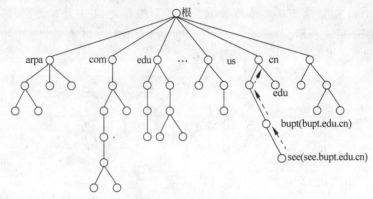

图3-12　域名空间示意图

域名可以分为完全合格域名和部分合格域名。

一个完全合格的域名(Fully Qualified Domain Name,FQDN)是由节点到根的标号序列组成,根的标识符为空,因此FQDN以一个空标号结束。空字符串表示什么也没有,因此这种标号也就是以一个点(.)结束。它包括所有的从最具体的到最一般的标号,并唯一地定义了主机的名字。例如,域名lab. see. bupt. edu. cn.是名为lab的计算机的FQDN。

若一个域名不是以空字符串结束,则它就是部分合格的域名(Partially Qualified Domain Name,PQDN)。PQDN从一个节点开始,但它没有到达根。它必须在一定的上下文环境中被解释出来才有意义,也就是通常要解析的名字和客户属于同样的网点时才会使用。使用时解析程序可以加上缺少的部分,即后缀,以创建一个FQDN。例如,如果在网点bupt. edu. cn上的一个用户想得到计算机lab的IP地址,用户可以给出这个PQDN lab,DNS客户在将地址传递给DNS服务器之前,解析程序就加上后缀see. bupt. edu. cn.形成一个FQDN。

2) 域

域是域名空间中一个可被管理的划分。它对应了同一组织或授权机构管理下的对象集合。一个域(domain)可以看做是域名空间中的一个子树,如图3-13所示。这个域的名字就是这个子树顶部节点的域名。

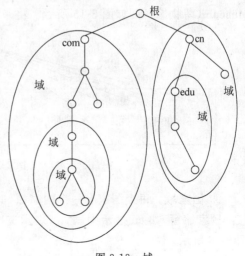

图3-13　域

一个域本身又可划分为若干个子域。上例中的 see.bupt.edu.cn 是 bupt.edu.cn 的一个子域。而子域还可继续划分为子域的子域。这样从根域向下就形成了顶级域(直接处于根域下面的域,代表一种类型的组织和一些国家)、二级域(在顶级域下面,用来标明顶级域以内的一个特定的组织)、三级域(在二级域的下面所创建的域,它一般由各个组织根据自己的要求自行创建和维护)等。

3) Internet 的域名空间

(1) Internet 顶级域

目前,Internet 被分成 200 多个顶级域。这些顶级域可以分为 3 大类,即通用域、国家域和反向域,如图 3-14 所示。

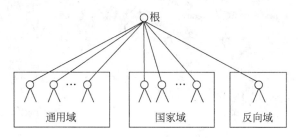

图 3-14　顶级域

① 通用域。通用域按照主机的类属行为定义注册的主机,通用域名采用 3 个字符的组织缩写。最初的通用域名包括:com(公司企业)、edu(美国专用的教育机构)、gov(美国的政府部门)、int(国际组织)、mil(美国的军事部门)、net(网络服务机构)和 org(非赢利性组织)。

2000 年 11 月,互联网名称与数字地址分配机构(The Internet Corporation for Assigned Names and Numbers,ICANN)批准了 4 个新的通用的顶级域名,即 biz(公司和企业)、info(信息)、name(个人)和 pro(职业,比如医生和律师)。另外,在一些特殊行业的要求下,ICANN 又引入了一些更为特殊的通用顶级域名,它们是 aero(航空业)、coop(合作团体)、jobs(人力资源管理者)、mobi(移动产品与服务的用户和提供者)、travel(旅游业)和 museum(博物馆)等,如图 3-15 所示。将来还会增加其他的顶级域名。

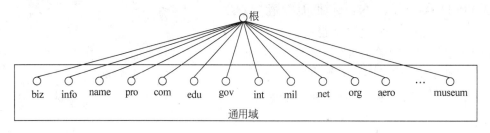

图 3-15　通用域

② 国家域。每个国家有一个国家域,其定义位于 ISO 3166 中。国家域名使用 2 个字符的国家缩写,如 cn 表示中国,us 表示美国,uk 表示英国,jp 表示日本,fr 表示法国等,如图 3-16 所示。

③ 反向域。这种顶级域名只有一个,即 arpa,用于反向域名解析,即将一个地址映射为名字。

(2) 二级域

顶级域可往下划分子域,即二级域。在国家顶级域名下注册的二级域名均由该国家自行确定。在我国,国家域下的二级域名可以分为"类别域名"和"行政区域名"两大类。

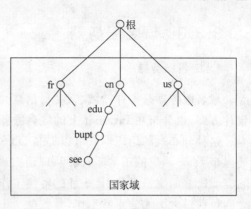

图 3-16 国家域

"类别域名"包括 edu(教育机构)、ac(科研机构)、gov(政府机构)、mil(国防机构)、com(工、商、金融等企业)、net(提供互联网络服务的机构)以及 org(非营利性的组织)。"行政区域名"适用于我国的各省、自治区、直辖市。例如,bj(北京市),js(江苏省)等。

二级域下进一步划分就可以获得三级域。三级域向下还可以进一步划分其下属的子域,直至划分到域名空间的树形结构中的树叶。因为它代表了主机的名字,无法继续往下划分子域了。

例如,在 Internet 的域名空间中,顶级域名 com 下注册的单位都获得了一个二级域名,如图 3-17 所示。图中给出的例子有土豆网 tudou,以及 IBM、搜狐 sohu 等公司。在顶级域名 cn(中国)下面举出了几个二级域名,如 bj、edu 以及 com。在 com 下面的三级域名有新浪 sina,在 edu 下面的三级域名有 tsinghua(清华大学)和 bupt(北京邮电大学)。图中画出了 sina(新浪)和 bupt(北京邮电大学)都有自己的下一级的域名 mail。尽管都取名为 mail,但两者的域名是不一样的,一个是 mail. bupt. edu. cn,另一个是 mail. sina. com. cn,它们在 Internet 中都是唯一的。

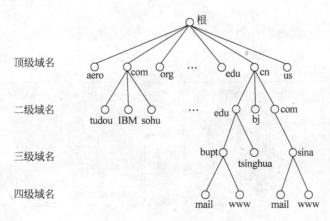

图 3-17 Internet 的域名空间

需要注意的是,域名只是个逻辑概念,并不代表计算机所在的物理地点。因特网的域名空间是按照机构的组织来划分的,与物理网络无关。即使教务科和学院办公室在同一幢楼里,并使用同一个 LAN,但它们仍然可以有完全不同的域名。

3.3.3 域名服务器

1. 域名服务器

域名服务器是指存储域名、映射信息并提供域名解析服务的机器。DNS 采用分布式的设计方案,由分布在 Internet 上的域名服务器实现的。

这种分布式的组织形式可以提高 DNS 的健壮性。即使单个计算机出了故障,也不会妨碍整个 DNS 系统的正常运行。从理论上讲,整个 Internet 可以只使用一个域名服务器,由它完成所有的主机名和 IP 地址的转换工作。但 Internet 规模过于庞大,单个的域名服务器会因负荷过大而无法正常工作,导致整个 Internet 瘫痪。

在利用域名服务器实现这种分布式 DNS 时,一种简单的设计是每一个服务器授权管理一个域。这种服务器组织结构与如图 3-17 所示的分层域名空间一致。但这样做会使域名服务器的数量太多,不利于 DNS 系统的有效运行。

因此 DNS 采用了一种划分区的方法解决此问题。一个服务器所负责的或授权的范围叫做一个区(zone)。区是 DNS 服务器实际管辖的范围。每一个区设置相应的权限域名服务器,用来保存该区中的所有主机域名到 IP 地址映射的权威信息。

下面通过一个例子观察区和域的关系。学校 abc 有下属学院 m 和 n,学院 m 下面又分三个系 o、p 和 q,而 n 下面还有一个系 x。图 3-18(a)表示 abc 只设一个区 abc.edu.cn。这时,区 abc.edu.cn 和域 abc.edu.cn 指的是同一件事。但图 3-18(b)表示 abc 划分了两个区 abc.edu.cn 和 n.abc.edu.cn。这两个区虽然都隶属于域 abc.edu.cn,但都各设了相应的权限域名服务器(见后续介绍)。不难看出,若一个服务器对一个域负责,那么"域"和"区"指的是同一件事。若服务器又进一步进行了划分,并将其部分授权委托给其他的服务器,那么"域"和"区"就有了区别。区是"域"的子集。

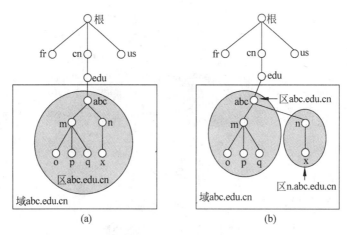

图 3-18 区和域

2. 域名服务器的层次结构

Internet 上的域名服务器也是按照层次结构进行组织的。每一个域名服务器都只对域名体系中的一部分进行管理。大致说来,有 3 种类型的 DNS 服务器。

（1）根域名服务器

根域名服务器是最高层次的域名服务器，它的区包括整个树，并且它管理所有顶级域名服务器的域名和IP地址。目前Internet上设置了13个根域名服务器。但为了方便用户使用，已有123个根域名服务器及其镜像机器分布在世界各地。当DNS客户向某个根域名服务器进行查询时，就能找到一个离自己最近的根域名服务器。这样做不仅加快了DNS的查询过程，也更加合理地利用了Internet的资源。

（2）顶级域名服务器

顶级域名(Top-Level Domain，TLD)服务器负责管理在该顶级域名服务器注册的所有二级域名。

（3）权限域名服务器

权限域名服务器负责一个区的域名服务器。例如在图3-18(b)中，区abc.edu.cn和区n.abc.edu.cn各设有一个权限域名服务器。

根域名服务器、顶级域名服务器和权限域名服务器都处在域名服务器的层次结构中，如图3-19所示。

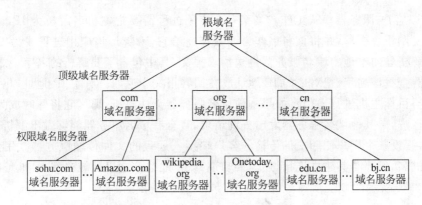

图3-19　域名服务器的层次结构

此外还有另一类重要域名服务器，称为本地域名服务器(Local DNS server)，负责管理本地ISP范围内的域名。严格来说，它并不属于DNS服务器的层次结构，但它对DNS解析是很重要的。因为当主机发出DNS请求时，该请求会被发往本地DNS服务器，它起着代理的作用，将该请求转发到域名服务器层次结构中。每个ISP（如大学、系、公司或居民区的ISP）都有一台本地域名服务器(也叫默认名字服务器)。主机的本地域名服务器通常距离本主机较近。一般来说，本地域名服务器可能与主机在同一个局域网中或者与主机相隔不超过几个路由器。

3．主域名服务器和辅助域名服务器

为了提高域名服务器的可靠性，DNS域名服务器都把数据复制到几个域名服务器来保存，其中的一个是主域名服务器(master name server)，其他的是辅助域名服务器(secondary name server)。

主域名服务器存储了关于它所授权的区的区文件并负责创建、维护和更新这个区文件。辅助域名服务器从另一个服务器(主域名服务器或辅助域名服务器)接收传送来的一个

区的全部信息,并将这个文件存储在它的本地磁盘中,相当于备份服务器。

当主域名服务器出故障时,辅助域名服务器可以保证 DNS 的查询工作不会中断。主域名服务器定期把更新的数据复制到辅助域名服务器中,而更改数据只能在主域名服务器中进行,辅助域名服务器既不创建也不更新区文件。这样就保证了数据的一致性。

3.3.4　域名解析

下面简单介绍域名解析的概念以及域名服务器是如何工作的。

1. 域名解析

将名字映射为相应的 IP 地址或将 IP 地址映射为名字,称为域名解析。其中由域名查找对应的 IP 地址称为正解,而由 IP 地址映射出域名称为反解。

完成这项解析工作的软件叫解析程序或解析器。解析器通常以函数库的方式嵌在操作系统中,负责接收各类应用程序的 DNS 查询请求,并向最近的一个域名服务器发送查询请求。

DNS 以客户-服务器模式工作。当某一个应用进程需要把主机名解析为 IP 地址时,该应用进程就调用解析器,并将该名字作为参数传递给它。此时,该应用进程成为 DNS 的客户。然后解析器向本地的域名服务器发送请求报文,其中包含了要解析的名字。之后,本地域名服务器查找该名字,把对应的 IP 地址放在回答报文中返回。有了 IP 地址以后,应用进程就可以与目标主机进行通信。如果本地域名服务器无法解析,那么它将暂时成为 DNS 中的另一个客户,向其他域名服务器发出查询请求,直至有域名服务器能够做出解析为止。

例如,假设某个用户使用文件传输的客户端接入远程的文件传输服务器。用户知道服务器的主机名,但要与其建立连接,还需要知道其 IP 地址。这里从域名到 IP 地址的转换经历了如图 3-20 所示的 6 个步骤。

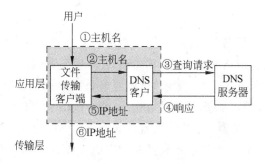

图 3-20　域名到 IP 地址的转换示意图

① 将主机名传送到文件传输客户端。

② 文件传输客户端将这个主机名传给 DNS 应用的客户机端。

③ 该 DNS 客户机向 DNS 服务器发送一个包含主机名的请求。

④ DNS 服务器将响应报文发送到 DNS 客户机,该报文含有主机名对应的 IP 地址。

⑤ DNS 客户机向文件传输客户端返回 IP 地址。

⑥ 文件传输客户端利用该 IP 地址与文件传输服务器建立连接。

解析器与域名服务器之间,以及域名服务器之间存在两种工作方式——递归式查询和迭代式查询。

(1) 递归查询

解析器把 DNS 请求转发给指定的本地域名服务器,本地域名服务器必须提供最终的解答,即告诉解析器正确的数据(IP 地址)或通知解析器找不到其所需数据。如果本地域名服务器内没有所需要的数据,则域名服务器以 DNS 客户的身份代替解析器向其他的域名服务器查询。当最终数据被找到时,响应就沿查询链返回,直到最后到达发出请求的客户。在这个过程中解析器只需接触一次域名服务器系统,就可得到所需的节点地址。这种方式称为递归式查询。一般由 DNS 客户端向本地域名服务器提出的查询请求都是递归型的查询方式。

假设主机 a.xyz.com 打算发送邮件给主机 b.123.com,前者就必须知道后者的 IP 地址。图 3-21 给出了这个查询过程。

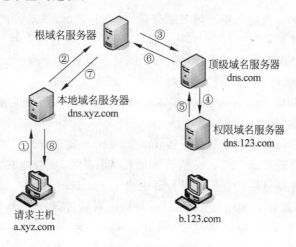

图 3-21　递归查询

① 主机 a.xyz.com 先向其本地域名服务器 dns.xyz.com 发送查询报文。查询报文含有主机名 a.xyz.com。

② 本地域名服务器将该报文转发到根 DNS 服务器。

接下来步骤③~④的查询,都是在根域名服务器、顶级域名服务器 dns.com、权限域名服务器 dns.123.com 之间进行。当查找到解析结果后,所需的 IP 地址经过顶级域名服务器 dns.com、根域名服务器、本地域名服务器(步骤⑤~⑧)最终传送到主机 a.xyz.com。

(2) 迭代式查询

DNS 客户将查询请求转发给 DNS 服务器,若该服务器能找到所需数据,它就发送解答。若不能,就返回它认为可以解析这个查询的服务器 IP 地址,告诉 DNS 客户下一步应当向哪一个域名服务器进行查询。客户就向第二个服务器重复查询。若新找到的服务器能够解决这个问题,就用 IP 地址回答这个查询;否则,就向客户返回一个新的服务器的 IP 地址。客户必须向第三个服务器重复查询。这种查询方式称为迭代式查询。一般本地域名服务器向根域名服务器的查询通常是采用迭代查询。图 3-22 显示了迭代查询的过程。

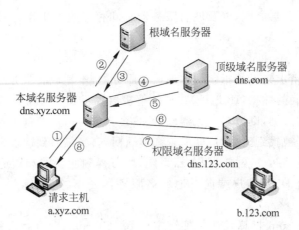

图 3-22　迭代查询

① 主机 a. xyz. com 先向其本地域名服务器 dns. xyz. com 发送查询请求。

② 本地域名服务器采用迭代查询,将该报文转发到根域名服务器。

③ 根域名服务器向本地域名服务器返回顶级域名服务器 dns. com 的 IP 地址。

④ 本地域名服务器向顶级域名服务器 dns. com 进行查询。

⑤ 顶级域名服务器 dns. com 注意到 123. com 前缀,用权限域名服务器 dns. 123. com 的 IP 地址进行响应,告诉本地域名服务器。

⑥ 本地域名服务器向权限域名服务器 dns. 123. com 发送查询报文。

⑦ 权限域名服务器 dns. 123. com 告诉本地域名服务器,所查询的主机的 IP 地址。

⑧ 本地域名服务器最后把查询结果告诉主机 a. xyz. com。

本地域名服务器经过 3 次迭代查询后,最终从权限域名服务器 dns. 123. com 得到了主机 b. 123. com 的 IP 地址,并把结果返回给主机 a. xyz. com。

需要注意的是,图 3-22 所示的例子既包含了递归查询,也包含了迭代查询。从 a. xyz. com 到 dns. xyz. com 发出的查询是递归查询。而步骤②～⑦的查询是迭代查询,因为所有的回答都是直接返回给 dns. xyz. com。在实际应用过程中,查询通常遵循图 3-22 中的模式,即从请求主机到本地域名服务器的查询是递归的,其余的查询是迭代的。

2. DNS 缓存

迭代或递归式的域名解析过程往往需要发送多次报文请求才能找到所要查询的 IP 地址,这使得查询效率并不高。

为了改善查询的时延性能、减轻根域名服务器的负荷并减少因特网上的 DNS 查询报文数量,DNS 采用了高速缓存的机制。每个域名服务器都维护一个高速缓存,存放最近查询过并获取的域名和 IP 地址映射记录,以便下一次有 DNS 客户端查询相同数据时直接从缓存中调用所需数据。

例如在上例中,主机 a. xyz. com 向 dns. xyz. com 查询了主机名 b. 123. com 的 IP 地址。假定几个小时后,另外一台主机 c. xyz. com 也向 dns. xyz. com 查询相同的主机名。由于有了缓存,本地域名服务器可以立即返回 b. 123. com 的 IP 地址,而不必查询其他域名服务器。本地域名服务器也可以缓存顶级域名服务器的 IP 地址,因而本地域名服务器可以绕过查询链中的根域名服务器直接向顶级域名服务器发送查询请求报文。

高速缓存加速了解析过程,但仍然是有问题的。若服务器将映射放入高速缓存已有很长的时间,则它可能将过时的映射发送给了客户。为解决这个问题,域名服务器通常为每项缓存内容设置计时器并处理超过合理时间的项。授权服务器会将称为生存时间 TTL (Time to Live)的一块信息添加在映射上。生存时间定义了缓存信息在接收信息的服务器中存在的时间(以秒计)。数据保存到缓存后,TTL 时间就会开始递减,等 TTL 时间变为 0 时,域名服务器就会将此数据从缓存中删除。在此之后,必须重新到授权管理该项的域名服务器获取映射信息。

高速缓存不仅存在于本地域名服务器中,许多主机通常也会维护自己最近使用的域名映射信息,并且只在从缓存中找不到映射信息时才向域名服务器发送查询请求。

3.4　应用层协议 2:TELNET、FTP、SMTP

目前流行的、经典的网络应用,如计算机远程登录、文件传输、电子邮件等都是由 TCP/IP 应用层协议 TELNET、FTP、SMTP 等直接支撑的。本节将介绍这几种应用及其相关的应用层协议。

3.4.1　远程终端协议 TELNET

TELNET 是远程终端访问协议,是最早的 Internet 应用之一,TELNET 支持远程交互式计算,简称远程登录。

1. 远程登录

Internet 的一项主要任务就是向网络用户提供信息应用服务。网络用户各自使用的计算机即为本地主机,网络中其他机器则为远程主机。有时用户希望能够在一个远程主机上运行几个不同的应用程序,而产生的结果能够传送到本地的主机,远程登录就能够完成这一功能。它允许用户在远程机器上建立一个登录会话,然后使用远程计算机提供的服务,就像在本地操作一样。

(1)登录

分时系统允许多个用户同时使用一台计算机,用户是系统的一部分,并具有使用资源的某些权利。为了保证系统的安全和记账方便,系统要求每个授权用户有单独的账号作为登录标识,系统还为每个用户指定了一个口令以防止非授权用户使用资源。用户在使用该系统之前要输入标识和口令,这个过程被称为登录。

(2)远程登录

用户登录到远程主机称为远程登录。它使本地的计算机暂时成为远程主机的一个仿真终端。

2. 远程终端协议 TELNET

TELNET 是一个简单的远程终端协议,用于 Internet 远程登录服务。用户通过

TELNET 就可在其所在地登录到远程的另一个主机上(使用主机名或 IP 地址)。

TELNET 使用的是客户-服务器模式。在本地系统运行 TELNET 客户进程,而在远地主机运行 TELNET 服务器进程。使用 TELNET 协议进行远程登录时需要满足以下条件:(1)在本地计算机上必须装有包含 TELNET 协议的客户程序;(2)必须知道远程主机的 IP 地址或域名;(3)必须知道登录标识与口令。

其基本工作过程是:首先 TELNET 建立本地与远程主机之间的连接。该过程实际上是建立一个 TCP 连接,然后将用户从键盘键入的信息直接传送到远程计算机,同时也能将远程主机的输出通过 TCP 连接返回到用户屏幕。这种服务是透明的,用户感觉到好像键盘和显示器是直接连在远程主机上。使用完毕后,本地终端与远程主机之间的 TCP 连接会被撤销。

下面简要介绍 TELNET 协议所提供的功能。

(1) 网络虚拟终端(Network Virtual Terminal,NVT)

本地与远程的计算机和操作系统可能存在差异。例如,有的操作系统使用 ASCII 回车控制符(CR)进行换行,有的系统则使用 ASCII 换行符(LF),还有一些系统使用两个字符的序列回车-换行(CR-LF)。此外,有的操作系统使用 Ctrl+C 组合键作为中断程序运行的快捷键,而有的系统则使用 ESCAPE。如果不考虑系统间的异构性,那么在本地发出的字符或命令,传送到远程主机经远程系统解释后很可能会不准确或者出现错误。

为了解决这种异构性,TELNET 协议定义了数据和命令在 Internet 上的传输方式,称作网络虚拟终端 NVT。图 3-23 说明了它的应用过程:当发送数据时,客户机软件把来自用户终端的按键和命令序列转换为 NVT 格式,这些 NVT 形式的命令或正文通过 Internet 到达远程服务器,服务器软件将收到的数据和命令从 NVT 格式转换为远程系统需要的格式;接收数据时,远程服务器将数据从远程机器的格式转换为 NVT 格式发送给本地主机,而本地机将接收到的 NVT 格式数据再转换为本地的格式。

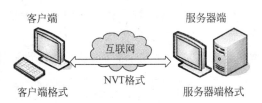

图 3-23　网络虚拟终端

(2) 选项协商(Option Negotiation)

由于 TELNET 两端的机器和操作系统的异构性,使得 TELNET 不可能也不应该严格规定每一个 TELNET 连接的详细配置,否则将大大影响 TELNET 的适应异构性,TELNET 采用选项协商机制来解决这一问题。

TELNET 的选项协商使 TELNET 客户和 TELNET 服务器可商定使用更多的终端功能。

TELNET 选项包含的内容很多。表 3-4 显示了部分选项内容。

表 3-4　部分选项内容

选　项	选 项 含 义
二进制	允许接收方将收到的每一个 8 比特字符解释为二进制数据(但 IAC 除外,当收到 IAC 时,它的下一个或几个字符就被解释为命令)
回显	允许服务器回显收到的来自客户的数据
状态	允许客户机的进程获得服务器端激活的选项的状态
终端类型	允许客户发送它的终端类型
终端速率	允许客户发送它的终端速率

使用某个选项,需要在客户与服务器之间进行协商,协商的双方是平等的。若有一方愿意激活一个选项,它可以同意请求。如果这一方不能使用这个选项或不愿意使用这个选项,它有权拒绝这个请求。

直到今天,TELNET 依然是重要和广泛使用的 TCP/IP 服务。例如,许多电子公告板系统(Bulletin Board System,BBS)即论坛,都有 TELNET 版本,使用 TELNET 方式访问 BBS 也更为快捷。

3.4.2　文件传输协议 FTP

1. 文件传输与 FTP

网络文件共享有两种不同形式:联机访问和文件传输。联机访问意味着允许多个程序同时对一个文件进行存取。这是由操作系统提供的远程共享文件访问服务,不需对应用程序进行明显改动,如同对本地文件的访问一样。网络文件系统(Network File System,NFS)可以提供对文件的联机访问共享,使本地计算机共享远程的资源,就像这些资源在本地一样。

但是联机访问的方式存在一些缺陷。例如,当网络或远程机器出现故障,或者网络拥塞、远程机器超负载时,应用程序将无法正常工作。此外,由于计算机系统是异构的,每个计算机中文件的表示方式、存储格式、访问机制都有所不同。例如,有些计算机系统中联合图像专家组(Joint Photographic Experts Group,JPEG)格式的图像的扩展名为.jpg,而在另一些计算机系统中则可能是.jpeg;一些系统使用斜杠(/)作为文件名的分隔符,其他的一些系统则用反斜杠(\);不同计算机之间的账户信息也不同,一台主机上的账户 admin 并不等同于另一主机上的账户 admin。因此要实现一体化、透明的文件访问在异构的环境中还是比较困难的。

文件传输协议 FTP 则能够提供在异构环境中一体化、透明的网络文件共享功能,可以将一个文件副本从一台主机复制到另一台主机。其适应异构性主要在于 FTP 使用了两个连接:数据连接和控制连接。下面对 FTP 的概念和工作原理进行介绍。

(1) 文件传输协议 FTP

实际上,在 TCP/IP 出现之前,ARPANET 中就已出现了标准文件传输协议。现在 Internet 上使用最广泛的文件传输标准——文件传输协议 FTP 就是由这些早期的文件传输软件版本发展而成的。

FTP 提供了文件传输的一些基本服务,它使用了 TCP 作为下层协议以实现可靠的传输。

FTP 具有如下特征：

- 允许传输任意文件（文件的类型与格式可以由用户指定）；
- 鉴别控制。FTP 允许文件具有所有权与访问权限（用户通常需要提供用户标识和口令以访问远程主机）；
- 容纳异构性。FTP 隐藏了独立计算机系统的细节，因此适用于异构体系，也就是说它能在任意的计算机之间传输文件。

（2）FTP 基本工作过程

在典型的 FTP 会话中，用户坐在本地主机前，向一台远程主机上传文件或从远程主机下载文件。为访问远程主机，用户必须提供一个用户标识和口令。此后，用户就能在本地文件系统与远程主机文件系统之间传送文件。

FTP 使用客户-服务器模式。交互的方式比较简单：客户向 FTP 服务器建立 TCP 连接，并发送一系列请求，然后服务器作出响应。大多数 FTP 服务器允许多个客户的并发访问。FTP 服务器中一个主进程负责接受新的请求，并为每个连接建立从属进程处理各个请求。

FTP 与其他客户服务器应用程序的不同之处在于它在主机之间使用了两条连接，如图 3-24 所示。一条数据连接用于数据传送，而另一条控制连接则用于传送控制信息（命令和响应）。在文件传输时，服务器由控制进程接收和处理通过控制连接发出的客户传送请求。当控制进程接收到客户发送的文件传输请求后，创建"数据传送进程"和"数据连接"完成文件的传送。

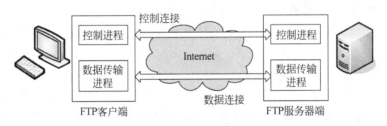

图 3-24　FTP 使用了两个 TCP 连接

在整个交互的 FTP 会话中，控制连接始终处于连接状态。每当涉及传送文件的命令时，数据连接就被打开，而当文件传送完毕时数据连接就关闭。若传送多个文件，则数据连接可以打开和关闭多次。

FTP 将数据连接与控制连接分离，以便于处理异构性问题。对于控制连接，FTP 使用了和 TELNET 相同的方法：NVT ASCII 字符集，实现异构兼容性。对于数据连接，FTP 在传送数据之前将在控制连接上以命令的形式定义文件类型、数据格式以及传输方式来解决异构问题。

为了避免在控制与数据连接之间发生冲突，FTP 对于两者使用不同的协议端口号。熟知端口（端口号 21）用于建立控制连接，熟知端口（端口号 20）用于建立数据连接。

（3）FTP 常用命令和回答

从客户机到服务器的命令以及从服务器到客户机的回答都是在控制连接上传送的。客户机发出的命令形式是 ASCII 大写字符,因此可读性较高。为了区分连续的命令,每个命令后跟回车换行符。每个命令由 4 个大写字母组成,有些还具有可选参数。表 3-5 列出了一些常见的命令。

表 3-5　一些常见的命令

命　令	可选参数	含　　义
USER	用户名	用于向服务器传送用户标识
PASS	密码	用于向服务器传送用户口令
LIST	目录名	用于请求服务器返回远程主机当前目录的所有文件列表
RETR	文件名	用于从远程主机的当前目录读取文件
STOR	文件名	用于向远程主机的当前目录存放文件

每一个 FTP 命令产生至少一个响应。一个响应包含两部分:一个 3 位数字,后跟一个可选信息,用于定义所需的参数或额外的解释。表 3-6 列出了一些典型的响应。

表 3-6　一些典型的响应

代码	说　　明
331	用户名 OK,需要提供密码
125	数据连接打开,数据传输即将开始
425	不能打开数据连接
452	异常终止,存储器不足

(4) 匿名 FTP

通常建立控制连接后,客户必须登录服务器,FTP 服务器要求用户提供用户名和密码。客户提交之后,服务器会在控制连接上回送一个响应,通知用户登录是否成功。用户只有在成功登录后才能发送其他命令。尽管这种登录名和口令的使用可以防止文件受到未经授权的访问,但却给公用文件的访问带来不便。为了允许任何用户都可以访问公共文件,许多站点都建立了一个特殊的计算机账户。该账户的登录名为 anonymous,早期的系统用口令guest,允许任意用户最小权限地匿名访问文件。匿名 FTP(anonymous FTP)被用来描述用anonymous 登录名获取访问的过程。

2. 简单文件传输协议(Trivial File Transfer Protocol,TFTP)

有时复制一个文件并不需要 FTP 协议的全部功能。例如,当无盘工作站或路由器在被引导时,需要下载引导和配置文件。这时并不需要 FTP 全部的复杂功能,只需要一个能够迅速复制这些文件的协议。简单文件传送协议 TFTP 就是为这些文件的传送而设计的,可以用来在客户机与服务器之间进行简单文件传输。

当使用 TFTP 传输文件时,TFTP 客户进程发送一个读请求报文或写请求报文给TFTP 服务器进程,其熟知端口号码为 69。TFTP 服务器进程要选择一个新的端口和TFTP 客户进程进行通信。发送过程中为保证文件的传送不致因某一个数据报的丢失而告失败,每发送完一个文件块后会等待对方的确认,如果在规定时间内收不到确认就要重发数据。发送确认信息的一方若在规定时间内收不到下一个文件块,也要重发确认信息。

TFTP 与 FTP 功能相近,但存在着差异。首先,TFTP 客户与服务器之间的通信使用的是 UDP 而非 TCP。其次,TFTP 只提供文件传输的功能,不提供目录列表功能,不支持交互,没有庞大的命令集。第三,TFTP 没有存取授权与认证机制,不需要客户提供登录名或者口令。

尽管与 FTP 相比 TFTP 的功能要简单,但是 TFTP 具有两个优点。首先,TFTP 能够用于那些有 UDP 而无 TCP 的环境。例如,当需要将程序或文件同时向许多机器下载时就需要使用 TFTP。其次,TFTP 代码所占的内存要比 FTP 小。尽管这两个优点对于通用计算机来说并不重要,但是对于小型计算机或者特殊用途的硬件设备来说却是非常重要的。

3.4.3 简单邮件传输协议 SMTP

目前电子邮件(E-mail)是 Internet 上使用最多、最受用户欢迎的一种网络应用。电子邮件是一种异步通信媒介,不需要收发双方同时在场,可以传输各种格式的信息。SMTP、POP3、IMAP 都是支持电子邮件的相关协议。

1. 电子邮件系统构成

电子邮件系统能够向用户提供几项基本功能:撰写电子邮件、将消息由发信人传输到收信人、向发信人报告邮件的状态、显示电子邮件方便收信人阅读以及处理邮件(如阅读信件后丢弃、保存信息)等。除此之外,邮件系统还为用户提供了更多的特性,例如提供邮件列表、创建邮箱、抄送等。

电子邮件系统通常由用户代理(User Agent,UA)、消息传输代理(Message Transfer Agent,MTA)以及消息访问代理(Message Access Agent,MAA)组成。

(1) 用户代理 UA

用户代理是用户与电子邮件系统的接口,是用户发送和接收电子邮件的操作台和工具。通常这个接口很友好。它为用户提供以下功能:

- 发送邮件的撰写和编辑。用户代理为用户提供编辑信件的环境。例如,让用户创建通讯录以便回信时能方便地从来信中提取出对方地址。
- 接收邮件的阅读和处理。接收到的邮件(包括信中的图像和声音)能在收信方显示出来,提供不同方式便于收信人对来信进行处理。

通常用户代理就是运行在用户 PC 机中的一个程序。因此用户代理又称为电子邮件客户端软件。例如,Outlook Express 和 Foxmail 等都是很受欢迎的电子邮件用户代理。

(2) 消息传输代理 MTA

消息传输代理负责传送邮件。它采用了客户-服务器模式,MTA 客户位于发邮件的用户主机上,用于向远程邮件服务器发送邮件,MTA 服务器则位于发送邮件服务器内,负责接收邮件,将每个报文存放到相应的用户邮箱中。

(3) 消息访问代理 MAA

消息访问代理也是以客户-服务器模式工作,用于用户访问其邮箱并阅读邮件。MAA 客户位于收邮件的用户主机上,用于向 MAA 服务器发送请求,MAA 服务器位于接收邮件服务器上,它收到 MAA 客户的请求后将邮件传输到接收方。

2. 电子邮件传输投递的过程

Alice 向 Bob 发送电子邮件,图 3-25 给出了几个重要步骤。通常情况,Alice 和 Bob 通过 LAN 或者 WAN 与各自的邮件服务器进行连接。Alice 使用用户代理编辑邮件。在发送邮件时,通过用户代理请求 MTA 客户,与 MTA 服务器建立连接。邮件到达 Alice 的邮件服务器时,系统将所有邮件存放在邮件缓存队列中等待发送到 Bob 的邮件服务器。然后 Alice 邮件服务器的 MTA 客户与 Bob 邮件服务器建立 TCP 连接,把邮件缓存队列中的邮件依次发送出去。Bob 邮件服务器接收到邮件后存放到 Bob 的邮箱中。当 Bob 希望接收处理邮件时,他通过 MAA 客户向其邮件服务器的 MAA 服务器发送邮件访问的请求,最终由 Bob 邮件服务器将邮件传送到接收方。

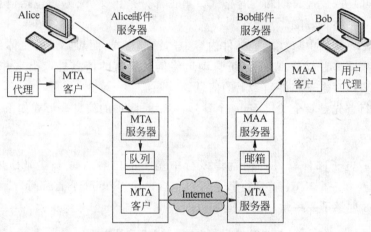

图 3-25　电子邮件传输投递过程

需要注意的是,Bob 无法绕开他的邮件服务器而直接使用 MTA 服务器,否则为了能够及时接收可能在任何时候到达的新邮件,他的主机必须总是一直保持在线。这对于大多数 Internet 用户而言是不现实的。因此让来信暂时存储在用户的邮件服务器中,而当用户方便时就从邮件服务器的用户信箱中读取来信,是一种比较合理的做法。这样,Bob 就需要另外一个客户-服务器代理——MAA。MTA 客户服务器程序是一种推的模式,客户把邮件"推"给服务器。而在访问邮件时,Bob 则需要拉的程序,由 MAA 客户将邮件从服务器"拉"过来。

用于 Internet 的电子邮件系统协议可划分为 3 类,如表 3-7 所示。

表 3-7　用于 Internet 的电子邮件系统的协议

类　型	协　议	描　述
表示	RFC2822,MIME	规范电子邮件格式的协议
传输	SMTP	用于传输电子邮件报文的协议
访问	POP3,IMAP	允许用户访问邮箱并阅读或发生邮件的协议

3. 电子邮件的表示

电子邮件由信封和内容两部分组成。在邮件的信封上,最重要的就是收件人的地址。完整的电子邮件地址由两部分组成,第一部分为邮箱名,第二部分为邮箱所在主机的域名。

一种广泛使用的格式是用"@ "隔开的两部分,格式如下:

　　邮箱名@邮箱所在主机的域名

其中标志收件人邮箱名的字符串在邮箱所在邮件服务器中必须是唯一的。这样就保证了这个电子邮件地址在世界范围内是唯一的。这对保证电子邮件能够在整个 Internet 范围内的准确交付是十分重要的。

而电子邮件的信息格式目前有 RFC 2822 邮件报文格式和多用途因特网邮件扩展(Multipurpose Internet Mail Extension,MIME)两种。

(1) RFC 2822 邮件报文格式

电子邮件信息由 ASCII 文本组成,包括两个部分。第一部分是一个首部(header),包括有关发送方、接收方、发送日期和内容格式。第二部分是正文(body),包括信息的文本。这两部分中间用一个空行分隔。

在 RFC 2822 文档中只规定了邮件内容中的首部格式,而对邮件的主体部分则让用户自由撰写。用户写好首部后,邮件系统自动地将信封所需的信息提取出来并写在信封上。所以用户不需要填写电子邮件信封上的信息。

每个首部行首先是一个关键字,一个冒号,然后是附加的信息。形式如下:

　　关键字: 信息

关键字告诉电子邮件软件如何翻译该行中剩下的内容。每个首部都必须含有一个"From:首部行"和一个"To:首部行",还可以包含一个"Subject:首部行"或者其他可选的首部行。表 3-8 列举了一些常见的关键字。

表 3-8　邮件报文常见的关键字及含义

关　键　字	含　　义
To	一个或多个收件人的电子邮件地址
From	发送方的电子邮件地址
Subject	邮件的主题
Cc	发送一个邮件副本
Date	发信日期
Reply-To	对方回信所用的地址

(2) 多用途因特网邮件扩展 MIME

在 RFC 2822 中描述的报文首部适合于发送普通 ASCII 文本,不能充分满足多媒体报文或携带有非 ASCII 文本格式的报文需求,例如带有图片、音频和视频的报文。MIME 扩展了电子邮件的功能,使其允许在报文中传输非 ASCII 文本的内容。

MIME 规定了如何将二进制文件进行编码,并包含在传统电子邮件报文中,并在接收方解码。编码方式可以由发送和接收方各自选择。为了规定编码方式,报文的首部应加上额外的行。此外 MIME 还允许发送方将报文分割成几个部分,每个部分用不同的编码。例如用户可以使用纯文本的报文,再附加图像、音频等,各自采用各自的编码形式。

支持多媒体的关键 MIME 首部包括:

• MIME-version　声明已使用 MIME 来创建报文,并指出 MIME 的版本号;

- Content-Type 指出在主体中如何包含 MIME 信息,例如,Content-Type:image/jpeg 表示报文主体中插入了 JPEG 图形;
- Content-Transfer-Encoding 提示接收用户代理该报文主体已经使用了 ASCII 编码,并指出了所用的编码类型。

通常用户调用 UA,在邮件报文主体中插入非 ASCII 文本内容并发送邮件。此时 UA 会自动产生一个 MIME 报文。

4. 简单邮件传输协议 SMTP

简单邮件传输协议 SMTP 是邮件传输使用的标准协议,用于通过 Internet 传送电子邮件报文。电子邮件的传输是通过 MTA 实现的,包括 MTA 客户和 MTA 服务器。SMTP 协议用于将一个报文从 MTA 客户传送到 MTA 服务器,例如,通过用户代理向邮件服务器发送以及发送邮件服务器向接收邮件服务器传输邮件时都会使用 SMTP 协议。

SMTP 采用客户-服务器方式工作。负责发送邮件的 SMTP 进程就是 SMTP 客户,而负责接收邮件的 SMTP 进程就是 SMTP 服务器。发送邮件时,SMTP 客户在 25 号端口建立一个 SMTP 服务器的 TCP 连接。一旦连接建立,SMTP 客户指明发送方的邮件地址和接收方的邮件地址,并发送报文。SMTP 可以利用 TCP 提供的可靠数据传输无差错地将邮件传递到服务器。该客户如果有另外的报文要发送到该服务器,就在相同的 TCP 连接上重复这种处理。否则,它指示 TCP 关闭连接。

SMTP 不使用中间的邮件服务器。不管发送方和接收方的邮件服务器相隔有多远,TCP 连接总是在发送方和接收方的两个邮件服务器之间直接建立。当接收方邮件服务器出故障而不能工作时,报文会保留在发送方的邮件服务器上并在稍后进行新的连接尝试,这意味着邮件并不会在中间的某个邮件服务器上存留。

5. 邮件访问协议

一旦 SMTP 将邮件报文从发送方的邮件服务器交付给接收方的邮件服务器,该报文就被放入了收件人的邮箱中。接下来需要考虑用户如何访问自己的邮件。通常电子邮件的访问可以采取两种方式,即通过用户代理或者使用 Web 浏览器访问 E-mail 网页。

目前,有多种电子邮件访问的协议。通过用户代理访问邮件采用了第三版的邮局协议(Post Office Protocol Version 3,POP3)、因特网邮件访问协议(Internet Mail Access Protocol,IMAP)。通过 Web 浏览器访问邮件则采用了 HTTP 协议。

访问协议的功能包括提供对用户邮箱的访问、允许用户浏览邮件、下载、删除邮件等。

(1) POP3

POP3 是第三版的邮局协议,用于将邮件从服务器上读取到接收主机上,由 RFC 1939 定义。

POP3 使用客户-服务器的工作方式。在收件人主机的用户代理必须运行 POP3 客户程序,而在其邮件服务器中则运行 POP3 服务器程序。

当用户代理(客户)打开了一个到邮件服务器(服务器)端口 110 上的 TCP 连接后,POP3 就开始工作了。POP3 的工作过程分为 3 个阶段:①特许阶段,用户代理发送用户名和口令以鉴别用户;②事务处理阶段,用户代理取回报文。此外,用户代理还可以对报文做删除标记,取消报文删除标记,以及获取邮件的统计信息等;③更新阶段,结束该 POP3 会话。

（2）IMAP

有时,用户希望可以在远程服务器上建立层次的文件夹对邮件进行管理,这样能够在不同的地方使用不同的计算机(例如办公室的计算机、手机,或笔记本计算机)随时上网阅读和处理自己的邮件。这种情况下,POP3 不再适用,而 IMAP 则能够提供这些功能。

IMAP 按客户-服务器方式工作。在使用 IMAP 时,用户的 PC 上运行的 IMAP 客户程序,与接收方邮件服务器上运行的 IMAP 服务器程序建立 TCP 连接。

IMAP 比 POP3 具有更多的特色,不过也比 POP3 复杂得多。IMAP 可以提供创建远程文件夹以及为报文指派文件夹的方法。这样用户可以把邮件移到一个新的、自己创建的文件夹中,阅读邮件、删除邮件等,就像在本地操作一样。IMAP 的另一个重要特性是它具有允许用户代理获取报文组件的命令。例如,受到条件的限制(为了节省时间或者受传输速率的限制),用户希望能只读取邮件中一部分,若邮件包含视频,而用户用手机收取邮件,会希望先浏览正文,以后再下载这个很长的附件。

6. 基于 Web 的电子邮件

现在已经有越来越多的用户选择基于 Web 的方式收发电子邮件。用户只要安装并启动 Web 浏览器后,就可以收发电子邮件。

当发件人(如 Alice)要发送一封电子邮件报文时,他会登录电子邮件服务器。浏览器显示的 Web 网页要求用户输入登录 ID 和密码,服务器用它来识别用户邮箱,然后从相应用户邮箱中提取邮件,并作为网页来显示邮件内容。此时电子邮件报文从 Alice 的浏览器发送到她的邮件服务器,使用的不是 SMTP 而是 HTTP。Alice 的邮件服务器在与其他的邮件服务器之间发送和接收邮件时,仍然使用 SMTP。当收件人(如 Bob)想从他的邮箱中取报文时,电子邮件报文从 Bob 的邮件服务器发送到他的浏览器,使用的是 HTTP 而不是 POP3 或者 IMAP 协议。

3.5 应用层协议 3：万维网 WWW

本节首先介绍万维网的基本概况,着重讲述 WWW 技术架构中的超文本传输协议 HTTP,最后简单介绍万维网信息检索系统。

3.5.1 万维网技术架构概述

1. 万维网

万维网 WWW,也称 Web,是一个构筑在 Internet 之上的分布式信息储藏库。它由超文本标记语言 HTML 表达的 Web 页面组成,通过超文本传输协议 HTTP 实现页面传输,并且使用统一资源定位符 URL 标识页面在 Internet 的范围内的位置。

万维网服务的基础是 Web 页面,每个 Web 页面既可展示文本、图形图像和声音等多媒体信息,又可提供一种特殊的链接点,即超链接。通过超链接,可以非常方便地访问

Internet 上大量的信息。3.5.2 节将介绍 Web 页面的概念。

HTTP 是万维网为了实现页面的传输和链接所采用的应用层协议。3.5.3 节将对 HTTP 的概念和特点进行介绍。

HTML 是 Hypertext Markup Language(超文本标记语言)的缩写,它是制作万维网页面的一种标记语言。万维网使用 HTML 将 Web 页面显示出来,以便让不同结构的计算机都能理解所有的 Web 页面。

统一资源定位符 URL 是 Internet 上标准的资源的地址。URL 用来标识定位分布在整个 Internet 上的万维网页面。

第 5 章将对 URL 和 HTML 进行具体介绍。

2. WWW 工作模式

万维网以客户-服务器方式进行工作。万维网客户实际就是运行在用户主机上的浏览器,存放万维网页面的主机负责运行服务器程序,也称为万维网服务器。浏览器向服务器程序发出请求,服务器程序向客户程序送回客户所要的万维网页面,如图 3-26 所示。

(1) Web 客户-浏览器的结构

许多厂商提供了商用的浏览器来解释和显示 Web 页面,例如 Internet Explorer、火狐等等。所有这些浏览器都使用几乎相同的体系结构,如图 3-27 所示。每一个浏览器通常由 3 个部分组成:控制程序、客户程序和解释程序。控制程序管理客户程序和解释程序,是浏览器的核心部件,它接收来自键盘或鼠标的输入,并调用相关的组件来执行用户指定的操作。例如,当用户用鼠标单击一个链接时,控制程序就调用客户程序从页面所在的远程服务器上取回该页面,并调用解释程序将页面显示在屏幕上。客户程序主要是应用层协议,如 HTTP、FTP 或 TELNET 等等。而解释程序根据页面的类型可以是 HTML、Java、JavaScript 程序等。

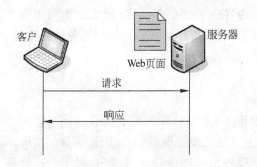

图 3-26　万维网的客户-服务器交互模式

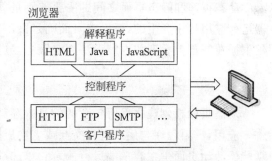

图 3-27　浏览器结构

(2) Web 服务器

Web 页面存放在服务器上。服务器重复地执行一个简单的任务:每次客户请求到达时,将被请求的页面发送给客户。为提高交互效率,服务器通常会将一些页面存放在缓存中以提高访问速率。服务器也会采用多线程的方式,一次处理多个请求。较为流行的服务器包括 Apache 和微软的 Internet Information Server。

3.5.2　万维网页面

在万维网中,信息被组织为一个文档集合。文档除了包含信息之外,还可以包含指向这个集合中其他文档的链接。用户可以通过单击链接,转向它所指向的文档,这种链接被称为超链接。超文本是由基本的文本信息和超链接构成的文档。超媒体文档则在超文本的基础上包含了更多的信息表示方式,包括图片、音频、动画、视频等。通常在万维网上的超文本和超媒体的文档被称为 Web 页面。

按照页面内容被确定的时间,Web 页面可分为静态的、动态的和活动的三大类。

1. 静态页面

静态页面是固定内容的页面,它由服务器创建,并存储在服务器中。也就是说,页面的内容在创建时确定,使用过程中内容不会变。在用户浏览时,用户只能得到页面的一个副本。当然,在服务器中的内容是可以改变的,但用户不能改变它。

静态页面的最大优点是简单。它可以由不懂程序设计的人员来创建。但静态页面的缺点是不够灵活。当信息变化时就要由页面的作者手工对页面进行修改。因此,静态页面不适合包含经常变化的信息内容。

2. 动态页面

动态页面是指页面的内容在浏览器请求该页面时才由万维网服务器创建出来的。当请求到达时,万维网服务器就运行创建动态页面的应用程序。然后服务器返回程序的输出,将其作为对请求该页面的浏览器的响应。由于对浏览器每次请求的响应都是临时生成的,因此用户通过动态页面所看到的内容都会有所不同。

动态页面能够报告当前最新信息。例如,动态页面可用来报告天气预报或民航售票情况等内容。动态页面的创建难度比静态页面的高,要求开发人员必须会编写应用程序,而且程序还要通过大范围的测试,以保证所有的浏览器都能正确显示。

动态页面和静态页面之间的主要差别是页面内容的生成方法不同。动态页面是由服务器运行应用程序产生的,而静态页面则是服务器创建后直接存放着的。从浏览器的角度看,仅根据在屏幕上看到的内容无法判定服务器送来的是哪一种页面。

3. 活动页面

动态页面在创建之后所包含的信息内容就固定了,并没有持续更新信息的能力。对于许多应用,需要程序与用户进行交互或者在屏幕上产生动画图形,活动页面能够提供这样的功能。活动页面是在客户端运行的。它以二进制代码形式存储在服务器中,但不会在服务器上运行。当浏览器请求活动页面时,服务器就发送这个字节码形式的页面副本,然后页面就在客户端(浏览器)运行。活动页面程序可与用户直接交互,并可连续地改变屏幕的显示。当客户收到这个页面时,还可以将其存储在自己的存储区中,以便下次使用。

3.5.3　超文本传输协议 HTTP

1. HTTP

超文本传输协议 HTTP 是万维网客户与服务器交互时遵循的应用层协议,它是万维网上能够可靠交换文件的重要基础,也是 Web 的核心。HTTP 协议定义了 Web 客户是如何向 Web 服务器请求 Web 页面、服务器如何将 Web 页面传送给客户以及这些交互报文的格式。1997 年以前使用的是 RFC 1945 定义的 HTTP/1.0 协议，1998 年这个协议升级为 HTTP/1.1。HTTP 协议由客户程序和服务器程序两部分程序实现，它们运行在不同的端系统中，通过交换 HTTP 报文进行会话。

HTTP 中 Web 客户与 Web 服务器之间按照请求-响应的交互模式进行工作，其过程如下：万维网服务器都有一个服务器进程，不断地监听 80 端口。当它发现有浏览器向它发出连接请求时，就会建立 TCP 连接。之后，浏览器就向万维网服务器发出某个页面的请求，然后服务器返回所请求的页面作为响应。最后，TCP 连接释放，如图 3-28 所示。

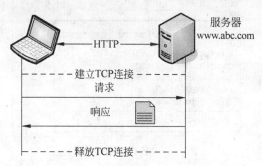

图 3-28　万维网的工作过程

假定图 3-28 中的用户用鼠标单击了屏幕上的一个链接。该链接指向的页面，其 URL 是 http://www.abc.com/home/index.htm。下面是这个链接被选中时发生的几个事件。

(1) 浏览器确定链接指向页面的 URL。

(2) 浏览器向 DNS 询问 www.abc.com 的 IP 地址。

(3) 域名系统 DNS 回复该服务器的 IP 地址为 x.y.z.n。

(4) 浏览器与 x.y.z.n 上 80 端口建立 TCP 连接。

(5) 然后浏览器发出一个请求，要获取文件/home/index.htm。

(6) 服务器给出响应，把文件/home/index.htm 发送给浏览器。

(7) TCP 连接被释放。

(8) 浏览器显示/home/index.htm 中的所有文本。

浏览器在下载文件时，可以设置为只下载其中的文本部分。如果文档中还包含图像或声音等其他对象，用户可以通过两种方式获取其他信息：①非持久连接的方式，即为每个对象分别建立单独的 TCP 连接，每个 TCP 连接只传输一个请求报文和一个响应报文。因此每获取一个对象都重复类似于上面的 8 个步骤；②持久连接的方式，即使用之前建立的单个持久 TCP 连接完成所有对象的传送。

可以将 HTTP 与 FTP、SMTP 进行比较。HTTP 与 FTP 相似之处在于它能够传送文件并使用 TCP 连接。但是，它只有一条 TCP 连接（熟知端口 80），并没有额外的控制连接。而 HTTP 传输的数据与 SMTP 报文类似，但是不同之处在于：HTTP 报文由 Web 服务器和浏览器解释；SMTP 报文是存储转发的，而 HTTP 报文是立即交付的。

2. HTTP 报文

HTTP 协议包含了对 HTTP 报文格式的定义。HTTP 报文有两种：从客户向服务器发送的请求报文和从服务器到客户的响应报文,如图 3-29 所示。

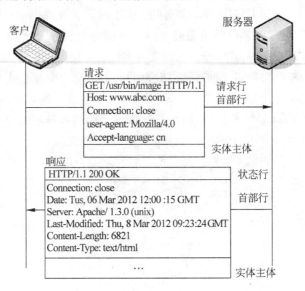

图 3-29　HTTP 报文结构

HTTP 请求报文和响应报文都是由三个部分组成。第一部分请求报文以请求行开始,而响应报文以状态行开始。第二部分是首部行,最后是实体主体。

1) 请求报文

(1) 请求行有 3 个字段:方法字段、URL 字段和 HTTP 协议版本字段。所谓"方法"就是对所请求的对象进行的操作,这些方法实际是一些命令。请求命令包括 GET、POST、HEAD、PUT 和 DELETE。常用的 GET 方法表示从服务器读取文档,POST 方法则表示给服务器提供某些信息。

在图 3-29 的请求报文中,浏览器请求对象/usr/bin/image,而浏览器实现的是 HTTP 1.1 版本。

(2) 首部行用来说明浏览器、服务器或报文主体的一些信息。首部可以有多行。在每行都包含首部字段和它的值,并以"回车"和"换行"结束。整个首部行结束时,还有一空行将首部行和后面的实体主体分开。

在图 3-29 的例子中 Host:www.abc.com 定义了目标所在的主机。Connection:close 要求服务器在发送完被请求的对象后就关闭连接。User-agent:首部行用来定义用户代理,即向服务器发送请求的浏览器的类型。这里浏览器的类型是 Mozilla/4.0,即 Netscape 浏览器。Accept-Language:cn 表示用户想得到该对象的中文版本。

(3) 实体主体(entity body)描述报文的主体。在使用 GET 方法时为空。当方法字段为 POST 时(例如 HTTP 客户机常常在用户提交表单时使用 POST 方法),实体主体中应包括用户在表单字段中输入的值。

2) 响应报文

每一个请求报文发出后,都能收到一个响应报文。响应报文的第一行就是状态行。状态行有 3 个字段:协议版本、状态码和相应状态信息。在图 3-29 这个例子中,状态行指示服务器使用的协议是 HTTP/1.1,状态码 200,表示一切正常(即服务器已经找到并正在发送所请求的对象)。

状态码(Status-Code)都是三位数字的,后面跟有状态信息,如,200 OK 表示请求成功,信息包含在返回的响应报文中;404 Not Found 表示被请求的文档不在服务器上。

在图 3-29 的例子中,服务器用 Connection：close 首部行告诉客户在报文发送完后关闭了该 TCP 连接。Date：首部行指示服务器产生并发送该响应报文的日期和时间。Server：首部行表明该报文是由一个 Apache Web 服务器产生的。Last-Modified：首部行指示了对象创建或者最后修改的日期和时间。Content-Length：首部行表明了被发送对象的字节。Content-Type：首部行指示了实体主体中的对象是 HTML 文本。

实体主体部分是报文的主体,即它包含了所请求的对象本身。

3. Cookie

上面讲述的 HTTP 协议是请求-响应模式,即客户发送请求,建立连接,收到响应后,结束,断开连接。下一次请求相同的对象时,再次重复这种请求-响应模式。系统不记录两次连接的关联信息,称为无状态性。Web 服务器并不保存关于客户机的任何信息。当同一个客户在短短的几秒钟内两次请求同一个页面时,服务器并不记得曾经为这个客户提供了服务,也不记得为该客户服务过多少次。HTTP 的无状态特性简化了服务器的设计,使服务器更容易支持大量并发的 HTTP 请求。

但在实际中一个 Web 站点通常希望能够识别用户。例如,当服务器想限制用户的访问,或者想把内容与用户身份关联起来时,就需要识别连接状态。HTTP 引入了一种技术,称为 Cookie,允许站点跟踪用户。Cookie 是一个小的文件(或字符串),它记录了在 Web 服务器和客户之间传递的状态信息。Cookie 文件保留在用户端系统中,由用户的浏览器管理,同时也会在 Web 站点后端数据库中保存。

下面以网上购物为例,介绍 Cookie 是如何工作的,如图 3-30 所示。

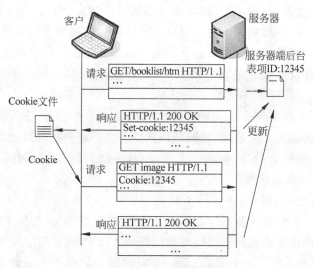

图 3-30　Cookie 的工作过程

Alice 希望在网上书店 BestBooks(该网站使用 Cookie)购买图书。她在浏览图书时,浏览器向该网站的服务器发送请求,服务器为 Alice 创建一个购物车并生成一个唯一的识别码,比如 12345,并以此作为索引在服务器的后端数据库中产生一个表项。接着服务器返回响应报文,该报文除了包含提供给 Alice 的图书清单和相关链接外,还包含了一个 Set-cookie 的首部行,即 Set-cookie：12345,而后面的值就是赋予该用户的"识别码",即 12345。

当 Alice 收到响应时,其浏览器会显示图书的信息并在它管理的特定 Cookie 文件中添加一行,其中包括这个服务器的主机名和 Set-cookie 后面给出的识别码。当 Alice 选中某个图书时,浏览器发送一个 HTTP 请求报文,报文的 Cookie 首部行就包含了由 Cookie 文件中取出的这个网站识别码 12345,即 Cookie：12345。

这样,网站在收到请求报文时检查首部行就能够找到 12345 对应的购物车。当图书被放入购物车后,服务器会发送另一条响应报文,告诉 Alice 购物车内商品的总价并询问她支付方式。Alice 提供她的信用卡信息,并发送包含 Cookie 的请求报文。服务器检查到 12345 这个识别码,接受订单并向用户返回响应报文进行订单确认。用户其他的信息如电子邮件地址、信用卡号码、收货地址都会保存在服务器上。

如果 Alice 在几天后再次访问 BestBooks,并且还使用同一个电脑上网,那么她的浏览器会在其 HTTP 请求报文中继续使用首部行 Cookie：12345,服务器就可利用 Cookie 来验证这是用户 Alice,并根据她过去的访问记录可以向她推荐商品。Alice 也不必在再次购物时重新输入姓名、信用卡号码等信息。

尽管 Cookie 常常能简化用户的网上购物活动,但是它的使用仍然存在很大的争议。因为它很可能被用于侵犯用户的隐私。就像上面的例子,结合 Cookie 和用户提供的账户信息,Web 站点可以知道许多有关用户的信息,包括信用卡信息、电子邮件地址等等,并可能将这些信息出卖给第三方。为了让用户能够拒绝接受 Cookie,用户可在浏览器中自行设置接受 Cookie 的条件。

4. 代理服务器

由于 Web 的极度流行,服务器、路由器和线路经常超载运行。为了降低对客户请求的响应时间,减少网络通信量,研究人员开发出了各种各样的技术来提高性能。一种简单的提高性能的方法是将曾经被请求过的页面保存起来以提高下次访问的速度。这种方法被称为缓存。这项技术对于那些被大量访问的页面,例如 www. sohu. com 和 www. cnn. com,特别有效。

缓存由 Web 缓存器实现。Web 缓存器也叫代理服务器,是能够代表被请求的 Web 服务器即初始服务器来满足 HTTP 请求的网络实体。代理服务器有自己的磁盘存储空间,把最近的一些请求和响应暂存在本地存储空间中。可以通过设置浏览器,将用户的所有 HTTP 请求首先指向代理服务器。

代理服务器的工作过程如下(如图 3-31 所示)。

① 当请求到达时,代理服务器检查本地是否存储了这个对象的副本。

② 如果有,代理服务器就向客户机浏览器直接发送 HTTP 响应报文。

③ 如果代理服务器没有该对象,它就向该对象的初始服务器发送 HTTP 请求。在收到请求后,初始服务器向代理服务器发送 HTTP 响应报文。

④ 代理服务器收到这个对象后,先复制在自己的本地存储器中(以备后续使用),然后再把这个对象放在 HTTP 响应报文中,返回给请求该对象的浏览器。

代理服务器既可以是服务器又可以是客户机。当它接收浏览器的请求并发回响应时，它是服务器。当它向初始服务器发出请求并接收响应时，它则扮演客户的角色。

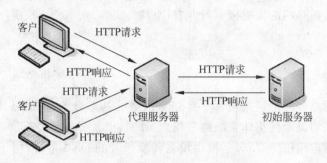

图 3-31 代理服务器的工作过程

3.5.4 万维网的信息检索系统

万维网页面分布在不同地域的各个站点上。如果知道信息存放的站点，通过 URL 就可以对它进行访问。如果不知道要找的信息的具体位置，那就要使用万维网的信息检索系统。

万维网环境中的信息检索系统是指根据一定的策略、使用特殊的程序从 Internet 上搜集信息，并对信息进行处理，将用户检索的相关信息展示给用户，为用户提供检索服务的系统。

在检索系统中用来进行搜索的程序叫做搜索引擎（search engine）。搜索引擎的种类很多，主要包括全文检索搜索引擎、分类目录搜索引擎和垂直搜索引擎。

全文检索搜索引擎的工作原理是通过搜索软件（例如一种叫做"蜘蛛"或"网络机器人"的程序）到 Internet 上的各网站收集信息，并按照一定的规则建立一个在线数据库供用户查询。用户只要输入关键词，就可以从已经建立的索引数据库上进行查询。需要注意的是，这个数据库内的信息并不是实时的。因此建立索引数据库的网站必须定期对已建立的数据库进行更新维护，否则用户搜到的信息很可能过时。比较出名的全文检索搜索引擎就是 Google 网站和百度网站。

分类目录搜索引擎并不采集网站的任何信息，而是针对各网站向搜索引擎提交的网站信息（如填写的关键词和网站描述等信息），人工进行审核编辑，如果认为符合网站登录的条件，则输入到分类目录的数据库中，供网上用户查询。虽然它有搜索功能，但人为因素会多一些，所以严格意义上不能称为真正的纯技术型搜索引擎。在分类目录搜索引擎中最著名的就是雅虎、新浪、搜狐、网易等。

从用户的角度看，使用这两种不同的搜索引擎都能够实现查询信息的目的。在使用全文检索搜索引擎时，用户需要输入关键词。而对于分类目录搜索引擎，用户还能够根据网站设计好的目录有针对性地逐级查询。此外，用户得到的信息形式也不一样。全文检索搜索引擎往往可直接检索到相关内容的网页，但分类目录搜索引擎一般只能检索到被收录网站主页的 URL 地址，所得到的内容比较有限。为了使用户能够更加方便地搜索到有用信息，目前许多网站同时具有全文检索搜索和分类目录搜索的功能。

垂直搜索引擎针对某一特定领域、特定人群或某一特定需求提供搜索服务。在垂直搜索中,用户提供的关键字会被放到一个行业知识的上下文中进行查找。例如,用户希望查找的是海南旅游的信息(如酒店、机票、景点等),而不是有关海南的新闻、政策等,就可以使用垂直搜索引擎。目前热门的垂直搜索行业有:购物、旅游、汽车、求职、房产、交友等行业。

3.6　小结

本章介绍了网络和网络应用协议。首先对网络的基本概念、构成以及 Internet 进行了介绍。然后介绍了协议及网络体系结构的概念、要素,以及分层参考模型 OSI、TCP/IP。最后重点讲述了网络应用层协议,包括提供域名转换服务的 DNS 系统、用于远程登录的远程终端访问协议 TELNET、文件传输协议 FTP、简单邮件传输协议 SMTP 以及万维网的基本概念、技术架构和超文本传输协议 HTTP。信息网络应用依赖于网络提供的媒介和平台,这些应用的设计与开发必须遵循相关的协议。通过本章的学习,使读者对网络和支撑传统应用的协议有一定的了解,能够为后续学习网络编程、实现网络应用奠定理论基础。

第4章 网络应用编程基础

网络环境下的应用程序位于信息网络应用体系结构的最上层,直接为网络用户提供共享信息服务。本章将首先介绍跟网络编程相关的基本概念,包括网间进程及其标识方法,对目前网络编程的技术进行了分类,重点介绍网络编程分类之一——基于 TCP/IP 协议的网络编程。

4.1 网间进程及通信过程的建立

网络环境中节点通信或交互是以进程为单位的,我们称为网间进程,本节将对其标识及建立过程进行介绍。

4.1.1 网间进程相关概念

1. 网间进程

进程是操作系统中最重要的概念之一,在第 2 章中已经对此有所介绍。同一台主机上的两个进程之间可以相互通信以交换数据。网络上的两台主机之间也可以相互通信,通信的过程实际上是两台主机上的两个进程之间交换数据,这两个相互通信的进程称为网间进程。例如,人们在使用浏览器浏览网页时,就是本地 PC 机上的浏览器应用进程(IE、FireFox、Opera、Chrome 等)和远端 Web 服务器上的 Web 服务器进程(Tomcat、IIS、WebSphere 等)之间进行通信。

2. 网络应用程序在网络体系结构中的位置

网间进程是网络应用程序的运行实例,从计算机网络体系结构的角度看,网络应用程序位于网络体系结构的最上层——应用层,如图 4-1 所示。

如图 4-1 所示,互相通信的是上层的两个网络应用进程——IE 浏览器进程和 WWW 服务器进程。

从功能上,每个网络应用程序分为两个部分,一部分是通信模块,它专门负责网络通信,直接与网络协议栈相连接,借助网络协议栈提供的服务完成网络上数据信息的交换;另一部分是面向用户或者进行其他处理的模块,负责接收用户的命令,或者对借助网络传输过来的数据进行加工。对图 4-1 中的网络应用进程说明如下。

(1) IE 浏览器分为两个部分,用户界面模块负责接收用户输入的网址,把它转交给通

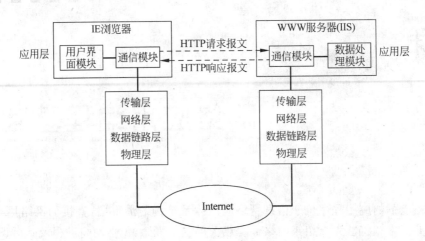

图 4-1　网络应用程序在网络体系结构中的位置

信模块；通信模块按照网址与对方的 WWW 服务器进程连接，按照 HTTP 协议与对方通信，接收服务器发回的网页，然后把它交回给浏览器的用户界面模块。用户界面模块解释网页中的超文本标记，把页面显示给用户。

（2）WWW 服务器端的 Internet 信息服务（IIS）也分为两部分，通信模块负责与客户端的 IE 浏览器进程进行通信，数据处理模块负责操作服务器端的文件系统或者数据库。

由此可见，网络编程首先要解决网络进程通信的问题，然后才能在通信的基础上开发各种应用功能。

4.1.2　网间进程通信需要解决的问题

在第 2 章中已经了解了单机间的进程通信，对于单机而言，每个进程都在自己的地址空间内运行，操作系统为进程间的通信提供了管道（pipe）、软中断信号（signal）、消息（message）、共享存储区（shared memory）以及信号量（semaphore）等手段，以确保单机两个进程间的通信相互不干扰而又能协调一致。

网间进程通信不同于单机进程间通信，它是网络中不同主机中的应用进程之间的通信，需要解决以下的问题。

1. 网间进程的标识问题

在同一主机中，不同的进程可以用进程号来唯一标识，例如，用进程号 2 和 3 分别标识两个不同的进程。但是在网络环境下，分布在不同主机上的进程号已经不能唯一的标识一个进程了。例如主机 A 中某进程号是 3，主机 B 中也可能存在进程号为 3 的进程。在这种情况下，进程号 3 就不能唯一地标识位于不同主机上的两个进程了。

2. 与网络协议栈的链接问题

从第 3 章了解到，网间进程的通信是需要借助网络协议栈来实现的。源主机上的应用进程向目的主机上的应用进程发送数据时，需要将数据交给下一层的传输层协议实体，调用传输层提供的传输服务，传输层及其下层协议将数据层层向下递交，最后由物理层将数据变成信号,发送到网络上,经过各种网络设备的寻径和转发,才能到达目的主机,目的主机的网络协议栈再将数据层层上传,最终将数据递交给接收端的应用进程,这个过程是非常复杂的。

而对于网络应用程序开发者来说,在进行程序开发时,希望用一种简单的方式来与下层网络协议栈连接,而无需考虑其具体的工作过程,仅仅需要考虑应用层涉及的问题即可。解决这个问题的办法有不少,其中最具基础的是基于套接字的网络编程方法。

3．多重协议的识别问题

操作系统支持的网络协议种类繁多,如常见的 TCP/IP、IPX/SPX 等。不同协议的工作方式不同,地址格式也不同,位于同一层上的不同类协议间是不能通信的。因此网间进程通信需要解决多重协议的识别问题。

4．不同的通信服务质量问题

不同类的网络应用所需要的通信服务质量等级不同。例如,使用文件传输服务传输大容量文件时,要求传输可靠、无差错、无乱序、无丢失,否则接收到的文件将不能使用。但是对于像网络聊天一类的应用来说,对可靠性的要求就不如前者那么高。在 TCP/IP 协议族中,传输层有 TCP 和 UDP 这两种协议,TCP 协议可以提供可靠的数据传输服务,而 UDP 提供不可靠的数据传输服务,但是后者的工作效率比前者要高。因此,开发网络应用程序时应该针对不同类别的应用有选择地使用合适的网络协议。

本章着重解决以上 4 个问题中的第一和第二个问题。

4.1.3　网间进程的标识及通信过程的建立

两个网间进程要进行通信,面对的首要问题是上一小节中提到的第一个问题——网间进程的标识问题。不同协议族的进程标识方法有一定的区别,本章主要讨论 TCP/IP 协议族下的网间进程标识方法。

1．网间进程的标识

网间进程通信,不能仅仅依靠进程号来进行标识。在 Internet 中的两个应用进程在通信时,需要通过三点来确定对方:①对方主机的标识;②对方应用进程在其主机上的标识;③与对方通信使用的传输层协议。

1) 主机标识

第 3 章已经介绍了,在 Internet 中,以 IP 地址唯一的标识一台主机。因此,IP 地址是网间进程标识的第一个要素。

2) 端口

IP 地址确定了主机在 Internet 中的唯一标识,但是最终进行通信的不是整个主机,而是主机中的某个应用进程。每个主机中都有很多应用进程,仅有 IP 地址是无法区分一台主机中多个应用进程的。从这个意义上讲,网络通信的最终地址就不仅仅是主机的 IP 地址,还应该包括描述应用进程的某种标识,这个标识就是端口。端口是网间进程标识的第二个要素。

　　端口是 TCP/IP 协议族中应用层与传输层间的通信接口,在 OSI 七层协议的描述中,将它称为应用层进程与传输层协议实体间的服务访问点(SAP),应用层进程通过系统调用与某个端口进行绑定,然后就可以通过该端口收发数据。应用进程在通信时,必须用到一个端口,它们之间有着一一对应的关系,所以可以用端口来标识同一主机上不同的网络应用进程。

　　由于端口是用来标识同一主机上不同的网络应用进程的,因此两个网间进程进行通信时,需要事先知道对方的端口号。例如,WWW 服务器的默认端口号是 80,因此浏览器在访问网站时,默认会去访问网站 WWW 服务器的 80 端口,FTP 服务器的默认端口号是 21 端口,所以 FTP 客户端在访问 FTP 服务器时默认会去访问服务器的 21 端口。这类 Internet 上著名的服务器进程所约定俗成的端口也称为周知端口或者保留端口,范围是 0~1023,采用全局分配或集中控制的方式,由一个权威机构根据需要进行统一分配,并将结果公之于众。常见的保留端口参见表 4-1。除了保留端口外,其余的端口,如 1024~65 535,称为自由端口,由每台计算机在进行网络通信时动态、自由地分配给应用进程。具体来说,端口的分配规则如下。

　　(1) 端口 0:不使用,或者作为特殊的用途。

　　(2) 端口 1~255:保留给特定的服务,如 WWW、FTP、POP3 等众所周知的服务。

　　(3) 端口 256~1023:保留给其他服务,如路由。

　　(4) 端口 1024~4999:可以用作任意客户的端口。

　　(5) 端口 5000~65 535:可以用作用户的服务器端口。

表 4-1　一些典型的保留端口

TCP 的保留端口		UDP 的保留端口	
FTP	21	DNS	53
HTTP	80	TFTP	69
SMTP	25	SNMP	161
POP3	110	…	

　　需要指出的是,网络应用程序在提供服务时,除了按照权威机构全局分配的方法,也可以按照需要自行分配。例如,常见的 WWW 服务器 Tomcat 就默认采用 8080 端口,而不是大多数 WWW 服务器通常采用的 80 端口,但由于端口是自行分配的,因此在向外提供服务时,需要让服务使用者知道其实际使用的端口号。

　　由于 TCP/IP 协议族传输层的两个协议 TCP 和 UDP 是完全独立的,因此各自的端口号也相互独立。如 TCP 有一个 80 端口,UDP 也可以有一个 80 端口,二者并不冲突。

　　端口标识符是一个 16 位的整数,是操作系统可分配的一种资源,是一种抽象的软件机制。当它被操作系统分配给某个网络应用进程并建立绑定关系后,传输层传给该端口的数据都被该应用进程接收,而该进程发给传输层的数据都通过该端口输出。在 TCP/IP 的实现中,对端口的操作类似于一般的 I/O 操作,应用进程获取一个端口相当于获取了本地唯一的 I/O 文件,可以用一般的读写原语访问它。

　　3) 传输层协议

　　网络应用进程要与对端进程通信时,除了对端的 IP 地址、端口号以外,还要确定与对方通信所使用的传输层协议。在 TCP/IP 协议族中,传输层协议有 TCP 和 UDP 两种。传输层协议是网间进程标识的第 3 个要素。

4) 半相关和全相关

主机的 IP 地址、端口号和传输层协议这三个要素组成的三元组称为半相关(Half-association),它标识了 Internet 中进程通信的一个端点,也把它称为进程的网络地址。

在 Internet 中,完整的网间进程通信需要由两个进程组成,两个进程是通信的两个端点,并且它们必须使用同样的传输协议,也就是说不能一端使用 TCP 协议,而另一端使用 UDP 协议,因此描述一个完整的网间进程需要以下 5 个要素描述:

(传输层协议,本机 IP 地址,本机传输层端口,远端机 IP 地址,远端机传输层端口)

这个五元组称为全相关(Association),即两个协议相同的半相关才能组合成一个全相关,或完全指定一对网间通信的进程。这个五元组就是网间进程的标识。它唯一的确定了一对网间进程。

2. 网间进程通信过程的建立

当两个网间进程要通信时,一定是由其中的某一个进程首先发起。对于采用客户机-服务器模式的两台主机来说,首先发起的一方总是客户机,而对端是服务器;对于采用 P2P 模式的两台主机来说,可以互为客户机和服务器。首先发起通信的一方(以下称为 A 端)需要事先知道对端主机(以下称为 B 端)的 IP 地址、端口号和传输层协议。当这 3 个要素确定下来以后,通信的对端就完全确定下来,可以进行通信了。

A 端进程在确定了 B 端进程的网络地址后,会向本机的操作系统申请一个本地端口号,并且 A 端进程是知道本机的 IP 地址的,因此当其第一次和 B 端进程通信时,会向 B 端进程报告自己的 IP 地址和端口号。所以在第一次通信以后,B 端进程也就获知了 A 端进程的 IP 地址和端口号。至此,通信的两端互相获得了对方进程的网络地址,可以进行后续的通信了。第一次通信的过程如图 4-2 所示。

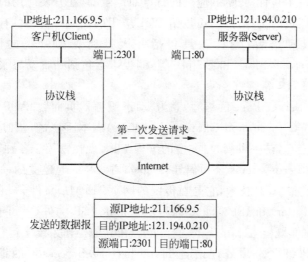

图 4-2　客户机与服务器的第一次通信

4.2　网络编程分类

网络编程根据其侧重点的不同,需要掌握网络协议栈程度不同,可分为三类,即基于 TCP/IP 协议栈的网络编程、基于 Web 应用的网络编程、基于 Web Service 的网络编程。其中基于 TCP/IP 协议栈的网络编程是本章重点介绍的一种网络编程技术。

4.2.1　基于 TCP/IP 协议栈的网络编程

基于 TCP/IP 协议栈的网络编程是最基本的网络编程方式,主要是使用各种编程语言,如 C/C++、Java 等,利用操作系统提供的套接字网络编程接口,直接开发各种网络应用程序。

这种编程方式由于直接利用网络协议栈提供的服务来实现网络应用,所处的通信层次比较低,编程者有较大的自由度,同时也对编程者的要求更高。这种编程方式需要深入了解 TCP/IP 的相关知识,要深入掌握套接字网络编程接口,更重要的是要深入了解网络应用层协议。例如,要想编写出电子邮件程序,就必须深入了解 SMTP 和 POP3 相关协议,有时甚至需要自己开发合适的应用层协议。

4.2.2　基于 Web 应用的网络编程

Web 应用是 Internet 上最广泛的应用,它用 HTML 来表达信息,用超链接将全世界的网站连成一个整体,用浏览器的形式来浏览,为人们提供了一个图文并茂的多媒体信息世界。WWW 已经深入到各行各业。无论是电子商务、电子政务、数字企业、数字校园、还是各种基于 WWW 的信息处理系统、信息发布系统和远程教育系统,都统统采用了网站的形式。这种巨大的需求催生了多种基于 Web 应用的网络编程技术。

这些网络编程技术是针对 Web 应用的特点而产生的,在开发应用的过程中不需要过多地了解底层网络协议栈的工作过程,可以给 Web 应用的快速开发提供有力支持。这类技术包括多种编程工具和语言,编程工具包括一大批所见即所得的网页制作工具,如 Frontpage、Dreamweaver、Flash 和 Eclipse 等,编程语言包括一批动态服务器网页的制作技术,如 ASP、JSP 和 PHP 等。

ASP 是 Active Server Page 的缩写,意为“动态服务器页面”。ASP 是微软公司开发的代替通用网关接口 CGI(Common Gateway Interface)脚本程序的一种应用,它可以与数据库和其他程序进行交互,是一种简单、方便的编程工具,现在常用于各种动态网站中。

JSP 是由 Sun Microsystems 公司倡导、许多公司参与一起建立的一种动态网页技术标准。JSP 技术有点类似 ASP 技术,它是在传统的网页 HTML 文件(* . htm, * . html)中插入 Java 程序段(Scriptlet)和 JSP 标记(tag),从而形成 JSP 文件(* . jsp)。用 JSP 开发的 Web 应用是跨平台的,既能在 Linux 下运行,也能在其他操作系统上运行。

PHP,是英文超级文本预处理语言 Hypertext Preprocessor 的缩写。PHP 是一种 HTML 内嵌式的语言,是一种在服务器端执行的嵌入 HTML 文档的脚本语言,语言的风格有类似于 C 语言,被广泛的运用。

这类程序在业界常被称为 Web Application(Web 应用程序),第 6 章将会对此类程序做详细介绍。

4.2.3　基于 Web Service 的网络编程

Web Service 是一种面向服务的技术,通过标准的 Web 协议提供服务,目的是保证不同平台的应用服务可以互操作,它是松散耦合的可复用的软件模块,是一个自包含的小程序,采用公认的方式来描述输入和输出,在 Internet 上发布后,能通过标准的 Internet 协议在程序中予以访问。它通常包含以下 3 种用于 Web Service 的标准。

1. SOAP

SOAP(Simple Object Access Protocol)是一种基于 XML 的可扩展消息信封格式,需同时绑定一个传输用协议。这个协议通常是 HTTP 或 HTTPS(Hypertext Transfer Protocol over Secure Socket Layer),但也可能是 SMTP 或 XMPP(The Extensible Messaging and Presence Protocol)。

2. WSDL

WDSL(Web Service Definition Language)是一种 XML 格式文档,用以描述服务端口访问方式和使用协议的细节。通常用来辅助生成服务器和客户端代码及配置信息。

3. UDDI

UDDI(Universal Description, Discovery and Integration)是一种用来发布和搜索 Web 服务的协议,应用程序可借由此协议在设计或运行时找到目标 Web 服务。

Web Service 是当前流行的网络编程理念,相对于前两种编程方式,它是一种更高层次的编程方式。对于最终用户而言,基于 Web Service 的网络应用程序与 Web Application 没有任何区别,其操作界面都是浏览器。但对于开发者而言,两者的设计思路和工作特性都有很大区别。第 7 章将详细介绍这种技术。

4.3　套接字编程接口基础

本节着重解决 4.1.2 节中提出的第二个问题,即网间进程与网络协议栈的链接问题。

4.3.1　套接字接口的产生与发展

如前所述,网络上的两台主机进行通信时,需要使用网络协议栈。从应用程序实现的角度来看,在进行程序开发时,希望用一种简单的方式来与下层网络协议栈连接,而无需考虑其具体的工作过程,仅仅需要考虑应用层涉及的问题即可。那么如何能方便地使用协议栈进行通信呢? 能不能在应用程序与网络协议栈之间提供一个方便的接口,从而方便网络应用程序的编写呢? 这个接口就是套接字接口,全称是套接字应用程序编程接口 SOCKET API (SOCKET Application Program Interface)。它最早由 UNIX 操作系统的开发者们提出并实现,而后扩展到了 Windows 和 Linux 系统中并得到继承,成为迄今为止最常用、最重要的一类网络编程接口。

　　套接字应用程序编程接口(以下简称套接字接口或者套接字)是网络应用程序通过网络协议栈进行通信时所使用的接口,即应用程序与网络协议栈之间的接口。套接字接口在网络体系中的位置如图 4-3 所示。

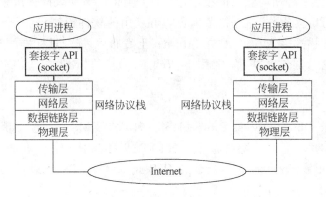

图 4-3　套接字与应用进程、网络协议栈间的关系

　　从套接字所处于的位置来讲,套接字上连应用进程,下连网络协议栈。套接字是对网络中不同主机上应用进程之间进行双向通信的端点的抽象,从效果上来说,一个套接字就是网络上进程通信的一端。进行通信的两个应用进程只要分别连接到自己的套接字,就能方便的通过网络进行通信,既不用去管下层协议栈的工作过程,也不用去管复杂的网络结构。从组成上来说,它定义了应用程序与协议栈模块进行交互时可以使用的一组操作,给出了应用程序能够调用的一组过程,以及这些过程所需要的参数。每个过程完成一个与网络协议栈模块交互的基本操作。例如,一个过程用来建立通信连接,一个过程用来接收数据,一个过程用来发送数据等。应用程序通过使用这组过程完成与对端应用程序通信的建立,数据的收发和通信的终止。

　　那么,为什么把网络编程接口称为 SOCKET 编程接口呢? SOCKET 的英文原意是插座、插孔的意思。我们可以参考电气插座和电话插座的情况。在供电网络中,电能有多种来源,如火电站、水电站、核电站等,而这些电能到达使用者的身边也经过了一系列诸如升压、高压远程传送、降压和分配等复杂的传输过程。但是对于电器用户来说,并不需要了解电网的工作过程,只需要将电器的插头连接到电器插座上即可。电话插座也是如此,人们在使用电话机时,只需要将电话线一端插在电话机上,另一端连接到电话插座上即可,而不需要了解电话网的工作原理。以上两种情况中,电器插座/电话插座都是电网/电话网面向用户的一个端点,只要连接上这个端点,就可以使用网络中的资源。

　　套接字接口在计算机网中的位置与电器插座/电话插座在电网/电话网中的位置类似,它可以看成是计算机网络面向用户的一个端点。

套接字的两种实现方式

　　要实现套接字编程接口,可以采用两种实现方式:一种是在操作系统的内核中增加相应的软件来实现,另一种是通过开发操作系统之外的函数库来实现。

　　在 BSD UNIX(Berkeley Software Distribution UNIX)及源于它的操作系统中,套接字

函数是操作系统本身的功能调用,是操作系统内核的一部分。由于套接字使用越来越广泛,其他操作系统的供应商(如 Windows 和 Linux 等)也纷纷决定将套接字编程接口加入到各自的系统中。在许多情况下,为了不修改自己的基本操作系统,供应商们开发了套接字库(Socket Library)来提供套接字编程接口。也就是说,供应商开发了一套过程库,其中每个过程具有与 UNIX 套接字函数相同的名称与参数。套接字能够向没有本机套接字的计算机上的应用程序提供套接字接口。

从开发应用的程序员角度看,套接字库与操作系统内核中实现的套接字在语义上是相同的。程序调用套接字过程,不需要管它是由操作系统提供的还是由库函数提供的。这就带来了程序的可移植性,将程序从一台计算机移植到另一台不同操作系统的计算机上时,程序的源代码改动不大。只要用新的计算机上的套接字库重新编译后,就可以在新的计算机上执行。

4.3.2 套接字的基本概念

在了解套接字的工作过程之前,首先需要了解套接字中的几个基本概念。

1. 通信域

通信域是一种抽象概念,是一个计算机网络的范围,在这个范围中,所有的计算机都使用同一种网络体系结构,使用同一种协议栈。例如,在 Internet 通信域中,所有的计算机都使用 TCP/IP 协议族,它们处于同一个通信域。一些扩展的套接字支持多通信域,比如在 Windows 操作系统中,Winsock2 既支持 TCP/IP 协议族,也支持 IPX/SPX 协议族,但是相互通信的两个套接字一般都是同一个协议族的。例如,通信的双方一般不会出现一方使用 TCP/IP 协议,而另一方使用 IPX/SPX 的情况。如果通信要跨通信域,就一定要执行某种解释程序。在本章后续的内容中,除非特别指明,否则讨论都是基于 Internet 通信域展开的。

2. 套接字的类型

根据通信的性质,套接字可以分为流式套接字、数据报套接字以及原始套接字 3 种。

1) 流式套接字

流式套接字(stream socket)提供双向的、有序的、无重复的、无记录边界的、可靠的数据流传输服务。流式套接字是面向连接的,即在进行数据交换之前,通信双方要先建立数据传输链路,这样就为后续数据的传输确定了可以确保有序到达的路径,同时为了确保数据的正确性,还会执行额外的计算来验证正确性,所以相对于稍后提到的数据报套接字,它的系统开销较大。在 Internet 通信域中,流式套接字使用 TCP 协议。

当应用程序需要交换大批量的数据时,或者要求数据按照发送的顺序无重复地达到目的地的时候,使用流式套接字是最方便的。在常见的网络应用程序中,那些对传输的可靠性、有序性等要求较高的程序,一般都使用流式套接字,例如 FTP 服务器和 FTP 客户端程序、WWW 服务器和浏览器客户端程序之间等。

2) 数据报套接字

数据报套接字(Datagram Socket)提供双向的、无连接的、不保证可靠的数据报传输服务。数据报套接字是面向无连接的,即数据报套接字发送数据前,并不事先建立连接,因此发送数据时接收端不一定在侦听,也就不能保证一定能被接收方接收到,因而也不能保证多个数据报按照发送的顺序到达对方。在 Internet 通信域中,数据报套接字使用 UDP 协议。

虽然数据报套接字并不十分可靠,但由于它的传输效率非常高,系统开销小,并且支持向多个目标地址发送广播数据报的能力,因此仍然得到非常广泛的应用。在常见的网络应用程序中,那些对传输的可靠性要求不高的程序一般使用数据报套接字,例如,网络聊天程序。

3) 原始套接字

原始套接字(Raw Socket)允许访问较低层次的协议(如 IP、ICMP 等),即可以人为地构造 IP 包和 ICMP 包等。利用原始套接字,可以开发类似网络抓包(sniffer),ICMP Ping 等网络应用程序。

以上介绍了 3 种类型的套接字,用户在编制程序时,可以根据需要的不同,选择不同类型的套接字。

3. 同步/异步模式

同步/异步模式指通信进程间推进的顺序。异步模式指的是数据发送方不等待数据接收方响应,便接着发送下个数据包的通信方式;同步模式指数据发送方发出数据后,等待收到接收方发回的响应,才发送下一个数据包的通信方式。

4. 阻塞模式/非阻塞模式

阻塞模式/非阻塞模式与同步/异步模式相对应。

阻塞模式简单来说就是通信的双方处于同步模式下。执行阻塞模式下的套接字函数调用时,直到调用成功才返回,否则将一直阻塞在此函数调用上。例如,调用 receive 函数读取网络缓冲区中的数据,如果没有数据到达,程序将一直停止在 receive 这个函数调用上,直到读取到一些数据,此函数调用才返回。

非阻塞模式简单来说就是通信的双方处于异步模式下,即执行非阻塞模式下的套接字的函数调用时,不管是否执行成功,都立即返回。例如,调用 receive 函数读取网络缓冲区中的数据,不管是否读取到数据都立即返回,而不会一直停止在此函数调用上。

5. 客户机-服务器模式

网间进程的通信过程中,肯定是其中的一方首先发起请求,首先发起通信请求的一方一般是客户机端,而等待通信请求并做出响应的一方是服务器端。在这种模式下,服务器往往都需要接收一个或者多个的客户端连接请求,例如 WWW 服务器、FTP 服务器和 Telnet 服务器等。这里需要明确的是,服务器和客户机指的是软件而不是硬件,对它们的区分是看谁首先发起了请求。在实际的应用中,两台主机上的网络应用进程可以互为客户机和服务器,例如,P2P 通信。

4.3.3 网络地址的数据结构和操作函数

使用套接字进行网络编程,离不开一个重要的因素——网络地址,在套接字中网络地址有其特定的数据结构和表示方式,以下对网络地址的数据结构和相关操作进行介绍。

1. 地址相关数据结构

在 Internet 通信域中标识一个网络应用进程需要 IP 地址、端口和协议类型等 3 个要素。因此,在套接字中需要有相关的数据结构来表达这几个要素,在套接字编程接口的函数中要用到它们。

1) 通用地址结构

```
struct sockaddr{
    u_short   sa_family;              //地址家族
    char      sa_data[14];            // 协议地址
};
```

这类地址结构可以描述多种网络协议,并不仅仅限于 TCP/IP 协议族。其中:

- sa_family 描述使用的是哪类协议族,如果是使用 TCP/IP 协议族,则该值为 AF_INET;
- sa_data 以上述参数指定的协议族描述的网络地址,如果是使用 TCP/IP 协议族,则见后续描述。

2) INET 协议族网络地址结构

```
struct sockaddr_in {
    short           sin_family;        //地址家族
    u_short         sin_port;          //端口号
    struct in_addr  sin_addr;          //IP 地址
    u_short         sin_zero[8];       //全为 0
};
```

地址结构名 sockaddr_in 中的最后两个字母"in"是 Internet 的简写,说明该结构适用于采用 TCP/IP 协议的网络。其中:

- sin_family 地址族,一般填为 AF_INET;
- sin_port 16 位的 IP 端口,必须注意字节序问题;
- sin_addr 32 位的 IPv4 地址;
- sin_zero 8 个字节的 0 值填充。

3) IPv4 地址结构

```
struct in_addr{
    union{
    struct   { u_char s_b1,s_b2,s_b3,s_b4;} S_un_b;
    struct   { u_short s_w1,s_w2;} S_un_w;
    u_long   S_addr;
    } S_un;
};
```

该结构提供了 3 种赋值的接口 S_un_b、S_un_w 和 S_addr,最常见的是 S_addr 和 S_un_b 这两种,以下对这两种方法给予介绍。

(1) 使用 S_addr 接口赋值

S_addr 为 32 位的无符号整数,对应 32 位 IPv4 地址。要将地址 202.112.107.165 赋值给 in_addr 结构,可以使用如下的代码。

```
in_addr addr;
addr.S_un.S_addr = inet_addr("202.112.107.165");
```

其中 inet_addr 是一个常用的地址转换函数,用于将点分十进制字符串格式的 IP 地址转换成 u_long 格式的 IP 地址。

由于有如下定义:

```
#define   s_addr   S_un.S_addr
```

故也可以将上面的代码简写为:

```
in_addr addr;
addr. s_addr = inet_addr("202.112.107.165");
```

（2）使用 S_un_b 接口赋值

S_un_b 为包含 4 个 8 位无符号整数,组合起来标识 IPv4 地址 s_b1. s_b2. s_b3. s_b4。以下例子将 IPv4 地址 202.112.107.165 赋值给 addr。

```
in_addr addr;
addr.S_un.S_un_b.s_b1 = 202;
addr.S_un.S_un_b.s_b2 = 112;
addr.S_un.S_un_b.s_b3 = 107;
addr.S_un.S_un_b.s_b4 = 165;
```

2. 地址转换函数

在表示 IP 地址时,直观的表示常采用点分十进制,如 202.112.107.165,但在套接字 API 中,IP 地址是用无符号长整型数来表示的,也称为网络字节序的 IP 地址。为此套接字编程接口设置了两个函数,专门用于两种形式的 IP 地址转换。

1）inet_addr 函数

函数作用:将点分十进制形式的网络地址转换为无符号长整形数形式。

函数定义:

```
unsigned long inet_addr( const char * cp )
```

入口参数 cp:点分十进制形式的 IP 地址,如"202.112.107.165"。

返回值:网络字节序的 IP 地址,是无符号的长整数。

2）inet_ntoa 函数

函数作用:将 in_addr 结构表示的网络地址转为点分十进制形式。

函数定义:

```
char * inet_ntoa( struct in_addr in)
```

入口参数 in:包含长整型 IP 地址的 in_addr 结构变量。

返回值:指向点分十进制 IP 地址的字符串的指针。

3. 域名服务函数

通常情况下书写一个网址时都使用域名来标识站点,但是在程序中需要使用 IP 地址,使用域名服务函数可以将文字型的主机域名直接转换成 IP 地址。

gethostbyname 函数

函数定义:

struct hostent * gethostbyname(const char * name)

入口参数:站点的主机域名字符串。

返回值:指向 hostent 结构的指针。

hostent 结构包含主机名、主机别名数组、返回地址的类型(一般为 AF_INET)、地址长度的字节数和已符合网络字节顺序的主机网络地址等。

4. 本机字节序和网络字节序

不同的计算机系统采用不同的字节序存储数据。例如,在 Intel 体系结构中,多字节存储采取"低位在前,高位在后"的方式存储,一个两字节的数据 0x0102,字节 0x01 存储在低位,0x02 字节存储在高位;而在 Macintosh 等体系结构中,多字节存储采用"高位在前,低位在后"的方式存储,同样的两字节数据 0x0102,字节 0x01 存储在高位,0x02 字节存储在低位。一个给定的计算机系统的多字节存储顺序,称为本机字节序。

在网络协议中,多字节数据的存储采用的是"高位在前,低位在后"的字节存储顺序,在网络协议中的多字节存储顺序称为网络字节序。由于主机字节序有两种,并且这两种主机字节序都被广泛使用,这就给不同类别主机间的网络数据交互设计带来了一定的麻烦,为了解决这个麻烦,在套接字 API 中提供了一组字节序处理函数进行本机字节序和网络字节序之间进行转换。作为程序开发者,只需要简单调用这些函数,不用考虑本机字节序与网络字节序是否有差别。这些函数包括:

- htons() 短整数本机字节序转换为网络字节序,用于端口号;
- htonl() 长整数本机字节序转换为网络字节序,用于 IP 地址;
- ntohs() 短整数网络字节序转换为主机字节序,用于端口号;
- ntohl() 长整数网络字节序转换为本机字节序,用于 IP 地址。

函数名称中的 n 代表网络(network),h 代表主机(host),l 代表无符号长整型(long),s 代表无符号短整型(short)。

下面的代码片段说明了如何构造一个完整的地址数据结构。

```
struct sockaddr_in addr;
memset(&addr, 0, sizeof(struct sockaddr_in));      //将 addr 变量清零
addr.sin_family = AF_INET;                          //将协议族设置为 TCP/IP 协议
addr.sin_port = htons(80);            //端口设置为 80,htons 将本机字节序转换为网络字节序
addr. s_addr = inet_addr("202.112.107.165");
/* 设置 IP 地址,调用 inet_addr 函数将点分十进制字符转换为无符号长整型 IP 地址。因为 inet_addr 函数的输出字节已经是网络字节序,所以不需要调用 htonl 函数了 */
```

4.3.4 面向连接的套接字工作过程

面向连接的套接字即流式套接字,采用客户机-服务器的工作模式,工作协议采用 TCP 协议,其工作过程如图 4-4 所示。

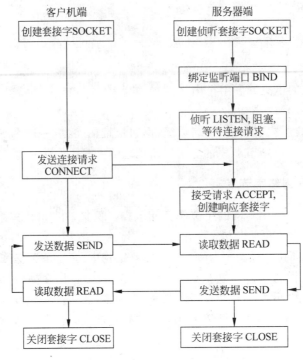

图 4-4　面向连接的套接字工作过程

1. 服务器端

面向连接的套接字服务器端的具体实现流程如下。

① 创建监听套接字。服务器端首先建立一个监听套接字,相当于准备了一个插座。

② 绑定监听端口。为监听套接字指定服务器端的 IP 地址及端口,执行这个步骤后被指定的 IP 地址和端口就和这个套接字绑定在一起了,这一步相当于安装插座,被绑定的端口称为监听端口。

③ 进入监听状态。服务器端的监听套接字进入监听状态,并设定可以建立的最大连接数,以便准备足够的缓冲区,存放连接请求的信息。

④ 接受用户的连接请求。接受客户端的连接请求,这里分为下列两种情况。

第一种情况:如果请求缓冲队列中已经有客户机端的连接请求在等待,就从中取出一个连接请求,并接受它。具体过程是:服务器端创建一个新的套接字,称为响应套接字,说明已经接受了这个连接请求,此后就由服务器端的这个响应套接字专门负责与该客户机交换数据的工作。进行完以上过程后,就将此连接请求从请求缓冲队列中清除,说明此连接请求已经被受理。这里需要说明的是,服务器端和客户机端间的后续通信,是通过服务器端的响应套接字实现的。服务器端的监听套接字在接受并处理了客户机的连接请求后,就又重新回到了监听状态,去等待接纳另一个客户机端的请求。

第二种情况:请求缓冲队列中没有任何客户机端的连接请求在等待,那么服务器端就会进入阻塞等待的状态,直到有客户端连接请求到来。

⑤ 与客户端进行通信。当服务器端接受了连接请求并为每个连接请求创建了响应套

接字后,就可以通过这个响应套接字跟各个客户端进程互相收发数据了。

⑥ 关闭与客户端的通信。关闭与某一个客户端进程对应的响应套接字以关闭与其之间的通信。但在这里注意关闭的是响应套接字,而不是监听套接字,关闭某一个响应套接字只是关闭与之对应的客户端的通信,并不影响与其他客户端的通信。

⑦ 关闭监听套接字。关闭监听套接字后,服务器将不能接受新的连接请求。

2. 客户端

面向连接的套接字通信过程中,客户端的连接工作相对服务器端要简单,其具体实现流程如下。

① 创建客户端套接字。这时,客户机端的操作系统已经将本地主机默认的 IP 地址和一个客户机端的自由端口号赋给了这个套接字,因此客户机端不必再经过绑定的步骤。

② 提出连接请求。客户机端根据服务器端的 IP 地址和端口号向服务器端发出连接请求。此时客户机端进程进入阻塞状态,等待服务器端的连接应答,一旦收到来自服务器端的应答,客户机端和服务器端的连接就建立起来了。

③ 与服务器通信。连接请求被服务器端接受后,便可以与服务器端进行相互收发数据的操作了。

④ 关闭与服务器的通信。关闭客户端套接字即可关闭与服务器的通信。

4.3.5　面向连接的基本套接字函数

本小节将对面向连接的套接字函数逐一作介绍。

1. socket

函数定义:

```
int socket(int af, int type, int protocol)
```

函数用途:服务器-客户机使用,创建套接字。
参数说明:

- af　输入参数,指定协议族,一般都为 AF_INET,对应于 Internet 协议族;
- type　输入参数,指定套接字类型,若取值为 SOCK_STREAM,表示要创建面向连接的流式套接字;若取值为 SOCK_DRRAM,表示要创建面向无连接的数据报套接字;若取值为 SOCK_RAW,表示要创建原始套接字;
- protocol　输入参数,指定套接字所使用的传输层协议。在 Internet 通信域中,此参数一般取值为 0,系统会根据套接字的类型决定应使用的传输层协议;
- 返回值　如果套接字创建成功,就返回一个 int 型的整数,它就是所创建的套接字的描述符,后续对套接字的操作,如读写数据、关闭套接字,都需要通过这个描述符来完成。这就像是在建立一个文件后,得到文件句柄一样,对文件的操作都是对文件句柄来进行的。如果创建套接字失败,就返回-1。

【例 4-1】 使用 socket 函数示例。

```
int sockfd = socket(AF_INET,SOCK_STREAM,0);
```

例子中 sockfd 就是创建的套接字的描述符,如果成功创建,则是一个大于 0 的整型数,如果创建失败,则为−1。

2. bind

函数定义:

```
int bind( int sockfd, struct sockaddr * my_addr, int addrlen)
```

函数用途:服务器端使用,将套接字与指定的本机 IP 地址和端口绑定。端口一般是保留端口,当然也可以由通信双方事先约定好的自由端口。服务器端可能会有多块网卡,在指定 IP 地址时,可以使用 INADDR_ANY 参数来指定多块网卡。

参数说明:

- sockfd 输入参数,套接字描述符,是由 socket()函数创建的套接字描述符,要将它绑定到指定的网络地址上;
- my_addr 输入参数,是一个指向 sockaddr 结构变量的指针,所指向的结构中保存着特定的网络地址,即要和套接字绑定的本地网络地址。在 Internet 通信域中,此网络地址由 IP 地址+传输层端口号构成;
- 参数 addrlen 输入参数,sockaddr 结构的长度,一般可以使用 sizeof(struct sockaddr)来填写;
- 返回值 如果返回 0,表示已经正确的实现了绑定;如果返回−1,表示有错。

【例 4-2】 使用 bind 函数示例。

```
int sockfd = socket(AF_INET,SOCK_STREAM,0);
struct sockaddr_in my_addr;
my_addr.sin_family = AF_INET;              //将协议族设置为 TCP/IP 协议
my_addr.sin_port = htons(80);     /* 端口设置为 80,htons 将本机字节序转换为网络字节序 */
my_addr. s_addr = inet_addr(INADDR_ANY);      /* 使用 INADDR_ANY 参数,和本机上多块网卡的 IP
                                              地址绑定,如果有多块网卡的话 */
if( bind(sockfd, (sockaddr * ) &my_addr, sizeof(struct sockaddr_in)< 0){
        printf("error occur");
}
```

说明:

(1) 在填写网络地址变量 my_addr 时,IP 地址部分填写的是 inet_addr(INADDR_ANY),其含义是如果本机有多块网卡(多宿主机),则将多块网卡上的多个 IP 地址都填写进去。当然这里也允许只填写其中某个 IP 地址,但是这样就会造成执行完绑定操作后,服务器只能接受客户机发往这个 IP 地址的连接请求,而不能接受发往服务器中其他网卡上的其他 IP 地址的连接请求。

(2) 在调用 bind 函数时,第二个输入参数是(sockaddr *) &my_addr。为什么要这样写呢？原来 bind 函数的定义中第二个参数是通用网络地址结构 sockaddr，目的是为了套接字可以被各种网络协议栈所使用，而不仅仅是为 Internet 协议族使用。在本例子中，使用的是 Internet 协议族，因此变量 my_addr 使用的是一个 INET 协议族的网络地址结构 sockaddr_in，但是在调用 bind 函数时，需要将此 INET 协议族的网络地址结构强制转换为通用网络地址结构。

3. listen

函数定义：

```
int listen( int sockfd, int queuesize)
```

函数用途：服务器端程序使用，这个函数告诉套接字开始监听客户机的连接请求，并且参数 queuesize 规定了等待连接请求队列的最大长度。操作系统为每个监听套接字各自建立了一个用来等待连接的缓冲区队列。队列最初是空的，是一个先进先出的缓冲区队列。如果缓冲区有空闲位置，则接受一个来自客户端的连接请求，并将其放入队列尾；如果缓冲区队列满了，则拒绝客户机端的连接请求。

参数说明：

- sockfd　输入参数，套接字描述符，通过它来监听来自客户机端的连接请求；
- queuesize　输入参数，等待连接队列的最大长度，由编程人员指定；
- 返回值　函数正确执行返回 0，出错返回 -1。

【例 4-3】　使用 listen 函数示例。

```
int n = listen(sockfd, 10);              //最大同时接受 10 个连接
```

4. accept

函数定义：

```
int accept( int sockfd, struct sockaddr * addr, int * addrlen)
```

函数用途：服务器端程序使用，从等待连接请求队列中取出第一个连接请求并接受，为这个连接请求创建一个响应套接字，后续与此连接请求对应的客户端通信时将通过这个响应套接字进行。此调用仅适用于面向连接的套接字，与 listen 函数配套适用。它的第二个参数和第三个参数是输出参数，能通过这两个参数得到客户机端的网络地址信息。

参数说明：

- sockfd　输入参数，监听套接字描述符；
- addr　输出参数，带回指向连接套接字客户机端网络地址信息的数据结构的指针。当不关心客户端地址信息时，可以将此参数置为 NULL；
- addrlen　输入输出参数。调用 accept 函数前，应先将此参数值初始设置为 addr 结构的长度，不能为 0 或者 NULL，调用完毕后返回所接受的客户机端的网络地址的精确长度；
- 返回值　如果调用成功，返回一个新的响应套接字描述符，后续与此连接请求对应的客户端通信时将通过这个响应套接字进行；如果出错返回 -1。

【例 4-4】 使用 accept 函数示例。

```
int clientfd;                              //定义响应套接字变量
int addrlen = sizeof(sockaddr);            //获得套接字地址结构长度
struct sockaddr_in clientaddr;             //定义用于返回客户端网络地址的结构
clientfd = accept( listenfd, (sockaddr * )& clientaddr, &addrlen);    /* 接受连接请求,如果
执行成功,则 clientfd 为新创建的响应套接字,clientaddr 结构中填写上客户机端的网络地址信
息。*/
```

5. connect

函数定义:

```
int connect( int sockfd, struct sockaddr * remoteaddr, int addrlen)
```

函数用途:客户机端使用,用来请求连接到服务器端套接字。调用此函数会启动与指定服务器的传输层建立连接,将连接请求发送到服务器端,服务器根据等待连接请求队列的情况决定是否接受此请求到等待缓冲区。

参数说明:

- sockfd　输入参数,客户机端进程生成的套接字描述符,客户机端要通过这个套接字向服务器端发送连接请求,要用它来与服务器端建立连接,并与服务器端交换数据,可以将这个套接字称为请求套接字。如果 connect 函数执行成功,则此套接字处于已绑定和已连接的状态;

- remoteaddr　输入参数,指向 sockaddr 通用地址结构的指针,该结构中存放了要连接的服务器端的网络地址。这个参数使用的是通用地址结构而不是 INET 地址结构;

- addrlen　输入参数,sockaddr 结构的长度。

- 返回值如果调用成功返回大于等于 0 的整数调用失败则返回−1。

【例 4-5】 使用 connect 函数示例。

```
If (connect(sockfd, (struct sockaddr * )&serveraddr, sizeof(serveraddr)) < 0){
     printf("error");
}
```

6. send 和 recv

函数定义:

```
int send(int sockfd, char * buffer, int len, int flags)
int recv(int sockfd, char * buffer, int len, int flags)
```

函数用途:服务器-客户端使用,发送、接收数据。

参数说明:

- sockfd　输入参数,对于服务器来说是响应套接字描述符(注意不是监听套接字),对于客户端来说是请求套接字描述符;

- buffer　输出参数,用来发送/接收的缓冲区指针;
- len　输入参数,对于 send 函数来说是要发送的字节数,对于 recv 函数来说是接收缓冲区的大小;
- flags　输入参数,调用方式,一般置为 0;
- 返回值　对于 send 函数,返回实际发送出去的字节数;对于 recv 函数,返回接收到的字节数。

【例 4-6】　使用 send 函数示例。

发送

```
char buf[20];
… …/*将数据写入发送缓冲区 buf*/
int n = send(sockfd, buf, 20,0);
```

接收:

```
char buf[20];                    //先准备好缓冲区来接收数据
int n = recv(sockfd, buf, sizeof(buf),0);
```

7. close

函数定义:

```
int close(int sockfd)
```

函数用途:关闭套接字。
参数说明:

- sockfd　输入参数,套接字描述符;
- 返回值　如果成功,则返回 0;失败,返回−1。

【例 4-7】　使用 close 函数示例。

```
close(sockfd);
```

4.3.6　面向连接的套接字编程举例

本小节介绍一个使用 Windows 套接字 API 编写的客户端-服务器的例子。例子中有两个程序,一个是套接字的服务器端程序,以下简称服务器程序;一个是套接字的客户机端程序,以下简称客户机程序,两者采用 TCP 协议通信。两个程序可以分别部署在两台主机上,也可以放在同一台主机上。

1. 程序的功能

服务器程序启动后,监听来访的客户机的连接请求,当有来自客户端的请求时,接受该连接请求,并将客户机端的 IP 地址打印出来。连接建立后,双方可以开始通信。客户端程序在控制台上输入字符后,程序将字符发送到服务器端。服务器接收发自客户端的字符后,在屏幕上进行回显,并将收到的字符发回给客户机,客户机收到后,将接收到的字符在屏幕上打印出来。

2. 程序的启动

服务器端的程序启动时,需要手工指定监听端口号,启动的命令如下:

server.exe 端口号

例如,server.exe 90。端口号可自行指定。如果指定的端口号已经被占用,则程序报错退出。

客户机端的程序启动时,需要指定服务器端的 IP 地址和监听端口号。如果两个程序在同一台主机上,则可以将 IP 地址设置为 127.0.0.1。启动的命令如下:

client.exe 服务器 IP 地址 服务器端口号

例如,client.exe 202.112.107.65 90。当客户机端程序成功连接上服务器后,屏幕显示提示符>。在提示符后可以输入字符。输入若干字符后按 Enter 键,客户机端的程序将字符发送到服务器端,服务器端将显示收到的字符。

3. 程序运行

屏幕截图如下图 4-5～图 4-8 所示。

```
D:\test\socket>Server.exe 90
Server 90 is listening......
```

图 4-5　服务器端程序启动

```
D:\test\socket>client 59.64.142.82 90
Connecting to 59.64.142.82:90......
>
```

图 4-6　客户端程序启动

```
D:\test\socket>client 59.64.142.82 90
Connecting to 59.64.142.82:90......
>hello world
Message from 59.64.142.82: hello world
>
```

图 4-7　客户端发送字符后回显

```
D:\test\socket>Server.exe 90
Server 90 is listening......
Accept connection from 59.64.142.82
Message from 59.64.142.82: hello world
```

图 4-8　服务器端接收到字符后回显

4. 服务器端源代码

【例 4-8】　面向连接的服务器端示例源代码。

```
//Server.cpp
#include<winsock2.h>
```

```
# include < stdio. h >
# include < windows. h >

int main( int argc, char * argv[ ]){
//判断是否输入了端口号
    if(argc!= 2){
        printf("Usage: % s PortNumber\n",argv[0]);
        exit( - 1);
    }
//把端口号转化成整数
    short port;
    if((port = atoi(argv[1]))== 0){
        printf("端口号有误!");
        exit( - 1);
    }
    WSADATA wsa;
//初始化套接字 DLL
    if(WSAStartup(MAKEWORD(2,2),&wsa)!= 0){
        printf("套接字初始化失败!");
        exit( - 1);
    }
//创建套接字
    SOCKET serverSocket;
    if((serverSocket = socket(AF_INET,SOCK_STREAM,IPPROTO_TCP))== INVALID_SOCKET){
        printf("创建套接字失败!");
        exit( - 1);
    }
    struct sockaddr_in serverAddress;
    memset(&serverAddress,0,sizeof(sockaddr_in));
    serverAddress. sin_family = AF_INET;
    serverAddress. sin_addr. S_un. S_addr = htonl(INADDR_ANY);
    serverAddress. sin_port = htons(port);
//绑定
    if(bind(serverSocket,(sockaddr * )&serverAddress,sizeof(serverAddress))== SOCKET_ERROR){
        printf("套接字绑定到端口失败!端口: % d\n",port);
        exit( - 1);
    }
//进入侦听状态
    if(listen(serverSocket,SOMAXCONN)== SOCKET_ERROR){
        printf("侦听失败!");
        exit( - 1);
    }
    printf("Server % d is listening......\n",port);
    SOCKET clientSocket;                    //用来和客户端通信的套接字
    struct sockaddr_in clientAddress;       //用来和客户端通信的套接字地址
    memset(&clientAddress,0,sizeof(clientAddress));
    int addrlen = sizeof(clientAddress);
//接受连接
    if((clientSocket = accept(serverSocket,(sockaddr * )&clientAddress,&addrlen))== INVALID_
SOCKET){
        printf("接受客户端连接失败!");
```

```
            exit( -1);
        }
        printf("Accept connection from % s\n",inet_ntoa(clientAddress.sin_addr));
        char buf[4096];
        while(1){
//接收数据
            int bytes;
            if((bytes = recv(clientSocket,buf,sizeof(buf),0))== SOCKET_ERROR){
                printf("接收数据失败!\n");
                exit( -1);
            }
            buf[bytes] = '\0';
            printf("Message from % s: % s\n",inet_ntoa(clientAddress.sin_addr),buf);
            if(send(clientSocket,buf,bytes,0)== SOCKET_ERROR){
                printf("发送数据失败!");
                exit( -1);
            }
        }
//清理套接字占用的资源
WSACleanup();
return 0;
}
```

5. 客户机端源代码

【例 4-9】 面向连接的客户端示例源代码。

```
//Client.cpp
# include < winsock2.h>
# include < stdio.h>
# include < windows.h>


int main( int argc, char * argv[ ]){
//判断是否输入了 IP 地址和端口号
    if(argc!= 3){
        printf("Usage: % s IPAddress PortNumber\n",argv[0]);
        exit( -1);
    }
//把字符串的 IP 地址转化为 u_long
    unsigned long ip;
    if((ip = inet_addr(argv[1]))== INADDR_NONE){
        printf("不合法的 IP 地址: % s",argv[1]);
        exit( -1);
    }
//把端口号转化成整数
    short port;
    if((port = atoi(argv[2]))== 0){
        printf("端口号有误!");
        exit( -1);
    }
    printf("Connecting to % s: % d......\n",inet_ntoa( * (in_addr * )&ip),port);
```

```
    WSADATA wsa;
//初始化套接字 DLL
    if(WSAStartup(MAKEWORD(2,2),&wsa)!=0){
      printf("套接字初始化失败!");
      exit(-1);
    }
//创建套接字
    SOCKET sock;
    if((sock = socket(AF_INET,SOCK_STREAM,IPPROTO_TCP))== INVALID_SOCKET){
      printf("创建套接字失败!");
      exit(-1);
    }
    struct sockaddr_in serverAddress;
    memset(&serverAddress,0,sizeof(sockaddr_in));
    serverAddress.sin_family = AF_INET;
    serverAddress.sin_addr.S_un.S_addr = ip;
    serverAddress.sin_port = htons(port);
//建立和服务器的连接
if(connect(sock,(sockaddr * )&serverAddress,sizeof(serverAddress))== SOCKET_ERROR){
      printf("建立连接失败!");
      exit(-1);
    }
    char buf[4096];
    while(1){
      printf(">");
      //从控制台读取一行数据
      gets(buf);
      //发送给服务器
      if(send(sock,buf,strlen(buf),0)== SOCKET_ERROR){
        printf("发送数据失败!");
        exit(-1);
      }
      int bytes;
      if((bytes = recv(sock,buf,sizeof(buf),0))== SOCKET_ERROR){
        printf("接收数据失败!\n");
        exit(-1);
      }
buf[bytes] = '\0';
//调用 inet_ntoa 函数将长整型地址转换为点分十进制字符串
      printf("Message from % s: % s\n",inet_ntoa(serverAddress.sin_addr),buf);
    }
//清理套接字占用的资源
    WSACleanup();
    return 0;
}
```

6. 多线程的服务器程序

以上的两个例子演示了套接字函数的使用,但是值得注意的是,这个例子中的服务器程序只能为一个客户机端提供服务,当有一个客户端程序已经连接上服务器后,再启动另一个客户端进程去连接服务器时,发现它能连接上服务器,但是发送字符后并没有回显,如图 4-9 所示。这是什么原因造成的呢? 原来,这是由服务器端程序的代码决定的。服务器端的程序在接受了第一个客户机端进程的请求后,就进入了与第一个客户机的数据交互的处理逻辑。此时即使有新的连接请求到来,程序的代码也对此没有响应。

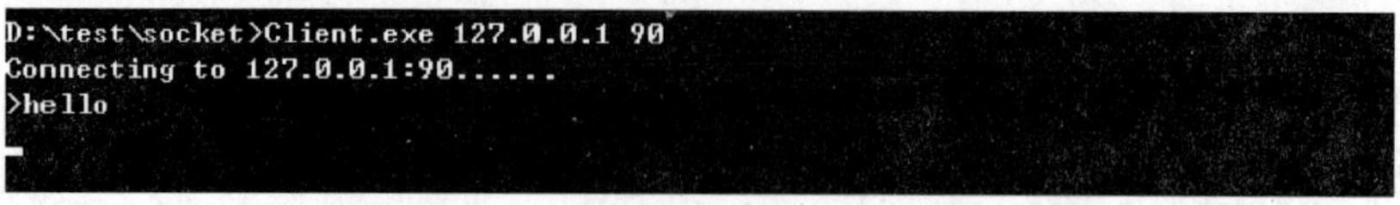

```
D:\test\socket>Client.exe 127.0.0.1 90
Connecting to 127.0.0.1:90......
>hello
```

图 4-9　第 2 个客户机端程序不能正常地与服务器端通信

这种服务器端程序与我们熟悉的"服务器"概念相去甚远。众所周知,一台互联网上的 WWW 服务器或者 FTP 服务器需要同时处理多个连接请求。在一些热门的站点上,一台服务器可能需要同时处理几百甚至几千个连接请求。那么怎么样才能做到这一点呢? 采用多线程的方式可以同时处理与多个客户端的通信。例 4-10 是一个多线程套接字服务器程序,在该服务器程序中,主程序负责监听客户机端的连接请求,当接受了一个客户机端的连接请求后,主程序即创建一个新的线程,这个新的线程负责处理该客户机端的后续数据交换过程。有多少个客户机端的连接请求就创建多少个新线程。多个线程并行工作,互相之间不影响。当其中一个客户机端进程退出后,其对应的服务器端线程也随之终止,但是并不影响其他的线程。通过这种方式,服务器端的程序就可以同时为多个客户端服务了。

【例 4-10】　面向连接的多线程服务器端示例源代码。

多线程服务器端源代码如下。

```cpp
//ServerThread. cpp
# include < winsock2. h>
# include < stdio. h>
# include < windows. h>
# include < process. h>

typedef struct _MySocket {
    int asock;
    struct sockaddr_in clientAddress;            //用来和客户端通信的套接字地址
} MYSOCKET, * PMYSOCKET;

VOID SocketServerThread(LPVOID);

int main( int argc, char * argv[]){
 HANDLE hThrd;
 DWORD IDThread;
 MYSOCKET pSocket;
    //判断是否输入了端口号
  if(argc!= 2){
    printf("Usage: % s PortNumber\n",argv[0]);
    exit( - 1);
  }
    //把端口号转化成整数
  short port;
```

```
if((port = atoi(argv[1]))==0){
  printf("端口号有误!");
  exit(-1);
}
WSADATA wsa;
  //初始化套接字 DLL
if(WSAStartup(MAKEWORD(2,2),&wsa)!=0){
  printf("套接字初始化失败!");
  exit(-1);
}
//创建套接字
SOCKET serverSocket;
if((serverSocket = socket(AF_INET,SOCK_STREAM,IPPROTO_TCP))== INVALID_SOCKET){
  printf("创建套接字失败!");
  exit(-1);
}
struct sockaddr_in serverAddress;
memset(&serverAddress,0,sizeof(sockaddr_in));
serverAddress.sin_family = AF_INET;
serverAddress.sin_addr.S_un.S_addr = htonl(INADDR_ANY);
serverAddress.sin_port = htons(port);
//绑定
if(bind(serverSocket,(sockaddr * )&serverAddress,sizeof(serverAddress))== SOCKET_ERROR){
  printf("套接字绑定到端口失败!端口: %d\n",port);
  exit(-1);
}
//进入侦听状态
if(listen(serverSocket,SOMAXCONN)== SOCKET_ERROR){
  printf("侦听失败!");
  exit(-1);
}
printf("Server %d is listening......\n",port);
SOCKET clientSocket;                    //用来和客户端通信的套接字
struct sockaddr_in clientAddress;       //用来和客户端通信的套接字地址
memset(&clientAddress,0,sizeof(clientAddress));
int addrlen = sizeof(clientAddress);
//接受连接
do{
if((clientSocket = accept(serverSocket,(sockaddr * )&clientAddress,&addrlen))== INVALID_
SOCKET){
                //阻塞等待客户连接,连接成功返回新 Socket 句柄
                  printf("tcp accept %d is the error", WSAGetLastError());
        }
    printf("Accept connection from %s\n",inet_ntoa(clientAddress.sin_addr));
    pSocket.asock = clientSocket;
    //memcpy(pSocket.clientAddress,clientAddress,sizeof(clientAddress));
    hThrd = CreateThread(NULL,0,(LPTHREAD_START_ROUTINE)SocketServerThread,
                    &pSocket,0,&IDThread);        //创建工作服务器线程
}while( TRUE );
//清理套接字占用的资源
WSACleanup();
```

```
    return 0;
}


VOID SocketServerThread(LPVOID lpParam)
{
 PMYSOCKET pSocket;
 SOCKET bsock;
 pSocket = (PMYSOCKET)lpParam;
 bsock = pSocket -> asock;
 printf(" Server Thread Socket Number = % d, Server Thread Number = % ld \ n", bsock,
GetCurrentThreadId());                          //打印线程标识
  char buf[4096];
  while(1){
    //接收数据
    int bytes;
    if((bytes = recv(bsock, buf, sizeof(buf), 0))== SOCKET_ERROR){
      printf("接收数据失败!\n");
      exit( - 1);
    }
    buf[bytes] = '\0';
    printf("Message from % s: % s\n", inet_ntoa(pSocket -> clientAddress.sin_addr), buf);
//打印发送端地址,及发送的内容
    if(send(bsock, buf, bytes, 0)== SOCKET_ERROR){
      printf("发送数据失败!");
      exit( - 1);
    }
    if(strcmp(buf, "exit")== 0) break;
  }
    printf("Server Thread Socket Number = % ld exit\n", GetCurrentThreadId());
    closesocket( bsock );
    return;
}
```

代码说明:

与单线程套接字服务器程序例 4-8 相比,多线程套接字服务器程序例 4-9 多了一些处理代码。在接受了客户端的连接请求后,服务器主程序便通过调用 CreateThread 函数建立了一个新的线程,新的线程负责处理与此客户端的后续数据交换,线程的处理逻辑在函数 SocketServerThread 中体现。

7. Winsock

在以上的例子中,使用的是 Windows 平台下的套接字 API,编程语言使用的是 C++,有一些系统调用是 Windows 平台所要求的,例如,WSAStartup 函数和 WSACleanup 函数,而在 BSD UNIX 操作系统上是不要求的。

Socket 最早起源于 BSD UNIX(Berkeley Software Distribution UNIX)。20 世纪 70 年代随着微软公司的崛起,Windows 操作系统在个人计算机中逐渐占据统治地位。为了在使得原先在 UNIX 上才能实现的网络通信方式同样能在 Windows 上得以实现,Windows Socket 编程接口被提出并得以建立。

Windows 套接字(WinSock)是一个定义 Windows 网络软件应该接入到网络服务的规范。通过这个规范,Windows 应用程序可以实现强大的网络功能,这些功能都建立在 WinSock 接口的基础上,是 Windows 环境下应用广泛的、开放的、支持多种协议的网络编程接口。经过不断的完善,它已成为 Windows 网络编程事实上的标准规范。

WinSock 规范继承了 Berkeley 库函数中很多的优良风格,并在此基础上扩展了很多适应于 Windows 操作系统的扩展函数库。可以认为 WinSock 规范是 Berkeley 套接字规范的超集。

当然,为了适应 Windows 操作系统,WinSock 规范对 Berkeley 套接字规范的一些部分进行了修改,诸如头文件、数据类型、函数名称、指针类型等。针对 Windows 操作系统基于消息的特点,WinSock 规范还增加了对消息驱动机制的支持。

对于开发者来说,大部分在 Berkeley 套接字规范中的概念和方法在 Winsock 中仍然可以得到沿用,而涉及的一些具体的函数名称和数据类型等,需要去查找 WinSock 规范相关的技术资料。

4.4　几种网络应用编程技术

套接字是最早解决了网络间进程通信的编程接口,随着网间通信需求越来越高,网络编程技术发展得很快,出现了多种网络应用编程技术,本节介绍常见的几种网络编程技术。

4.4.1　RPC

远程过程调用(Remote Procedure Call,RPC)是一种通过网络从远程计算机程序上请求服务,而不需要了解底层网络技术的协议。

平时人们在编制程序中所说的"调用"往往发生在同一个进程内,常见的情况是程序中某处"调用"了一个函数(或者称为过程)。例如,在进程 H1-P1 中,函数 A 调用了函数 B,函数 B 又调用了函数 C,如图 4-10 所示。而在 RPC 中,调用者和被调用者不在一台主机中,而是分散在两台不同的主机中。但是对于调用者来说,它并不关心被调用的过程是否和它在一个进程里,甚至不关心是否在一台主机上,在它看来,被调用的过程就"好像"和它在同一个进程里一样。调用过程如图 4-11 所示。

很显然,要使得调用者调用一个处于不同主机上的过程,必然要涉及网络协议。RPC 协议假定某些传输协议的存在,如 TCP 或 UDP,为通信程序之间携带信息数据。在 OSI 网络通信模型中,RPC 跨越了传输层和应用层。RPC

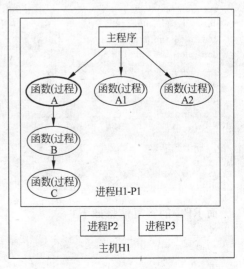

图 4-10　进程内调用

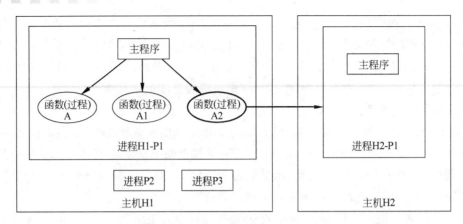

图 4-11　RPC 远程过程调用

使得开发包括网络分布式多程序在内的应用程序更加容易。

RPC 采用客户机-服务器模式。请求程序就是一个客户机,而服务提供程序就是一个服务器。首先,调用进程发送一个有进程参数的调用信息到服务进程,然后等待应答信息。在服务器端,进程保持睡眠状态直到调用信息的到达为止。当一个调用信息到达,服务器获得进程参数,计算结果,发送答复信息,然后等待下一个调用信息,最后,客户端调用过程接收答复信息,获得进程结果,然后调用执行继续进行。

远程过程调用(RPC)信息协议由两个不同结构组成:调用信息和答复信息。

RPC 调用信息:每条远程过程调用信息包括以下字段,以独立识别远程过程。

- 程序号(Program number);
- 程序版本号(Program version number);
- 过程号(Procedure number)。

RPC 调用信息主体形式如下:

```
struct call_body {
unsigned intrpcvers;
unsigned int prog;
unsigned int vers;
unsigned int proc;
opaque_auth cred;
opaque_auth verf;
1 parameter
2 parameter
3 parameter
...
};
```

而 RPC 的答复信息如下:

```
enum reply_stat stat {
MSG_ACCEPTED = 0,
MSG_DENIED = 1
};
```

4.4.2　RMI

远程方法调用(Remote Method Invocation,RMI)是 Java 2 的标准版本 J2SE(Java 2 Standard Edition)中的一部分。程序员可以基于 RMI 开发出 Java 环境下的分布式应用。它允许在 Java 中调用一个远程对像的方法就像调用本地对象的方法一样,使分布在不同的 Java 虚拟机(Java Virtual Machine,JVM)中的对象的外表和行为都像本地对象一样。

RMI 也可以看作是 RPC 的 Java 版本,但由于它是 Java 的一部分,因此具备跨平台、面向对象等 Java 所独有的特点。

它的原理如图 4-12 所示。

在 RMI 中有两个概念 Stub 和 Skeleton,它们是理解 RMI 工作原理的关键。

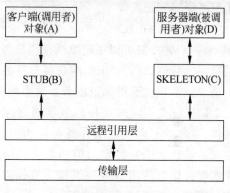

图 4-12　RMI 原理图

客户端的对象 A 想要调用某个远程对象 D 的方法,但是它不能直接找到 D,于是委托代理 B,代理 B 也不能找到 D,但是它能找到 D 的代理 C,于是 B 和 C 建立了联系,分别代理 A 和 D,从而为 A 和 D 建立了联系。这里的 B 和 C 就是 Stub 和 Skeleton。但是 B 是如何找到 C 的呢？这就需要 D 建立的时候,在服务器上先进行注册,而代理 B(Stub)到服务器上找到 D 的注册信息,从而能跟 D 的代理 C 联系上。这个注册的过程在 RMI 中使用 Rmi registry 实现。

完成这一系列的动作后,A 需要调用 D 的方法时,只需要跟 B 打交道,对于它来说,就像是在调用一个本地方法一样,并不关心这个方法的实现实际上位于另一台主机上。

从上面的过程可以看出,一个完整的 RMI 系统包括以下几个部分。

- 远程服务的接口定义；
- 远程服务接口的具体实现；
- 桩(Stub)和框架(Skeleton)文件；
- 一个运行远程服务的服务器；
- 一个 RMI 命名服务,它允许客户端去发现这个远程服务；
- 类文件的提供者(一个 HTTP 或者 FTP 服务器)；
- 一个需要这个远程服务的客户端程序。

RMI 的开发包括以下几个步骤。

① 生成一个远程接口。

② 实现远程对象(服务器端程序)。

③ 生成 Stub 模块和 Skeleton 模块。

④ 编写服务器程序。

⑤ 编写客户程序。

⑥ 注册远程对象。

⑦ 启动远程对象。

4.4.3　CORBA

公共对象请求代理体系结构(Common Object Request Broker Architecture,CORBA)是由对象管理组织(Object Management Group,OMG)制定的一种标准的面向对象应用程序体系规范,是为了满足在分布式处理环境中异质的软件系统之间协同工作的需求而提出的一种解决方案。

CORBA定义了接口定义语言(Interface Definition Language,IDL)和API,通过对象请求代理(Object Request Broker,ORB)使得运行在不同操作系统上的不同语言编写的应用程序能够互相操作。

ORB是CORBA的核心,它是一个中间件,在对象间建立客户-服务器的关系。通过ORB,一个客户机可以很简单地使用服务器对象的方法而不论服务器是在同一机器上还是通过一个网络访问。ORB截获客户机的调用请求然后负责找到一个服务器对象来实现这个请求。客户机不用知道服务器对象的位置、使用的编程语言、操作系统等。

IDL定义了客户端和服务器端之间的接口,通过这个接口,客户端可以获知服务器对象所能提供的方法。这种定义不是针对某种特定的编程语言,客户端和服务器端程序需要对接口使用各自的编程语言加以实现。例如,客户端使用C++,而服务器端使用Java。

对象请求代理的结构如图4-13所示。

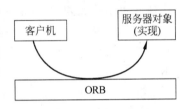

图4-13　CORBA的体系结构

4.5　小结

本章首先介绍了网间进程的基本概念及网间进程通信需要解决的问题。在Internet通信域中,网间进程是通过通信双方的IP地址、端口号、传输层协议进行标识的。网络编程分为3大类,本章重点介绍了其中基于TCP/IP协议栈的网络编程方式。

基于TCP/IP协议栈的网络编程主要是通过套接字编程接口进行。本章介绍了套接字的基本概念、套接字的地址数据结构和常用套接字接口函数,并以一个面向连接的套接字程序为例进行了说明。

本章还介绍了其他几种网络应用编程技术RPC、RMI、CORBA等。

第5章

网络环境下信息的标识、描述及表达

本章讨论在网络环境下,对信息进行标识、描述和表达的方法。重点内容包括 URL、HTML 语言和 XML 语言。

5.1 信息标识与定位

在网络环境下,信息以不同的方式分布在网络的不同节点上,如何对信息的位置加以确定,又如何对信息进行区分、标识,是本节所要讨论的问题。其中 URL、URI 是本节重点要讨论的内容。

5.1.1 URL、URN 和 URI

1. URL

统一资源定位符(Uniform Resource Locator,URL)也被称为网页地址,如同在网络上的门牌,是 Internet 上资源的地址。一个典型的网址的形式如 http://news.sina.com.cn/w/2012-02-17/075023947751.shtml。

URL 相当于一个文件名在网络范围的扩展,是对 Internet 上的资源的位置和访问方法的简洁表示。URL 给资源的位置提供一种抽象的识别方法,并用这种方法给资源定位。

URL 由以下几个要素组成。

- 传送协议;
- 服务器;
- 端口号;
- 路径;
- 查询。

一个完整的 URL 的例子如下:

http://zh.wikipedia.org:80/w/index.php?title = Special: % E9 % 9A % 8F % E6 % 9C % BA % E9 % A1 % B5 % E9 % 9D % A2&printable = yes

其中:

- http 是传送协议;
- zh. wikipedia. org 是服务器的域名;
- 80 是服务器上的网络端口号;
- /w/index. php 是路径;
- ?title = Special:％E9％9A％8F％E6％9C％BA％E9％A1％B5％E9％9D％A2&printable=yes 是查询。

各个项的详细说明:

- 第一项协议项　指明访问该信息所使用的应用层协议。除了应用最广的 http 协议外,常见的一些协议还有 ftp、https、mailto、news、gopher、ldap、telnet 等;
- 第二项服务器　这部分可以是服务器所使用的域名,也可以是 IP 地址;
- 第三项网络端口号　网络端口号常常与协议相关,如果服务器使用的是该协议所对应的保留端口,则端口号可以省略不写,例如,上述的例子写成:

http://zh. wikipedia. org/w/index. php? title = Special:％E9％9A％8F％E6％9C％BA％E9％A1％B5％E9％9D％A2&printable = yes

这是因为 80 端口是 http 协议的保留端口。此外 ftp 对应 21 端口,https 协议对应 443端口;

- 第四项路径　可选项。如果此项不填写,则指明是访问该服务器的主页或者根目录。例如,新浪网的主页 http://www. sina. com 就没有填写路径项;
- 第五项查询　可选项。用于动态网页中,如果是静态网页这部分常常是没有的。上述的例子中就是使用查询串动态生成的网页。

除了常见的 http 协议外,一些常见协议的 URL 举例如下。

- ftp://ftp. bupt. edu. cn/　表示 ftp 站点 ftp. bupt. edu. cn 的根目录,注意这里没有写端口号 21,因为 21 是 ftp 协议的保留端口号;
- ftp://ftp. bupt. edu. cn/pub 表示 ftp 站点 ftp. bupt. edu. cn 的 pub 目录;
- ftp://ftp. bupt. edu. cn/pub/Documents/LFS-BOOK-5. 1. 1. pdf 表示 ftp 站点 ftp. bupt. edu. cn 下的 pub/Documents 目录下的 LFS-BOOK-5. 1. 1. pdf 文件;
- mailto:// bill. gates @ MSN. com　表示使用电子邮件协议向邮箱 bill. gates @ MSN. com 发送邮件;
- telnet://bbs. byr. edu. cn　表示使用 telnet 协议访问站点 bbs. byr. edu. cn。

URL 除了可以用来表示信息在网络上的位置外,还可以用来表示本机的文件位置,此时协议项写成 file,例如 file:// /usr/temp/1. txt。可以把 file 看成是网络位置的一种特殊情况。

2. URN

统一资源名称(Uniform Resource Name,URN)是用来唯一标识一个实体的标识符。与 URL 不同的是,URN 不指明信息实体的网络位置,而仅仅是一个信息实体的标识符。例如,ISBN 0-486-27557-4(urn:isbn:0-486-27557-4)无二义性地标识出莎士比亚的戏剧《罗密欧与朱丽叶》的某一特定版本。这本书可以是在某个本地计算机里,或者在网络上,但是这本书的位置并不是讨论者关心的事情。URN 的详细定义可参见 RFC 2141。

前面讨论的 URL 可以指明信息实体的网络位置，但是它不能解决一件事情，比如"我需要 xyz 信息，但我不关心它从哪里来"。这种情形在大型网站中常常遇到。比如，一些常用网页可能有多份拷贝分散在多台物理主机上以对访问量作均衡，但是引用这些网页的时候，逻辑上是同一个网页。另外一种情形，当网页的存放的位置发生变化时，其对应的 URL 也需要相应的修改。上述的两个问题，URL 不能有效地解决，而 URN 的引入则可以解决这些问题。

URN 不依赖于网络位置，并且可以减少失效连接的个数，但是它需要更加精密的软件支持，所以目前它的流行还需假以时日。

3. URI

统一资源标识符（Uniform Resource Identifier，URI）是一个用于标识某一互联网资源名称的字符串。Web 上可用的每种资源——HTML 文档、图像、视频片段、程序等可通过 URI 进行定位。

URI 可被视为定位符（URL），名称（URN）或两者兼备。统一资源名（URN）如同一个人的名称，而统一资源定位符（URL）代表一个人的住址。换言之，URN 定义某事物的身份，而 URL 提供查找该事物的方法。URL 和 URN 都是 URI 的子集。

例如，ISBN 0-486-27557-4（urn：isbn：0-486-27557-4）是一个 URN，它无二义性地标识出莎士比亚的戏剧《罗密欧与朱丽叶》的某一特定版本。为获得该资源并阅读该书，人们需要它的位置，也就是一个 URL 地址。在类 UNIX 操作系统中，一个典型的 URL 地址可能是一个文件目录，例如 file：///home/username/RomeoAndJuliet.pdf。该 URL 标识出存储于本地硬盘中的电子书文件。因此，URL 和 URN 有着互补的作用。而这两者的结合，就是 URI。

5.1.2　其他网络信息标识技术

1. RFID

无线射频识别（Radio Frequency Identification，RFID）俗称电子标签，是一种通信技术，可通过无线电信号识别特定目标并读写相关数据，而无需识别系统与特定目标之间建立机械或光学接触。

RFID 由标签、读写器、天线组成。标签附着在被标识物体上，并具有唯一的电子编码，此电子编码是该标签的标识。当标签进入读写器发射的射频信号而形成的磁场后，产生感应电流而获得能量，从而可以将其电子编码发送给阅读器，读写器获得该标签的电子编码以完成对被标识物体的识别。

RFID 标签可存储一定容量的信息并具有一定的信息处理功能，读写器可通过无线电信号以一定的数据传输率与标签交换信息。标签中存储的信息格式一般都遵照一定的国际规范，目前比较通用的规范是 EPC global 和 Ubiquitous ID。

从无线电工作频率上划分，RFID 可分为低频（工作频率 125 或 134.2kHz）、高频（工作频率 13.56MHz）、超高频（工作频率 868～956MHz）和微波（工作频率 2.45GHz）；从标签内部供电的有无划分，RFID 标签可分为有源标签和无源标签。

RFID 标签具有非接触的特性，常应用于物流和供应管理、生产制造和装配、航空行李处理、文档追踪、门禁控制、道路自动收费等行业和领域。

2. OID

对象标识符 OID(Object Identifier)是信息对象的一种标识方法。信息对象表示各种各样的实际对象,如人、信息处理系统、应用以及文档类型等。信息技术领域的标准化要求"必须在全球基础上定义无歧义、可标识的标准化信息对象"。这些信息对象可由不同的组织进行定义,如政府、ISO/IEC、ITU-T 和商务机构等。

为满足这种需求,国际标准化组织 ISO 建立了一种信息对象注册的分层结构(树),这种结构在 GB 17969.1 中进行了规定。在这种结构中,"ITU-T(0)"、"iso(1)"和"joint-iso-itu-t(2)"是分层结构的第一层节点,"国家成员体(参见 ISO 3166)"节点位于第二层"iso(1) member-body(2)"节点下;"国家"节点位于"joint-iso-itu-t(2) country(16)"节点下。我国的"国家成员体"节点和"国家"节点及其分支由国家 OID 注册机构进行管理。

在该分层结构下,信息对象由对象标识符(OID)唯一地进行标识,该 OID 由从树根到叶子节点的部件组成。由于从根节点到每个节点在注册机构分配的值中是唯一的,故 OID 唯一。OID 的使用需要事先在标准化管理机构注册,在我国,OID 的分配和管理由国家 OID 注册中心负责。

OID 有两种形式:主整数值/数字值和附加辅标识符/字母数字值,由从树根到叶子节点全部路径值顺序组成,如 1.2.156 和 iso(1) member-body(2)cn(156)。主整数值/数字值的每个节点是一个大于 0 小于 16000000 的正整数;附加辅标识符/字母数字值是一个不少于 1 个字符并且不大于 100 个字符、首字符小写的可变长度字符串,同时该值在注册机构范围内是唯一的,字符串中的字母数字字符符合 GB/T 1988 中的规定。

OID 常被应用在网络管理系统中,对被管对象进行标识。例如在简单网络管理协议(Simple Network Management Protocol,SNMP)中,OID 就被用来标识具体的被管对象,比如某公司的某款路由器产品中的某项技术指标(IP 包的吞吐量、TCP 的连接数、UDP 的连接数等)。

5.2　超文本标记语言 HTML

在 Internet 上最常见、数量最大的应用是 Web 应用,也就是我们俗称的"网页"。而构成网页的基础,是本节介绍的超文本标记语言 HTML。

5.2.1　HTML 的定义和结构

HTML 是 Hypertext Markup Language(超文本标记语言)的缩写,它是专门用来编写网页的一种语言。浏览一个网页时,实际上是把该网页对应的 HTML 文件下载到本地计算机中,然后由本地计算机中的浏览器(比如 IE)进行解释和显示。

HTML 中的 HT(Hypertext,超文本)是指用超链接的方法,将各种不同空间的文字信息组织在一起形成网状分布的文本。HTML 文档中的文本可以包含指向其他网络位置或者其他文档的链接,允许从当前阅读位置直接切换到链接所指的位置。

HTML 中的 M(Markup,标记)是指 HTML 文档中一些使用<>包含起来的标记,这些标记有特殊的含义,它指明了文本的显示格式和方式。浏览器处理 HTML 文档时,会根据标记的含义显示对应的文本。与稍后提到的 XML 不同，在 HTML 中的标记是不能自定义的，必须遵守标准组织制定的规范，例如，W3C 制定的规范。

HTML 文档是一种纯文本的文件，它可以由任何一种文本编辑器来创建和编辑。例如，Windows 系统中自带的 notepad（记事本），或者一些第三方文本编辑工具如 ultraedit 等，编辑好以后的文档也是以纯文本的形式保存。文档中涉及的图像、视频、音乐等多媒体信息，是以单独的文件形式存在的，并不保存在 HTML 文档中，文档只是引用了这些多媒体文件的位置信息。

HTML 是标记语言，但不是编程语言。它提供一套标签标记来设计网页。与程序设计语言相比，HTML 缺少编程语言所需的最基本的变量定义、流程控制等功能，它只是通过一系列的标记和属性对超文本的语义进行描述，这些描述经浏览器解释后才成为日常所见到的 Web 页面。

HTML 语言是建立网页的规范或标准，从它出现发展到现在，规范不断完善，功能越来越强。但是依然有缺陷和不足，人们仍在不断的改进它，使它更加便于控制和有弹性，以适应网络上的应用需求。自 1993 年 W3C 发布 HTML 1.0 版本至今，已经发布了多个 HTML 的版本。到 2012 年初，HTML 5.0 已经作为草案被提出并处于讨论过程中。

一个完整的 HTML 页面如例 5-1 所示，该页面的文件名为 1.html。

【例 5-1】 一个简单的 HTML 页面。

```
< html >
< head >
    < title > 简单的 html 案例 </title>
</head>
< body >
<h1>我的第一个标题</h1>
<p>我的第一个段落</p>
</body>
</html>
```

它在浏览器中显示的效果如图 5-1 所示。

1. 标签(标记)

从该页面的内容来看，类似＜html＞和＜body＞这类用尖括号括起来的关键字称为标签或者标记，它指明了它所作用的文本的显示格式和方式。标签是成对出现的，例如，＜html＞和＜/html＞成对出现，＜body＞和＜/body＞成对出现。标签对中，第一个标签叫起始标签(start tag)，第二个标签叫结束标签(end tag)。不同的标签所代表的含义不同。例如：

* 介于＜html＞和＜/html＞之间的文本，描述的是网页，这个标签是所有 HTML 页面的起始标志；

图 5-1　简单的 HTML 页面

- 介于＜head＞和＜/head＞之间的文本，描述的是网页的头信息，这个标签为 HTML 的头部，主要规定 HTML 文件的显示标题、字符集及一些说明性内容等。Head 信息是不显示出来的，在浏览器里看不到。但是这并不表示这些信息没有用处。比如可以在 Head 信息里加上一些关键词，有助于搜索引擎能够搜索到网页；
- 介于＜title＞和＜/title＞之间的文本，描述的是网页的标题信息，可以在浏览器最顶端的标题栏看到这个标题；
- 介于＜body＞和＜/body＞之间的文本，描述的是用户可见的内容；
- 在＜h1＞和＜/h1＞之间的文本将被显示为标题，这里的标题是内容中某部分的标题，与＜title＞不一样，＜title＞的标题指的是网页的标题；
- 在＜p＞和＜/p＞之间的文本将被显示为段落。

标签标示了夹在它中间的文本的表现形式，标签本身在浏览器中并不会显示出来，但是浏览器会根据标签来显示标签之间的内容。

标签可以嵌套，例如上面的例子中，＜title＞就嵌套在了＜head＞标签中。

某些 HTML 元素没有结束标签，比如 ＜br /＞，表示一个回车符号。

标签可以使用大写，也可以使用小写，例如，＜P＞和＜p＞是等效的，但是在万维网联盟（W3C）中推荐使用小写。

一般情况下，标签应该成对出现，例如，＜p＞与＜/p＞成对出现，但是如果忘记了结束标签＜/p＞，大多数浏览器也可以显示正确的内容，下例 5-2 浏览器也能正确的解释。但是不应该依赖浏览器对这种错误作处理，因为丢失结束标签会导致意想不到的后果。

【例 5-2】　使用＜p＞标签。

```
<p>段落
```

2. 元素

HTML 元素指的是从开始标签（start tag）到结束标签（end tag）之间（包括起始标签和结束标签）的所有代码。在例 5-1 中：

```
<p>我的第一个段落</p>
```

＜p＞是标签，在＜p＞和＜/p＞之间的内容"我的第一个段落"就是元素。

某些 HTML 元素具有空内容，例如，＜br /＞就是一个空内容的元素。

元素内还可以嵌套包含其他元素，在 HTML 文档中，文档的主体部分就是包含在＜html＞元素中。

3. 属性

HTML 标签可以拥有属性。属性提供了有关 HTML 元素的更多的信息。属性总是以名称/值对的形式出现，比如 name＝"value"。属性值一般应该用双引号括起来，但是在 HTML 中不是很严格，很多浏览器对不加引号的属性也能正确解释。属性总是在 HTML 元素的开始标签中规定，并且在一个标签中可以出现多个属性。

【例 5-3】　HTML 中的属性示例。

```
< h1 align = "center">我的标题 1 </h1 >
```

该例子定义了一个标题,显示的内容为"我的标题 1",align 是标签<h1>的一个属性,align="center"表示这个标题在页面上是居中显示。

【例 5-4】 页面主体使用背景颜色属性。

```
< body bgcolor = "yellow">
页面内容
</body >
```

该例子定义了页面的主体内容,在网页中显示出"页面内容",bgcolor="yellow"表示该网页的背景是黄色。

【例 5-5】 表格中使用 border 属性。

```
< table border = "1">表格</table>
```

这个例子定义了一个表格,border 是该标签的属性,border="1"定义了表格的边框形式。

4. HTML 文档的结构

综合以上叙述的内容,一个完整的 HTML 页面中,其结构如下:

```
< html >                          //必选
< head >头信息</head >            //可选
< body >                          //必选
页面主体
</body >
</html >
```

其中头信息部分是可选内容,<html>和<body>部分是必选内容。在页面主体部分,是各种标签对定义的内容,标签对可以嵌套,但是标签对嵌套的逻辑不能出错,即不能出现交叉嵌套的情况。标签对中的开始标签可以含有属性,结构如下:

```
<标签 1 属性名 1 = "属性值 1" 属性名 2 = "属性值 2">
  <标签 1-1 属性名 1-1-1 = "属性值" 属性名 1-1-2 = "属性值">
    元素 1
  </标签 1-1>
  <标签 1-2 属性名 1-2-1 = "属性值" 属性名 1-2-2 = "属性值">
    元素 2
  </标签 1-2>
  …
</标签 1>
```

其中的斜体部分是可选项。

5.2.2 HTML 标题、段落和文本格式化

1. 标题

标题是通过 <h1> - <h6> 等标签进行定义的。其中<h1> 定义最大的标题。

<h6> 定义最小的标题。

【例 5-6】 标题示例。

```
< html >
    < body >
      < h1 >标题 1 </h1 >
      < h2 >标题 2 </h2 >
      < h3 >标题 3 </h3 >
      < h4 >标题 4 </h4 >
      < h5 >标题 5 </h5 >
      < h6 >标题 6 </h6 >
    </body >
</html >
```

显示效果如图 5-2 所示。

2. 段落

段落是通过 <p> 标签定义的。通过段落标记可以把 HTML 文档分割为若干段落。

【例 5-7】 段落示例。

```
< html >
    < body >
      < p >这是段落 1 </p >
      < p >这是段落 2 </p >
      < p >这是段落 3 </p >
    </body >
</html >
```

显示效果如图 5-3 所示。

图 5-2　HTML 中的标题

图 5-3　HTML 中的段落

如图 5-3 所示,浏览器会自动地在段落的前后添加空行。

3.
标签

该标签用来换行,类似回车符。这个标签是一个空的 HTML 元素。由于关闭标签没有任何意义,因此它没有结束标签。它也常常写成
,但是
是一种更严格的写法。

【**例 5-8**】 换行示例。

```
<p>使用换行标签<br/>另一行</p>
```

显示效果如图 5-4 所示。

4. <hr/>标签

这个标签用来画一条水平线。

【**例 5-9**】 水平线示例。

```
<html>
  <body>
    <p>段落 1</p>
    <hr />
    <p>段落 2</p>
    <hr />
    <p>段落 3</p>
  </body>
</html>
```

显示效果如图 5-5 所示。

图 5-4　HTML 中的 BR 标签

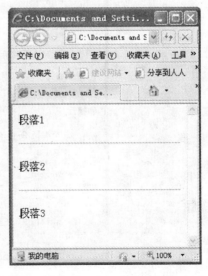

图 5-5　HTML 中的 HR 标签

5. ＜pre＞预格式化标签

pre 元素可定义预格式化的文本。被包围在 pre 元素中的文本会保留空格和换行符，而文本也会呈现为等宽字体。＜pre＞标签的一个常见应用就是用来表示计算机的源代码。

【例 5-10】 预格式化标签示例。

```
< html >
  < body >
    < pre >
    这是
    预格式文本。
    它保留了        空格
    和换行。
    </pre>
    < p > pre 标签
    很适合显示计算机代码: </p>
    < pre >
    for i = 1 to 10
        print i
    next i
    </pre>
  </body >
</html >
```

显示效果如图 5-6 所示。

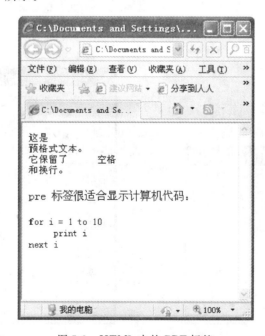

图 5-6　HTML 中的 PRE 标签

　　注意观察以上的显示效果,包含在<pre>和</pre>之间的文本中的所有空格和换行符号都被保留下来了,而包含在<p>和</p>之间的文本中的回车符号在显示时都被去掉了,这就是<pre>的特点,因此这个标签比较适合用来显示计算机的代码。

6. 文本格式化

HTML 可使用很多供格式化输出的元素,比如粗体、斜体字、下划线等。

表 5-1 是一些常用的文本格式化标签。

表 5-1　文本格式化标签

标　　签	含　　义	标　　签	含　　义
<b>	定义粗体文本	<strong>	定义加重语气
<big>	定义大号字	<sub>	定义下标字
<em>	定义着重文字	<sup>	定义上标字
<i>	定义斜体字	<ins>	定义插入字
<small>	定义小号字	<del>	定义删除字

以下的例子显示了各种文本格式化标签的应用。

【例 5-11】　文本格式化标签示例。

```
<html>
  <body>
    <b>我是 b 标签</b>
    <br />
    <strong>我是 strong 标签</strong>
    <br />
    <big>我是 big 标签</big>
    <br />
    <em>我是 em 标签</em>
    <br />
    <i>我是 i 标签</i>
    <br />
    <small>我是 small 标签</small>
    <br />
显示下标
    <sub>这是下标</sub>
    <br />
显示上标
    <sup>这是上标</sup>
    <br />
    <ins>显示插入字</ins>
    <br />
    <del>显示删除字</del>
  </body>
</html>
```

显示效果如图 5-7 所示。

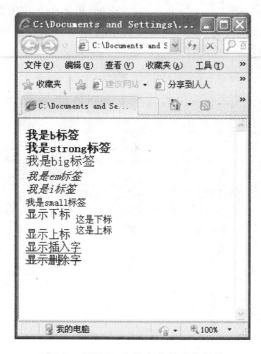

图 5-7　HTML 中的文本格式化标签

5.2.3　HTML 多媒体

WWW 网页的一个重要特征是可以通过丰富多彩的多媒体来展现，例如，图像、视频、音乐等。以下介绍几个和多媒体相关的标签。

1. 图像标签

图像标签为＜img＞，该标签为空标签，它只包含属性，并且没有闭合标签，其语法如下：

＜img src＝"图像URL" alt＝"图像替用文本描述" width＝"宽度" height＝"高度"/＞

属性说明：

- src　图像文件的 URL，它可以是一个本机位置，也可以是一个网络位置。例如，src＝"imgfile/jordan. jpg" 或者是 src＝"http://d2. sina. com. cn/201203/398. jpg"；
- alt　由于网络阻塞或者其他原因图像无法调入时，用来给出图像的替用描述，此时浏览器将显示的是这个替用描述而不是图像；
- width　宽度，可以指定图像的显示宽度，单位是像素；
- height　高度，可以指定图像的显示高度，单位是像素。

值得注意的是，虽然可以通过设置高度和宽度来控制图片的显示尺寸，但图片文件的实际大小不会因此而发生变化。所以，不要指望通过设置图片的宽度和高度来减小图片文件的大小。

一个完整的图像标签实例。

```
< img src = "logo.gif" alt = "图像示例" width = "32" height = "32">
```

这个实例中图像的文件名为 logo.gif,以 32X32 的大小显示,如果没有指定大小,则图像以实际大小显示。如果图像不能正常调入,则显示"图像示例"四个字。

网页文件中并没有图像的内容,而只是包含了图像文件的位置。

2．<bgsound>标签

此标签用来播放网页背景音乐,语法如下:

```
< bgsound src = "音乐文件的 URL"  loop = 音乐播放次数 />
```

【例 5-12】 bgsound 标签示例

```
< html >
  < body >
    < bgsound src = "爱在深秋.mp3" loop = 1 />
    音乐播放测试
  </body >
</html >
```

3．<embed>标签

embed 标签用于播放一个多媒体对象,语法如下:

```
< embed src = "多媒体文件 URL" 属性 ></embed>
```

embed 元素用于播放多媒体对象,包括 Flash、音频、视频等。如果用 embed 元素播放音频或视频,在页面上会显示一个播放器,供用户进行播放控制。

除了 src 属性外,还有以下常用属性:

- width　宽度;
- height　高度;
- loop　是否重复;
- autostart　是否自动开始。

【例 5-13】 embed 标签示列。

```
< html >
  < body >
    < embed src = "爱在深秋.mp3" width = "300" height = "300" autostart = 1 loop = true />
  </body >
</html >
```

显示效果如图 5-8 所示。

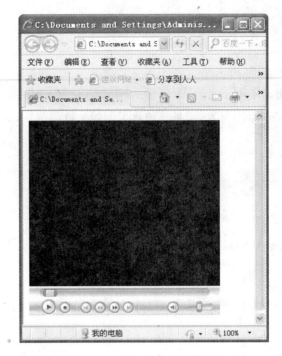

图 5-8　HTML 中的多媒体标签

5.2.4　HTML 超链接

超链接标签是 HTML 中使用得非常广泛的一种标签,它可以将当前的文档链接到:

- 同一文档的其他位置;
- 同一主机的其他文档;
- Internet 中的其他文档。

正是由于它的存在,使得 WWW 的组织像一个 Web(原意是蜘蛛网、网),用户不仅能从一个文本跳到另一个文本,而且可以激活一段声音,显示一个图形,甚至可以播放一段动画。它使 Web 不再局限为储存很多单独文档的电子存储设施,从而实现网页之间信息的共享。

语法格式如下:

< a href = "目的网页的 URL">显示的文本、图像等</a>

【例 5-14】　文本超链接示例。

```
< html >
  < body >
    < a href = "http://www.sohu.com.cn">搜狐的首页</a>
  </body>
</html>
```

显示效果如图 5-9 所示。当单击图 5-9 中的文本时,将打开网址 http://www.sohu.com.cn。

【例 5-15】　文字超链接——链接到其他文档示例。

```
< html >
   < body >
      < a href = "introduce.html">介绍页面</a>
   </body >
</html >
```

当单击"介绍页面"时,链接到本机的 introduce.html 页面。

【例 5-16】 图像链接——链接到外部链接。

```
< html >
   < body >
      < a href = "http://www.sohu.com">< img src = "sohu.gif" /></a>
   </body >
</html >
```

显示效果如图 5-10 所示。当单击图 5-10 中的图像时,将打开网址 http://www.sohu.com。

图 5-9 HTML 中的超链接　　　　　图 5-10 HTML 中通过图片链接

【例 5-17】 文字链接——链接到同一文档中的另一个位置的示例。

```
< html >
   < body >
      < a href = "♯m123">跳转到 m123 </a>
      < br/>
      < table width = "300" border = "5">
         < tr >< td > 1 </td>< td > 2 </td></tr>
         < tr >< td > 3 </td>< td > 4 </td></tr>
      </table >
      < br/>
      < a id = "m123">这里是 m123 </a>
   </body >
</html >
```

显示效果如图 5-11 所示。

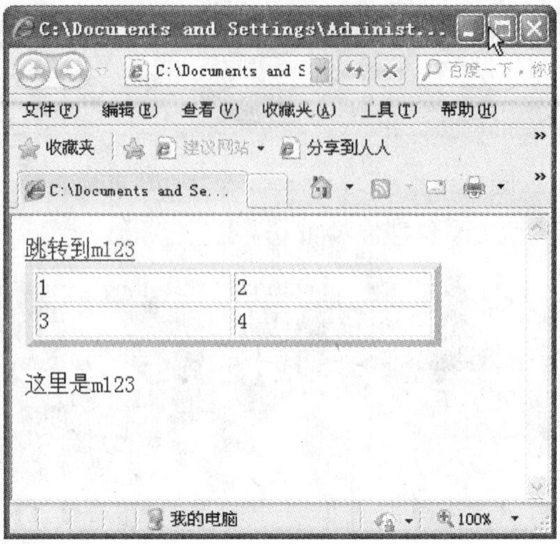

图 5-11　HTML 表格(1)

其中<a id="m123">这里是 m123</a> 这句代码定义了一个锚点(文档中的位置),当需要跳转到这个位置时,只需要在<a>标签中的 href 属性中写入 href="#m123"即可。

这种定义方法常常用在文档较长的情况下,从一点快速地跳转到另一点。

5.2.5　HTML 表格

用于创建表格的 3 个基本元素如下:

* <table>　开始标签<table>和结束标签</table>分别表示一个表格的开始与结束;
* <tr>　"table row(表格行)"的缩写,用于表示一行的开始和结束;
* <td>　"table data(表格数据)"的缩写,用于表示行中各个单元格(cell)的开始和结束。

表格中还可以加入一些属性来控制表格的显示、排列、颜色、边界等。常见的属性如下:

* width　表格的宽度;
* border　表格边框的宽度;
* cellpadding　单元格边沿与其内容之间的空白;
* cellspacing　单元格之间的空白;
* align　表格的对齐方式;
* bgcolor　表格的背景颜色;
* background　表格的背景图像。

【例 5-18】　简单表格示例。

```
<html>
<body>
```

```
< table >
    < tr >
    < td >单元格 1 - 1 </td>
    < td >单元格 1 - 2 </td>
    </tr>
    < tr >
    < td >单元格 2 - 1 </td>
    < td >单元格 2 - 2 </td>
    </tr>
</table>
</body>
</html>
```

显示效果如图 5-12 所示。

【例 5-19】 设置表格边界线形式示例 1。

```
< html >
  < body >
    < table width = "300" border = "1">
      < tr >< td >1 </td>< td >2 </td></tr>
      < tr >< td >3 </td>< td >4 </td></tr>
    </table >
  </body >
</html >
```

显示效果如图 5-13 所示。

图 5-12　HTML 表格(2)

图 5-13　HTML 表格(3)

【例 5-20】 设置表格边界线形式示例 2。

```
< html >
  < body >
    < table width = "300" border = "5">
```

```
        <tr><td>1</td><td>2</td></tr>
        <tr><td>3</td><td>4</td></tr>
    </table>
  </body>
</html>
```

显示效果如图 5-14 所示。

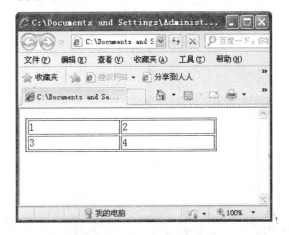

图 5-14   HTML 表格(4)

【例 5-21】   设置表格边界线示例 1。

```
<html>
  <body>
    <table width="300" border="1" bordercolor="blue">
      <tr><td>1</td><td>2</td></tr>
      <tr><td>3</td><td>4</td></tr>
    </table>
  </body>
</html>
```

显示效果如图 5-15 所示。

图 5-15   HTML 表格(5)

【例 5-22】 设置表格边界线颜色示例 2。

```
<html>
  <body>
    <table width = "300" border = "3" bordercolor = "blue">
      <tr><td>1</td><td>2</td></tr>
      <tr><td>3</td><td>4</td></tr>
    </table>
  </body>
</html>
```

显示效果如图 5-16 所示。

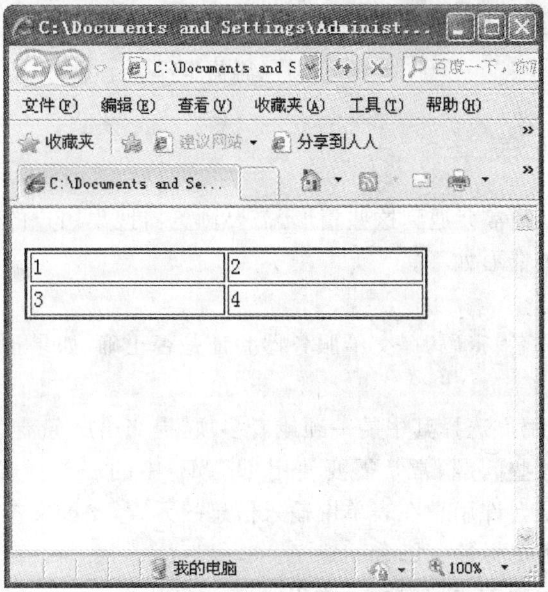

图 5-16   HTML 表格(6)

【例 5-23】 设置表格背景颜色示例。

```
<html>
  <body>
    <table width = "300" border = "1" bgcolor = "#FFFF00">
      <tr><td>1</td><td>2</td></tr>
      <tr><td>3</td><td>4</td></tr>
    </table>
  </body>
</html>
```

显示效果如图 5-17 所示。

图 5-17　HTML 表格(7)

5.2.6　HTML 表单

在 WWW 应用中,经常会遇到这些情形,需要浏览器搜集用户的输入信息,再一并提交给服务器。常见的几种情形如下。

(1) 用户登录

需要用户输入用户名、密码,提交给服务器验证是否正确,如果正确,允许进入系统。

(2) 用户调查

提供多个选项,让用户选择其中的一项或者多项,提交给服务器,记录用户的选择情况。

为了解决以上的这些问题,常常需要使用 HTML 中的表单。表单是一个包含表单元素的区域。表单元素是允许用户在表单中输入信息的元素,比如文本域、下拉列表、单选框、复选框等。表单使用表单标签<form>定义。

【例 5-24】 一个简单的表单页面。表单示例。

```
< html >
  < body >
    < form name = "input" action = "html_form_action.asp" method = "get">
    用户名:
    < input type = "text" name = "user" /> < br/>
    密码:
    < input type = "password" name = "password" /><br/>
    < input type = "submit" value = "Submit" />
    </form >
  </body >
</html >
```

显示效果如图 5-18 所示。页面中<form>和</form>之间的内容是表单的内容,表单的内容包括了两个输入框,一个是用户名输入框(明文输入),一个是密码输入框(密文输入),两个输入框都使用了<input>标签。表单还有一个提交按钮 submit,当单击了提交按

钮后,会将用户名和密码的输入信息提交给服务器上的处理程序"html_form_action.asp",
处理程序的名字在 form 中的 action 属性中指定。

图 5-18 HTML 表单(1)

在表单中常用到的表单元素如表 5-2 所示。

表 5-2 表单元素

表单元素	解 释	表单元素	解 释
<input>	定义输入域	<optgroup>	定义选项组
<textarea>	定义文本域(一个多行的输入控件)	<option>	定义下拉列表中的选项
<label>	定义一个控制的标签	<button>	定义一个按钮
<fieldset>	定义域	<checkbox>	定义一个多选项
<legend>	定义域的标题	<radio>	定义一个单选项
<select>	定义一个选择列表		

【例 5-25】 使用 radio、checkbox、input、select 等多种标签的网页。

```
< html >
  < body >
    < form name = "input" action = "html_form_action.asp" method = "get">
    性别< br />
    < input type = "radio" name = "sex" value = "male" />男
    < input type = "radio" name = "sex" value = "female" />女
    < br />
    爱好< br />
    < input type = "checkbox" name = "sport" />
    运动
    < input type = "checkbox" name = "travel" />
    旅游
    < br />
    < input type = "checkbox" name = "photo" />
```

```
        摄影
        < input type = "checkbox" name = "music" />
        音乐
        < br />
        文化程度< br />
        < select name = "cars">
            <option value = "1">小学</option>
            <option value = "2">中学</option>
            <option value = "3" selected = "selected">大学</option>
            <option value = "4">研究生</option>
        </select>
        < br />
        名字：
        < input type = "text" name = "user" />
        < br />
        < input type = "submit" value = "Submit" />
        </form>
    </body>
</html>
```

显示效果如图 5-19 所示。

图 5-19　HTML 表单(2)

5.2.7　HTML 列表

1. 无序列表

无序列表是一个项目的列表，此列项目使用粗体圆点（典型的小黑圆圈）进行标记。

无序列表始于 <ul> 标签。每个列表项始于 <li>标签。

【例 5-26】　无序列表示例。

```
< html >
  < body >
    < ul >
        <li>狮子</li>
        <li>老虎</li>
        <li>狗熊</li>
    </ul>
  </body>
</html>
```

显示效果如图 5-20 所示。

2. 有序列表

有序列表也是一列项目,列表项目使用数字进行标记。有序列表始于 <ol> 标签。每个列表项始于 <li> 标签。

【例 5-27】　有序列表示例。

```
< html >
  < body >
    < ol >
        <li>狮子</li>
        <li>老虎</li>
        <li>狗熊</li>
    </ol>
  </body>
</html>
```

显示效果如图 5-21 所示。

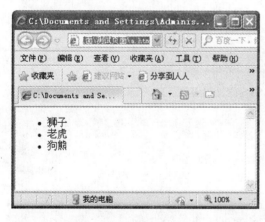

图 5-20　HTML 无序列表

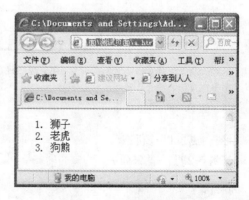

图 5-21　HTML 有序列表

注意到列表项的前面有序号,这个序号是浏览器加上的,原因是这里用到了有序列表标签 <ol>。

3. 自定义列表

自定义列表不仅仅是一列项目,而且是项目及其注释的组合。自定义列表以 <dl> 标签开始。每个自定义列表项以 <dt> 开始。每个自定义列表项的定义以 <dd> 开始。

【例 5-28】 自定义列表示例。

```
< html>
< body>
< dl>
   < dt > HTML </dt >
   < dd > HTML 概述</dd >
   < dd > HTML 标签</dd >
   < dt > CSS </dt >
   < dd > CSS 用途</dd >
   < dd > CSS 属性</dd >
</dl>
</body>
</html>
```

显示效果如图 5-22 所示。

图 5-22　HTML 自定义列表

4. 嵌套

列表也可以进行嵌套。

【例 5-29】 嵌套列表示例。

```
< html>
< body>
< h4 >一个嵌套列表: </h4 >
< ul >
   <li>咖啡</li>
```

```
　　<li>茶
　　　<ul>
　　<li>红茶</li>
　　<li>绿茶
　　　　<ul>
　　　　<li>中国茶</li>
　　　　<li>非洲茶</li>
　　　　</ul>
　　</li>
　　</ul>
　</li>
　<li>牛奶</li>
</ul>
</body>
</html>
```

显示效果如图 5-23 所示。

图 5-23　HTML 嵌套列表

5.2.8　HTML 框架

使用框架(frame)，可以在浏览器窗口同时显示多个网页。每个 frame 里设定一个网页，其中的网页相互独立。

1. frameset

<frameset></frameset>决定如何划分 frame。<frameset>有 cols 属性和 rows 属性。使用 cols 属性，表示按列分布 frame；使用 rows 属性，表示按行分布 frame。

2. frame

用<frame>这个标签设定网页。<frame>里有 src 属性，src 值是网页的路径和文件名。

【例 5-30】 将 frameset 分成 2 列，第一列 25%，表示第一列的宽度是窗口宽度的 25%；第二列 75%，表示第一列的宽度是窗口宽度的 75%。第一列中显示 a.html，第二列中显示 b.html。框架示例。

```
< html >
< frameset cols = "25 % ,75 % ">
    < frame src = "a.htm">
    < frame src = "b.htm">
</frameset >
</html >
```

显示效果如图 5-24 所示。在该页面中，框架 A 中的内容为 a.htm 网页的内容，框架 B 中的内容为 b.htm 网页中的内容。

图 5-24　HTML 框架

5.3　网页的制作与发布

上一节介绍了编制网页所使用的 HTML 语言，本节将介绍如何使用工具来制作网页，并发布到 Internet 上，以供互联网上的用户访问。

5.3.1　网页编辑器

在网页的编制过程中，可以使用多种工具来辅助网页的制作、调试、预览和发布。常见的方法有如下的几种。

1. 纯文本编辑器＋浏览器

HTML 文档是一种纯文本的文档，因此可以使用纯文本编辑器来编辑。常用的编辑器如 Windows 系统下的 notepad(记事本)、Microsoft Word、Ultraedit 等工具。编辑好以后的 HTML 文档可以直接使用浏览器来观察显示效果。这种方法直接使用 HTML 编写,对 HTML 语言熟悉程度要求比较高,适合比较专业的开发人员在小范围改动代码时使用,对于大批量制作网页和非专业人员则不太适用。

2. 网页开发软件

目前市场上已经出现了大量的针对网页制作的开发软件,其中最常见的有 Microsoft FrontPage、Macromedia Dreamweaver、Eclipse 等。这类软件的特点是制作网页时提供了所见即所得的开发界面,一些常用的网页组件如文本框、表格、列表、超链接等只需要简单的拖曳和设置一些属性值即可实现,这些开发软件还提供了预览和调试的功能,非专业的编程人员也可以轻易地制作网页。

5.3.2　WWW 服务器

制作好的网页可以在本地计算机上使用浏览器查看效果,但是网页要供互联网上的用户查看和使用,还需要通过 WWW 服务器发布到网络上。WWW 服务器包括硬件部分和软件部分。

WWW 服务器的硬件部分是一台或者多台装有操作系统的主机,操作系统可以是 Windows 或者类 UNIX、Linux 等系统。主机应该能够连接到互联网上,当然,如果网页的使用者只是在内部局域网使用,也可以不用连接到互联网上。

WWW 服务器的软件部分是 WWW 服务软件,常见的软件包括 Microsoft IIS、Apache Tomcat、IBM Websphere、Bea WebLogic 等。

5.3.3　网页的发布

具备了 WWW 服务器后,即可把制作好的网页发布到网络上。发布的方法根据所选用的 WWW 服务器软件和网页开发软件各有不同。在大多数的网页开发软件中都提供了发布的功能,可根据该软件的说明进行操作。但是无论哪种发布过程,其实质都是将网页上传到 WWW 服务器的存储介质中。

5.4　扩展标记语言 XML

扩展标记语言 XML 是用于标记电子文件使其具有结构性的标记语言,可以用来标记数据、定义数据类型,是一种允许用户对自己的标记语言进行定义的元语言。XML 适合在网络环境下对信息进行组织和表达。

5.4.1　XML 的产生和特点

随着 Web 应用需求的增长,HTML 作为 Internet 上传统的描述语言,其局限性逐渐显现。首先,HTML 是把数据和显示格式一起存放的,不能只是用数据而不需要格式,而分离这些数据和格式较为困难。其次,HTML 对超文本链接支持不足,属于单点链接,功能上有一些限制。最后，HTML 的标记有限，不能由用户扩展自己的标记。

随着 Web 上数据的增多，HTML 存在的缺点就变得不可忽略。W3C 的成员认识到必须有一种方法能够把数据和它的显示分离开来，决定开发一个基于 SGML（Standard Generalized Markup Language）的简化子集，称为 XML（Extensible Markup Language），这样就导致了 XML 的诞生。SGML 有非常强大的适应性，但是因为过于复杂，因此没有得到普及，而作为 SGML 简化子集的 XML 保留了很多 SGML 的优点，更容易操作，便于在 WWW 环境下实现。它是为文档交换设计的，并以一种开放的、自我描述方式定义数据结构，在描述数据的同时能突出对数据结构的描述，从而体现数据之间的关系。这样所组织的数据对于应用程序和用户都是友好的、可操作的。应用 XML，人们可以在自己的领域内自由地交换信息。

XML 和 HTML 都属于 SGML 的子集，但与 HTML 不同，XML 是一种元标记语言，即可以像 SGML 那样作为元语言来定义其他文档系统，而 HTML 是实例符号化语言，不能定义其他文档系统。

以下通过一个例子来对比 HTML 和 XML。

例如，我们要在网站上公布一种个人计算机的资料，资料包括以下内容：

品牌名、型号、主频、硬盘大小、内存大小、价格。

【例 5-31】 使用 HTML 表示个人计算机信息。

```
<HTML>
<TITLE>联想电脑</TITLE>
<BODY>
    <UL>
    <LI>联想</LI>
    <LI>台式机</LI>
    <LI>同禧 500P3 </LI>
    <LI>667MHz </LI>
    <LI>64MB</LI>
    <LI>10GB</LI>
    <LI>7999 元</LI>
    </UL>
</BODY>
</HTML>
```

显示效果如图 5-25 所示。

从例 5-31 可以看出来，网页上可以显示出一台计算机主要配件的要素。但是如果需要把这些资料保存起来，供别的应用程序使用时，就会碰到这个问题：列表中哪个是厂商的名称？哪个是内存的容量？列表中的每项都各代表什么含义？

这个问题如果由人工来处理可能问题不大，但是由计算机来处理就会遇到问题，因为 HTML 把数据和显示放在了一起，想要只使用数据而不需要格式是困难的。为了解决这个问题，我们需要借助 XML。

【例 5-32】 使用 XML 来描述个人计算机的信息。使用 XML 文件表示个人计算机的信息。

图 5-25 用 HTML 表现数据

```
<?xml version = "1.0" encoding = "gb2312"?>
< computer >
    < manufacture>联想</manufacture >
    < breed>台式机</breed >
    < model >同禧 500P3 </model >
    < cpu unit = "MHz"> 667 </cpu >
    < memory unit = "MB"> 64 </memory >
    < harddisk unit = "GB"> 10 </harddisk >
    < price unit = "元"> 7999 </price >
</computer >
```

使用这种描述方式,就解决了前面我们提到的问题。我们可以看到,例 5-32 中的标签是有含义的,它描述了数据项的意义。比如,我们可以通过标签 cpu 找到这种型号计算机的主频是 667M。

从以上的例子可以看到,XML 具有以下几个特点。

1. 标签可扩展性

在 XML 中,使用者可以根据自己的需要自定义标记,以上的例子中所使用的标签都是自定义的。在 HTML 中,所使用的标签是不能随意扩展的,因为那些标签是标准的规范已经定义好了的。

2. 数据和显示相分离

XML 是设计用来描述数据的,它的侧重点是如何结构化的描述数据,在 XML 中看不到数据的显示方式。而 HTML 是设计用来显示数据的,它侧重于如何表现数据。

3. 自描述性

XML 通常包含一个文档类型声明。不仅人能读懂 XML 文档,计算机也能读懂。XML

的表现形式使得数据独立于应用系统,并且可重用性大大增强。

4. 具有良好的格式

XML 中严格的要求标签之间的嵌套、配对,并遵从树状结构,而 HTML 对这一要求并不严格,甚至会出现有开始标签,没有结束标签的情况。

5. 保值性

XML 保存的数据具有可重用性,同样一份数据可以供给多个应用程序使用,并展现出不同的形式,XML 数据被看作是文档的数据库化或者数据的文档化。因此 XML 具有保值性。

6. 与数据库的关系

XML 文档可以容易地和关系型数据库、层状数据库进行转换,而 HTML 则做不到这一点。

虽然 XML 具有以上的这些特点,但并不是说,XML 是 HTML 的替代品,它们只是侧重点不同。XML 侧重于数据的描述和存储,HTML 则侧重于数据的展现。实际上,XML 和 HTML 常常结合使用,XML 作为数据来源向 HTML 提供显示的内容,而 HTML 则负责展示数据。

5.4.2　XML 文档的组成结构

1. XML 文档的数据结构

XML 文档是一种结构化的标记文档,它以结构化的方式来描述各种类型的数据,具体说来,XML 文档在逻辑上是树状结构,如图 5-26 所示。

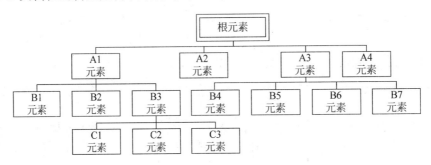

图 5-26　XML 文档数据结构

在这种结构中,有且只有一个节点没有双亲,这个节点称为根节点。除此以外,其他的节点有且只有一个双亲节点。

理论上讲,一个 XML 文档可以包含任意深度、任意个数的子节点,但实际系统中由于受到存储条件和处理能力的限制,规定了子节点最大的深度和个数。

这种层次模型的优点是数据模型比较简单,实体间的联系固定,具有良好的完整性支持,分类数据的描述直观,缺点是插入和删除操作的限制比较多,查询子节点必须通过父节点,不便于表示实际工作中非层次的数据。

2. XML 文档的基本规定

XML 文档只能包含一个根元素。XML 文档的根元素包含所有被视为文档本身内容的单个元素。根元素是在文档的序言码部分后出现的第一个元素,它也称为文档元素。在例 5-32 中,<computer>就是该文档的根元素。

所有的 XML 元素必须包含结束标记。尽管结束标记对于某些 HTML 文档为可选标记,但是 XML 文档中所有的元素都必须具有结束标记。否则 XML 文档在语法检查中将不能通过。

元素的开始标记和结束标记的名称必须相同。XML 区分大小写,因此结束标记名称必须与其伴随的开始标记名称完全匹配。

XML 元素不能交叉重叠。如果一个元素的开始标记出现在另一个元素中,则该元素的结束标记也必须包含在其中。

所有的属性都必须使用引号。属性值必须用单引号或者双引号括起来。因此 $username=xiaoming$ 这样的写法是无效的,应该写成 $username="xiaoming"$。

在 XML 文档的文本中不能使用"<"、">"、"&"等几个字符,这些都是对于 XML 分析程序具有特定含义的特殊字符。如果需要在 XML 文档的文本中使用这些字符,则应使用转义字符。例如,<book name="<数学>" > </book>这样的写法是错误的,因为文本<数学>中使用了特殊字符,如果必须要使用这些字符,应该使用转义字符,这个例子中正确的写法是<book name="<数学 >" > </book>。在这里<用转义符 <替换,而>用转义符 >替换。常见的几个转义符如表 5-3 所示。

表 5-3　XML 中的转义字符表

特殊字符	转义符号	原　　因
&	&amp;	每一个代表符号的开头字符
<	&lt;	标记的开始字符
>	&gt;	标记的结束字符
"	&quot;	属性值的设定字符
'	&apos;	属性值的设定字符

3. XML 文档的基本结构

XML 文档包含 7 个主要部分:序言码、处理指令、根元素、元素、属性、CDATA 节和注释。

(1) 序言码

序言码是 XML 文档的第一部分。序言码包含 XML 声明(声明该文档是 XML 文档)、处理指令(提供 XML 分析程序用于确定如何处理文档的信息)和架构声明(确定用于验证文档是否有效的 XML 架构)。以下是 XML 文档中序言码的示例。

```
<?xml   version = "1.0" encoding = "gb2312"?>
```

该例子说明 XML 的版本号是 1.0,字符编码是 GB2312,这就便于 XML 处理程序了解该 XML 文档的基本信息,以调用合适的处理模块。

(2) 处理指令

处理指令是用来给处理 XML 文档的应用程序提供信息的,XML 分析器把这些信息原封不动地传给应用程序,由应用程序来解释这个指令,遵照它所提供的信息进行处理。处理指令应该遵循下面的格式:

```
<?处理命令名 处理指令信息 ?>
```

例如:

```
<?xml-stylesheet type="text/css" href="public.css"?>
```

说明 XML 文档引用了外部的 public.css 文件,定义了元素的展现样式。

(3) 根元素

根元素是 XML 文档的主用部分。根元素包含文档的数据以及描述数据结构的信息。在例 5-32 中,包含在＜computer＞和＜/computer＞之间的部分为根元素。在 XML 文档中,只能出现一个根元素。

根元素中的信息存储在两种类型的 XML 结构中: 元素和属性。XML 文档中使用的所有元素和属性都嵌套在根元素中。

(4) 元素

元素是 XML 文档的基本结构单元,包含开始标记、内容和结束标记。由于 XML 区分大小写,所以,开始标记和结束标记必须完全匹配。

元素可以包含文本、其他元素、字符引用或字符数据部分。没有内容的元素称为空元素。在例 5-32 中,＜manufacture＞和＜/manufacture＞之间,＜cpu＞和＜/cpu＞之间,两个成对出现的标签之间都是元素。

空元素的开始标记和结束标记可以合并为一个标记,例如:

```
<sales/>
```

(5) 属性

元素中可以包含属性,属性使用“名称-值”的方式展现,使用等号分隔属性名称和属性值,并且包含在元素的开始标记中。

属性值包含在单引号或者双引号中。当属性值本身含有单引号时,则用双引号作为属性的界定符,当属性中既包含单引号,又包含双引号的时候,属性值中的引号必须用实体引用方式来表示。

一个元素不能拥有相同名称的两个或者多个属性,不同的元素可以拥有两个相同名称的属性,例如下面的例子是不合法的,因为出现了两个名称相同的属性 name。

```
<book name="数学" name="化学" price="20">
```

(6) CDATA

在标记 CDATA 下,所有的标识、实体引用都被忽略,而被 XML 处理程序一视同仁地作为字符数据看待。CDATA 的形式如下:

```
<![CDATA[文本内容]]>
```

CDATA 的文本内容中不能出现字符串"]]>",另外,CDATA 不能嵌套。

在前面已经指出,出现在元素内容中的特殊字符如"<"、">"等必须使用转义字符表示。但对有些程序来说,如果特殊字符出现的情况比较多,转义字符使用是比较麻烦的,例如,数学公式中会经常用到"<"、">"号。

CDATA 就是为了解决这个问题而引入的。它用<![CDATA[和]]>进行定界。XML 解析器会忽略 CDATA 中的特殊符号。

【例 5-33】 使用 CDATA 节将一个 XML 例子插入到另一个 XML 文档中。XML 中的 CDATA 示例。

```
<?xml version = "1.0"?>
< example >
  <![CDATA[
    <?xml version = "1.0"?>
    < entry >
        < name > John Doe </name >
        < email href = "mailto:jdoe@jerry.com" /    >
</entry >
]]>
</example >
```

注意:在 CDATA 节中,大量的使用了特殊字符"<"、">",但是其中并没有使用转义符。

(7) 注释

XML 文档可以包含注释,用于在 XML 文档中提供必要的说明。注释以"<!--"开始,并以"-->"结束。在这些字符之间的文本会被 XML 分析程序忽略。以下是 XML 文档中注释的示例。

```
<!-- 这个例子是用来解释注释怎么使用的-->
< students >
        < student >
        </student >
…
</students >
```

【例 5-34】 举一个完整的例子来说明 XML 文档的各个部分。

```
<?xml version = "1.0" encoding = "gb2312"?>
<!-- 这里是一个 XML 的例子,说明 XML 的使用-->
< students >
< student class = "1 班">
        < basicinfo >
            < name >小明</name >
            < age > 19 </age >
            < sex >男</sex >
        </basicinfo >
```

```
        < self - introduce >
            <![CDATA[我喜欢<数学>、"英语"]]>
        </self - introduce >
    </student >
< student class = "2 班">
        < basicinfo >
            < name >小红</name >
            < age > 18 </age >
            < sex >女</sex >
        </basicinfo >
        < self - introduce >
            <![CDATA[我喜欢物理、化学]]>
        </self - introduce >
    </student >
</students >
```

在本例中：

（1）<? xml version＝"1.0" encoding＝"gb2312"? > 部分是序言码，并且它本身也是一个处理指令，它表明这个 XML 文档的版本是 1.0，使用 gb2312 方式编码，这部分应该是 XML 文档的第一部分，它告诉处理程序应该用什么方式来解析此 XML 文档。

（2）<! --这里是一个 XML 的例子，说明 XML 的使用 --> 是一个注释，在 XML 文档中可以多处使用注释。使用注释是一个良好的习惯，但要注意注释不能出现在 XML 文档中的第一行，否则 XML 处理程序会出错。

（3）<students>到</students>之间是根元素。这也是整个 XML 文档的主要部分，根元素中可以包含其他的元素，在这个例子中它包含了两个<student>元素，而<student>元素中又包含了其他的元素如<basicinfo>和<self-introduce>元素。在一个 XML 文档中，根元素有且只能有一个。

（4）元素中可以含有其他元素、属性、文本等。在这个例子中，<student>元素除了含有< basicinfo > 和 < self-introduce > 元素外，还含有 class 属性。< basicinfo > 含有<name>、<age>和<sex>三个元素，而<name>含有文本，表示学生的名字。

（5）class 是<student>元素的一个属性，元素可以含有一个或者多个属性，但是属性名不能重复。同名的属性可以出现在多个元素中，例如，class 属性也可以出现在别的元素中。属性的使用方式是属性名称＝"属性值"，注意属性值一定要使用双引号或者单引号，不使用引号则解释程序会报错。

（6）<! [CDATA[我喜欢＜数学＞、"英语"]]＞是一个 CDATA 节，它使用<! [CDATA[和]]>将要表示的字符串包含在中间。注意：CDATA 节中的字符串出现了 XML 文档中的保留字符<>，这在 CDATA 节中是允许的，它会将内容原封不动的传递给处理程序。

5.4.3　XML 文档的定义和验证

XML 是一种具有可扩展性的标记语言，它表现在用户可以自己定义标记和标记之间的嵌套关系，规定文档中所使用的元素、实体、元素的属性、元素和实体间的关系。这种定义一旦确定下来以后,XML 文档的书写就应该严格的遵守这种规范,如果 XML 文档的语法符合这种规范,则称为一个合法的 XML 文档,否则就是非法的 XML 文档。这种对 XML 文档的结构进行定义和验证的文档有两种,就是以下要介绍的 DTD(Document Type Definition)和 XML Schema。

这种对文档的定义和验证机制,其作用表现在以下几个方面。

(1) 使用定义文档可以提供一种统一的格式。在这种统一的格式下,同一类型的 XML 文档具有相同的结构。

(2) 使用定义文档可以保证数据交流和共享的顺利进行。

(3) 定义文档使用户能够不依赖具体的数据就知道文档的逻辑结构。在没有 XML 文档的时候,也可以根据定义文档为 XML 文档编写处理程序,这样可以有效地提高工作效率。

(4) 使用定义文档可以验证数据的有效性。定义文档对文档的逻辑结构进行了约束,这种约束可以比较宽松,也可以十分严格。可以根据定义文档检查数据,验证其是否符合规定和要求,这可以保证数据的正确性和有效性。

1. DTD

DTD 中描述的基本部件是元素和属性,它们负责确定 XML 文档的逻辑结构。元素表示一个信息对象,而属性表示这个对象的性质。所有元素有且只有一个根元素,其他的元素都是它的子元素,除根元素外,每个元素都被其他元素包含,一个元素可以有几个不同类型的子元素。

我们以下列的一个例子来看 DTD 是怎么定义 XML 的文档结构的。

【例 5-35】 DTD 文件示例。

```
<!DOCTYPE computer [
    <!ELEMENT computer (manufacture,breed,model,cpu,memory,harddisk,price)>
    <!ELEMENT manufacture (#PCDATA)>
    <!ELEMENT breed (#PCDATA)>
    <!ELEMENT cpu (#PCDATA)>
    <!ELEMENT memory (#PCDATA)>
    <!ELEMENT harddisk (#PCDATA)>
    <!ELEMENT price (#PCDATA)>
]>
```

从例 5-35 可以看出:

(1) 该文档定义了一个根元素 computer。

(2) 根元素＜computer＞包含有子元素＜manufacture＞、＜breed＞、＜cpu＞、＜memory＞、＜harddisk＞、＜price＞。

(3) 元素＜manufacture＞、＜breed＞、＜cpu＞、＜memory＞、＜harddisk＞、＜price＞的文本内容是可解析的文本 #PCDATA(Parsed Character Data),也就是说,这些元素的文本中不能再含有标记文本。因此这种写法$<cpu>667<f>M</f></cpu>$就是错误的,因为 $667<f>M</f>$ 中含有标签$<f>$。

1) DTD 中元素的定义

在 DTD 中,元素的定义方式如下:

```
<!ELEMENT  元素名 元素定义)>
```

元素定义可以有下列几种方式。

(1) 当包含有多个子元素时,可以将子元素的名称列出,例如,前面的例子 <! ELEMENT computer (manufacture,breed,model,cpu,memory,harddisk,price)>。

(2) 当有多个可选子元素时,用|将子元素隔开,例如 <! ELEMENT publish (publisher|ISBN|pubdate)>,表示子元素< publisher>、<ISBN>、<pubdate>都是可选的。

(3) 当没有下一级子元素时,元素定义写成(#PCDATA),例如<! ELEMENT cpu (#PCDATA)>。

(4) 当不确定是否有元素时,使用 ANY 关键词,例如<! ELEMENT description ANY>。

(5) 当需要对子元素出现的次数进行控制时,使用? ＊＋控制。其中? 表示可能出现一次或者不出现;＊表示可能不出现或者出现多次;＋表示出现一次或者多次,但至少出现一次。例如,<! ELEMENT computer (manufacture, breed, model, cpu, memory, harddisk,price)＋>。

2) DTD 中属性的定义

在 DTD 中,还必须对属性进行定义。属性的定义格式如下:

```
<!ATTLIST 元素名 属性名 属性类型 默认属性>
```

例如,<! ATTLIST memory unit CDATA "MB">,这里定义了 memory 元素中的 unit 属性,类型是 CDATA,默认值是"MB"。

当某元素有多个属性时,应对每个属性都加以声明,对属性的先后顺序没有要求。属性的声明可以在跟在其相关的元素声明之后,也可以在其之前,因此下列几种写法都是正确的。

【例 5-36】 DTD 中属性的定义。

第一种写法

```
<!ELEMENT memory (#PCDATA)>
<!ATTLIST memory unit CDATA "MB">
<!ATTLIST memory manufacture CDATA "KINGSTON">
```

第二种写法

```
<!ELEMENT memory (#PCDATA)>
<!ATTLIST memory manufacture CDATA "KINGSTON">
<!ATTLIST memory unit CDATA "MB">
```

第三种写法

```
<!ATTLIST memory unit CDATA "MB">
<!ATTLIST memory manufacture CDATA "KINGSTON">
<!ELEMENT memory (#PCDATA)>
```

属性的类型最常见的有两种，一种是 CDATA 型，一种是 Enumerated 型。

（1）CDATA 型

表明属性值为不包含＜和"等保留字符，如果属性值中需要包含这些字符，需要使用转义字符。

（2）Enumerated 型

如果属性值不是任意的字符串，而是在几个可能的值中进行选择，如书籍的类别属性，可以为"历史"、"地理"、"文学"等，不能为其他情况时，可以将类别属性设定为 Enumerated 型。这种类型不需要在定义中显式地指出。

例如，＜！ ATTLIST bookinfo category("历史"|"地理"|"文学")＞

属性的类型除了最常见的 CDATA 和 Enumerated 外，还可能有其他几种类型 ID、IDREF 和 IDREFS、ENTITY 和 ENTITES 型、NMTOKEN 和 NMTOKENS 型、NOTATION 型。具体说明请参考相关文档。

3）DTD 的使用

DTD 有两种使用方式：内部 DTD 和外部 DTD。所谓内部 DTD 是指 DTD 的定义和 XML 文档是写在同一个文档中，外部 DTD 是指 XML 文档引用一个扩展名为 DTD 的独立文件。

【例 5-37】 引用内部 DTD 文档示例。

```
<?xml version = "1.0" encoding = "gb2312"?>
<! DOCTYPE computer [
    <! ELEMENT computer (manufacture, breed, model, cpu, memory, harddisk, price)>
    <! ELEMENT manufacture ( # PCDATA)>
    <! ELEMENT breed ( # PCDATA)>
    <! ELEMENT cpu ( # PCDATA)>
    <! ELEMENT memory ( # PCDATA)>
    <! ATTLIST memory unit CDATA "MB">
    <! ELEMENT harddisk ( # PCDATA)>
    <! ELEMENT price ( # PCDATA)>
]>
< computer >
    < manufacture >联想</manufacture >
    < breed >台式机</breed >
    < model >同禧 500P3 </model >
    < cpu unit = "MHz"> 667 </cpu >
    < memory unit = "MB"> 64 </memory >
    < harddisk unit = "GB"> 10 </harddisk >
    < price unit = "元"> 7999 </price >
</computer >
```

例子中 DTD 的定义写在了 XML 文档中。

引用外部 DTD 也分为两种情况，一种是引用私有的外部 DTD，即自定义的 DTD，例如，公司开发小组定义的 DTD；另一种是引用国际标准组织发布的技术建议或者某一领域公开的标准 DTD。

【例 5-38】 引用私有外部 DTD 文档示例。

```
<?xml version = "1.0" encoding = "gb2312"?>
<!DOCTYPE computer SYSTEM "mydef.DTD">
...
```

其中 computer 是该 XML 文档的根元素,它引用了自定义的 mydef.DTD 文档。

【例 5-39】 引用公开外部 DTD 文档示例。

```
<?xml version = '1.0' encoding = 'UTF-8'?>
<!DOCTYPE hibernate-configuration PUBLIC
        "-//Hibernate/Hibernate Configuration DTD 3.0//EN"
        "http://hibernate.sourceforge.net/hibernate-configuration-3.0.dtd">
...
```

hibernate-configuration 是该 XML 文档的根元素,它引用了某组织公开的定义好的"-//Hibernate/Hibernate Configuration DTD 3.0//EN" 文档,该文档的 URL 为 "http://hibernate.sourceforge.net/hibernate-configuration-3.0.dtd"。

2. Schema

XML schema 是 DTD 之后第二代用来描述 XML 文件的标准。它拥有许多类似 DTD 的准则,但又要比 DTD 强大一些。

使用 DTD 虽然带来较大的方便,但是 DTD 也有一些不足:一是它用不同于 XML 的语言编写,需要不同的分析器技术,这对于工具开发商和开发人员都是一种负担;二是 DTD 不支持名称空间;三是 DTD 在支持继承和子类方面有局限性。最后,DTD 没有数据类型的概念。

为解决这些问题,W3C 在 2001 年 5 月正式发布了 Schema 的推荐标准,经过数年的大规模讨论,成为 XML 环境下首选的数据建模工具。

【例 5-40】 Schema 使用示例。

```
<?xml version = "1.0" encoding = "gb2312"?>
<xsd:schema xmlns:xsd = "http://www.w3.org/2001/XMLSchema">
    <xsd:element name = "computer">
        <xsd:complexType>
        <xsd:sequence>
            <xsd:element name = "manufacture" type = "xsd:string" />
            <xsd:element name = "breed" type = "xsd:string" />
            <xsd:element name = "cpu" type = "xsd:string" />
            <xsd:element name = "memory" type = "xsd:string" />
            <xsd:element name = "harddisk" type = "xsd:string" />
            <xsd:element name = "price" type = "xsd:integer" />
        </xsd:sequence>
        </xsd:complexType>
    </xsd:element>
</xsd:schema>
```

该例定义了一个根元素＜computer＞,该元素是一个复杂类型＜xsd:complexType＞,它包含了子元素＜manufacture＞、＜breed＞等。这些子元素是顺序排列的,因此使用了sequence 标签,将这个顺序排列的子元素包含起来。每个子元素都有自己的类型,类型可以是简单类型也可以是复杂类型。在这个例子中的子元素都是简单类型,例如,元素manufacture 是 string 型的,元素 price 是 integer 型的。

我们把例 5-40 和 DTD 定义做一个对比,发现它们有以下的不同之处:

(1) Schema 的语法和 XML 文档的语法相同,而 DTD 的语法与 XML 文档的语法不同。

(2) Schema 的元素有“类型”的概念。例如,根元素＜computer＞是复杂类型,元素＜manufacture＞是 string 型,元素＜price＞是 integer。在 DTD 中是没有这种概念的。

(3) 在 Schema 中有命名空间的概念,如 xsd 等,在 DTD 中则没有,关于命名空间将在稍后提到。

5.4.4　XML 的命名空间

XML 是一种自定义的语言,在 XML 文档中使用的标签可以自己定义,这样会带来一个问题。不同行业或者不同企业在定义标签名时,可能会使用同样的标签名,而同样的一个标签名,在不同的行业中代表的含义是不一样的。例如,“模型”这个词,在数学领域中的含义是“数学模型”,而在机械领域中的含义是“产品模子”。这势必会造成理解和处理上的混乱,为了解决这个问题,XML 中引入了命名空间的概念。

命名空间(namespace)是 W3C 推荐标准提供的一种统一命名 XML 文档中的元素和属性的机制。它通过给元素或属性加上命名空间,可以唯一的标识一个元素或者属性,从而避免名称相同带来的问题。

【例 5-41】　两个存在名称冲突的 XML 文档描述。用 XML 文档描述表格和桌子引起理解混淆。

下列的 XML 文档描述了一张“表格”的信息。

```
<?xml version = "1.0" encoding = "gb2312"?>
< table >
    < name >出勤表</ name >
    < rows > 50 </ rows >
    < cols > 5 </ cols >
</ table >
```

下列的 XML 文档描述了一张“桌子”的信息。

```
<?xml version = "1.0" encoding = "gb2312"?>
< table >
    < name > Africa Coffee table </ name >
    < width > 50 </ width >
    < length > 5 </ length >
</ table >
```

上面的两个例子都使用了＜table＞标签,但一个的含义是"表格",而另一个的含义是"桌子",如果这两个标签同时出现在一个 XML 文档中,势必会造成理解上的混乱,为了区分这两个不同的标签,可以通过在标签名前面加上"前缀"的办法来区分。

【例 5-42】　用命名空间区分标签含义。

```
<?xml version = "1.0" encoding = "gb2312"?>
< h:table xmlns:h = "http://www example.comduty">
< h:name>出勤表</ h:name >
< h:rows > 50 </ h:rows >
< h:cols > 5 </ h:cols >
</ h:table >
<?xml version = "1.0" encoding = "gb2312"?>
< f:table xmlns:f = "http://www.w3school.com.cn/furniture">
< f:name > Africa Coffee table </ f:name >
< f:width > 50 </ f:width >
< f:length > 5 </ f:length >
</ f:table >
```

注意:这两个例子跟前面的例子相比,在标签名前面都加上了前缀 h 或 f,以区分"表格"和"桌子",而这里的前缀 h 和 f 代表了不同的命名空间,代表着在这两个不同的命名空间里,table 的含义是不一样的。

xmlns:前缀名后指定的 URI 是该命名空间的标识,例子中的 http://www.w3school.com.cn/furniture 是该命名空间的标识。xmlns 是命名空间声明的关键字,xmlns:f ="http://www.w3school.com.cn/furniture"这段代码的含义是:前缀 f 代表使用了标记为 http://www.w3school.com.cn/furniture 的命名空间。

这里的 URI 不一定是一个真实的网络地址,不会被解析器用来查找信息,它唯一的用途是赋予该命名空间一个唯一的标识。

以上是使用带前缀的命名空间,还有另外一种使用命名空间的方式称为默认命名空间方式。如下面的例子:

```
<?xml version = "1.0" encoding = "gb2312"?>
< table xmlns = "http://www.w3school.com.cn/furniture">
    < name > Africa Coffee table </ name >
    < width > 50 </ width >
    < length > 5 </ length >
< table >
```

该例子表明,所有不带前缀的标签,都是使用了命名空间"http://www.w3school.com.cn/furniture"。这种写法省去了大量使用书写前缀的繁琐,简化了文档。

5.4.5　XML 的显示

XML 是一种计算机程序间交换原始数据的简单而标准的方法,它的成功在于它解决了应用系统间的信息交换的需求,但是 XML 采用树状格式组织数据,并不太容易被人们阅读。

为了使数据便于人们的阅读和理解,需要将信息显示或者打印出来,例如,将数据变成一个 HTML 文件,一个 PDF 文件等。XSL(extensible stylesheet language)就是用来实现这种转换功能的语言。将 XML 转换为 HTML，是目前 XSL 最主要的功能。

XSL 主要由两个部分组成：第一部分是 XSLT，可以把 XML 文档从一种格式转换为另一种格式，得到的文档可以是 XML、HTML、无格式文本或任何其他基于文本的文档；第二部分是 XSL 格式化对象（Formatting Object）。格式化对象用来格式化 XML 文档以及把样式应用到 XML 文档上。XSL 在发展过程中也逐渐分裂为 XSLT（结构转换）和 XSL-FO（格式化输出）两种分支语言。

以下以三个例子来说明怎么使用 XSL 将 XML 文档转换为 HTML 文档。

【例 5-43】 用 XML 文档描述购物车信息。

以下的 XML 文档 shopping1.xml 存储了购物车的信息。

```xml
<?xml version = "1.0" encoding = "gb2312"?>
< shoppingCart >
    < item >
        < itemNo > 1001 </itemNo >
        < itemName >三国演义</itemName >
        < price > 30.00 </price >
        < publisher >文艺出版社</publisher >
    </item >
    < item >
        < itemNo > 1002 </itemNo >
        < itemName > JSP 技术</itemName >
        < price > 60.00 </price >
        < publisher >邮电出版社</publisher >
    </item >
</shoppingCart >
```

将该文档在 IE 中打开时，显示效果如图 5-27 所示。

图 5-27 运行结果(1)

在窗口中是以树状的形式来显示 XML 文件,与我们在平常的网站上看到的内容大不相同,这是因为 XML 中存储的是格式化数据的信息,但并没有数据显示方式的信息,可以借助 XSLT 来转换此 XML 文档。

在文档中加入一些显示信息如例 5-44 所示。

【例 5-44】　在 XML 文档中引入 XSL 示例。

```
<?xml version = "1.0" encoding = "gb2312"?>
<?xml - stylesheet type = "text/xsl" href = "shopping.xsl" ?>
< shoppingCart >
    < item >
        < itemNo > 001 </itemNo >
        < itemName >数据库技术</itemName >
        < price > 30.00 </price >
        < publisher >机械出版社</publisher >
    </item >
    < item >
        < itemNo > 002 </itemNo >
        < itemName > JSP 技术</itemName >
        < price > 60.00 </price >
        < publisher >邮电出版社</publisher >
    </item >
</shoppingCart >
```

与前面一个文档相比,此文档中多出了一句<? xml-stylesheet type＝"text/xsl" href＝"shopping. xsl" ? ＞,这句代码的含义是此 XML 文档的显示方式参考 shopping. xsl 转换文件的定义。

接下来,我们定义一个 shopping. xsl 文档,如例 5-45 所示。

【例 5-45】　XSL 文档示例。

```
<?xml   version = "1.0" encoding = "gb2312"?>
< xsl:stylesheet xmlns:xsl = "http://www.w3.org/TR/WD - xsl">
    < xsl:template match = "/">
        < html >
            < head >
                <title>网站购物车</title>
            </head >
            < body >
                <p>购物车内容</p>
                < table border = "1">
                    < td >编号</td>
                    < td >名称</td>
                    < td >价格</td>
                    < td >出版社</td>
                    < xsl:for - each select = "shoppingCart/item">
                    < tr >
                    < td >< xsl:value - of select = "itemNo" /></td>
                    < td >< xsl:value - of select = "itemName" /></td>
```

```
                                    <td><xsl:value-of select = "price" /></td>
                                    <td><xsl:value-of select = "publisher" /></td>
                                    </tr>
                              </xsl:for-each>
                        </table>
                  </body>
            </html>
      </xsl:template>
</xsl:stylesheet>
```

在该文档中,使用的语法与 HTML 非常类似,不同的是,里面有一些是 XSL 的语法。其中的几条解释如下。

- <xsl:template match="/">:它表示从 XML 文档 shopping.xml 的根节点开始遍历整个文档的内容,根据后续的代码提取 XML 文档中的相关内容;
- <xsl:for-each select="shoppingCart/item">:XML 文档 shopping.xml 中有一个根元素 shoppingCart,其下面有两个子元素 item,该语句的意思是对于每个 item 元素,均执行后续的操作。包含在<xsl:for-each>和</xsl:for-each>之间的内容类似一个循环体。在本例中被执行了 2 次;
- <xsl:value-of select="itemNo" />:提取元素 itemNo 中的文本。

将 shopping.xml 用浏览器打开,其显示效果如图 5-28 所示。

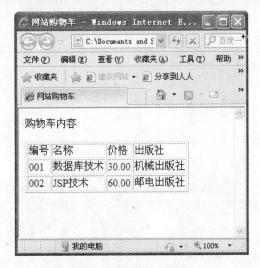

图 5-28 运行结果(2)

与例 5-43 的显示效果相比较可以看出,同样内容的一个 XML 文档,本例中由于借助了 XSL 的显示定义,使得 XML 文档用一种更直观易懂的方式来展现数据的内容。

由上面的分析可知,XSL 实际上采用的是一种转换的思想,它将 XML 文档转换为另一种可用于输出的文档。在这个例子中,它把 XML 文档转换成了 HTML 文档用于显示,同样,它也可以采用类似的方式将 XML 文档转换为别的格式的文档。

5.5 小结

　　本章首先介绍了网络环境下信息的标识和定位方法,其中在 Internet 上最常用的是 URL 和 URI。本章接着介绍了 Web 应用中常用的 HTML 语言,并举例说明了 HTML 语言中的常用标签。本章还介绍了 Internet 中对数据进行描述的元语言 XML,对 XML 语言进行定义和验证的 DTD 和 XML Schema 以及辅助 XML 显示的 XSL。

第6章

网络程序设计JSP

第4章中介绍了3类网络编程：基于TCP/IP协议栈的网络编程、基于Web应用的网络编程以及基于Web Service的网络编程。本章将介绍一种基于Web应用的网络编程技术，即JSP(Java Server Pages)。JSP自从发布以来一直受到关注，现已成为最为流行的网络编程语言之一，广泛地应用于电子商务、信息发布等各类信息网络应用系统中。本章从JSP技术原理和运行环境谈起，并讲解JSP语言基础知识，包括JSP的基本语法、JSP内置对象等，然后介绍JSP的技术基础，包括JavaBean、Servlet以及数据库连接技术。最后给出一个基于JSP开发的网上书店的简单实例，使读者能够对信息网络应用的设计和实现有进一步的了解。

6.1 JSP技术原理及运行环境

本节将介绍JSP概念、技术特征、工作原理以及开发JSP应用程序必须的运行环境。

6.1.1 JSP概述

1. JSP概念

Java Server Pages简称JSP，是运行在服务器端的脚本语言之一，是用来开发动态网页的一种技术。它是由Sun公司倡导，多个公司参与于1999年推出的一种技术标准。利用这一技术，程序员或非程序员可以高效率地创建Web应用程序，并使开发的Web应用程序具有安全性高、跨平台等优点。

在深入了解JSP之前，有必要介绍一下与JSP相关的技术。

（1）Java

Java语言是由Sun公司于1995年推出的编程语言。Java语言的特点是简单、面向对象、平台无关性、安全性、多线程。Java编写的源程序被编译后成为.class的字节码文件，最终通过执行该字节码文件执行Java程序。关于Java的基本概念将在6.2节中简单介绍。

JSP使用了Java语言，以Java技术为基础。它继承了Java简单、面向对象、跨平台和安全可靠等优良特性。

（2）Servlet

Servlet是用Java语言编写的服务器端程序，主要用于处理HTTP请求，并将处理的结果传递给浏览器生成动态 Web 页面。Servlet 的基本概念将在 6.5 节中介绍。

JSP 是在 Servlet 的基础上开发的一种技术,所以 JSP 与 Servlet 有着密不可分的关系。服务器在执行 JSP 文件时会将其转换为 Servlet 代码,可以说创建一个 JSP 文件其实就是创建一个 Servlet 文件的简化操作,JSP 就是 Servlet。所有 JSP 页面都在服务器端编译成 Servlet,这样就具备了 Java 技术的所有特点。

(3) JavaBean

JavaBean 是根据特殊的规范编写的普通的 Java 类,可称它们为"独立的组件"。通过应用 JavaBean 在 JSP 页面中来封装各种业务逻辑,可以很好地将业务逻辑和前台显示代码分离。它最大优点就是提高了代码的可读性和可重用性,并且对程序的后期维护和扩展起到了积极的作用。

2. JSP 技术特征

JSP 相对于其他浏览器-服务器模式下的动态网页技术有诸多优势,其技术特征主要有以下几个方面。

(1) 跨平台

JSP 是以 Java 为基础开发的,几乎可以在所有的操作系统平台上运行。Java 字节码都是标准的字节码,与平台无关,所以 JSP 可以很方便地从一个平台移植到另一个平台。不管是在何种平台下,只要服务器支持 JSP,就可以运行由 JSP 开发的 Web 应用程序。例如 Apache、Windows NT 下的 IIS(Internet Information Services)服务器(通过安装插件)都可以支持 JSP。

(2) 分离静态内容和动态内容

开发 JSP 的应用时,程序员可以使用 HTML 或 XML 标记来设计和格式化静态内容。而将业务逻辑封装到 JavaBean 组件中,利用 JavaBean 组件、JSP 标记或脚本来设计编辑动态页面。这样,可以有效地将静态的 HTML 代码和动态内容区分开来,给程序的修改和扩展带来了很大方便。

(3) 可重用性

大多数 JSP 页面依赖于可重用的、跨平台的 JavaBean 组件。它封装了业务逻辑以执行应用程序要求的复杂处理。这样开发人员能够共享和交换执行普通操作的组件,而不必关心实现细节。从而大大提高了系统的可重用性。

(4) 编写容易

相对于 Java Servlet 来说,使用从 Java Servlet 发展而来的 JSP 技术开发 Web 应用更加简单易学,并且提供了 Java Servlet 所有的特性。

此外,作为 Java 平台的一部分,JSP 拥有 Java 语言"一次编写,到处运行"的优势。

(5) 预编译

预编译是 JSP 的另一个重要的特性。JSP 页面通常只进行一次编译,即在 JSP 页面被第一次请求时,称为预编译。在后续的请求中,如果 JSP 页面没有被修改过,服务器只需要直接调用这些已经被编译好的代码即可,这大大提高了访问速度。

6.1.2 JSP 工作原理

1. 技术架构

JSP 技术开发的程序架构都是 B/S 结构。它支持的层次如图 6-1 所示。

由图可知,在通常 B/S 的三层结构中,数据显示层位于客户端浏览器上,负责用户数据的输入和显示界面;逻辑计算层位于 Web 应用服务器上,负责接受客户请求进行数据计算,并把结果返回给客户;数据处理层则位于数据库服务器上,负责数据库处理。

(1) Web 应用服务器

由 JSP 引擎、Servlet 引擎和 Web 服务器组成。Web 服务器的基本功能是提供 Web 信息浏览服务,处理 HTTP 请求,而要分析执行 JSP 代码则需要附加 JSP 和 Servlet 引擎。

图 6-1 JSP 技术支持的架构

Web 服务器是一种请求-响应模式的服务器,由客户端向服务器发送请求,服务器收到请求后进行相应的处理,并将结果返回客户端。它们之间的通信协议是 HTTP(见第 3 章)。

JSP 引擎和 Servlet 引擎都是系统模块,为应用服务器提供服务。JSP 引擎通常架构在 Servlet 引擎之上,其本身就是个 Servlet。JSP 引擎的功能是当 JSP 页面请求到达服务器时,将 JSP 页面转换编译为字节码文件并保存。而 Servlet 引擎负责对 JSP 页面转换编译的结果进行管理,并将其载入 Java 虚拟机运行,以处理客户端的请求,并将结果返回。

(2) 数据库服务器

提供数据处理。常见的数据库服务器包括 SQL(Structured Query Language)Server、MySQL Server 和 Oracle 等。

2. 处理流程

当浏览器向服务器发出页面请求且该页面是第一次被请求时,Web 应用服务器上的引擎首先将 JSP 页面文件转换成一个 Java 源文件,再将这个 Java 文件编译生成字节码文件,然后通过执行该字节码文件响应客户的请求。当这个 JSP 页面再次被请求执行时,若页面没有进行任何改动,引擎将直接执行这个字节码文件来响应客户。如果被请求的页面经过修改,服务器将会重新编译这个文件,然后执行。

JSP 的具体处理过程如图 6-2 所示。

3. JSP 开发模式

JSP 开发模式主要有以下 3 种。

(1) 单纯的 JSP 页面编程

单纯的 JSP 页面编程模式是通过应用 JSP 中的脚本元素,直接在 JSP 页面中实现各种功能。但这会使大部分的程序代码与 HTML 元素混淆在一起,给程序的维护和调试带来

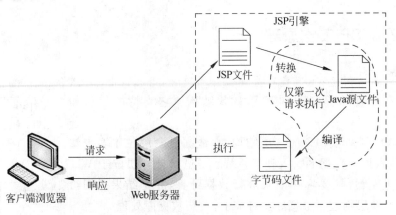

图 6-2　JSP 的处理流程

困难,整个程序的逻辑结构也显得非常混乱。这样的模式是无法应用到实际的大型、中型甚至小型的 Web 应用程序开发中的。

(2) JSP+JavaBean 编程

这种模式利用 JavaBean 技术封装了常用的业务逻辑,例如,对数据库的操作、用户登录等,再在 JSP 页面中通过动作元素来调用这些组件,执行业务逻辑。依此模式编出的 JSP 页面具有较清晰的程序结构:JSP 负责部分流程的控制和页面的显示,JavaBean 用于业务逻辑的处理。该模式是 JSP 程序开发的经典模式之一,适合小型或中型网站的开发。

该模式对客户端的请求进行处理的过程:客户通过客户端浏览器向服务器发送请求,服务器接收用户请求后调用相应的 JSP 页面。JSP 页面中的 JavaBean 组件被调用执行,一些 JavaBean 组件用于对数据库的访问,还有一些 JavaBean 处理其他业务逻辑。然后执行的结果将被返回,最后由服务器读取 JSP 页面中的内容,并将最终的结果返回给客户端浏览器进行显示,如图 6-3 所示。

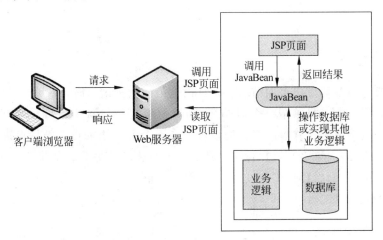

图 6-3　JSP+JavaBean 编程

(3) JSP+Servlet+JavaBean 编程

这一模式遵循了模型-视图-控制器(Model-View-Controller,MVC)设计模式。MVC 是一个抽象的设计概念,将待开发的应用程序分解为 3 个独立的部分:模型(Model)、视图(View)和控制器(Controller)。这种编程模式在原有的 JSP＋JavaBean 设计模式的基础上加入 Servlet 来执行业务逻辑并负责程序的流程控制,JavaBean 组件实现业务逻辑,JSP 仅用于页面的显示。这样可以避免 JSP＋JavaBean 模式中 JSP 既要负责流程控制,还要负责页面的显示,使得程序中的层次关系更清晰,各组件的分工也更为明确。

6.1.3　JSP 工作环境

使用 JSP 进行开发,需要具备以下的运行环境：Web 浏览器、Web 应用服务器、Java 开发工具包 JDK(Java Development Kit)以及数据库。此外还需要相应的开发工具。

1. 运行环境

(1) Web 浏览器

浏览器是用户访问 Web 应用的工具,开发 JSP 应用对浏览器的要求并不是很高,任何支持 HTML 的浏览器都可以。

(2) Web 应用服务器

Web 应用服务器是运行及发布 Web 应用的容器。开发的 Web 项目只有被部署到容器中,才能被网络用户访问。开发 JSP 应用比较常用的服务器有 BEA WebLogic、IBM WebSphere 和 Apache Tomcat 等。

其中 Tomcat 服务器最为流行,也是学习开发 JSP 应用的首选。它是 Apache-Jarkarta 的一个免费开源码的子项目,是一个小型的、轻量级的应用服务器。运行时占用的系统资源少,扩展性好。由于 Tomcat 是使用 Java 开发的,所以它可以运行在任何一个装有 Java 虚拟机的操作系统之上。

(3) JDK

JDK 是 Java 语言的开发环境,包括运行 Java 程序所必需的 Java 运行环境(Java Runtime Environment,JRE)及开发过程中常用的库文件。由于 JSP 本身执行的语言就是 Java,所以开发 JSP 必须使用 JDK 工具包,它包含 Java 编译器、解释器和 Java 虚拟机,为 JSP 页面文件、Servlet 程序提供编译和运行环境。

(4) 数据库

Web 应用的开发通常需要使用数据库对信息进行管理和存储。根据应用的需求,应选取合适的数据库。如大型项目可采用 Oracle 数据库,中型项目可采用 Microsoft SQL Server 或 MySQL 数据库,小型项目可采用 Microsoft Access 数据库。

2. 开发工具

Eclipse 是一个基于 Java 的、开放源码的集成应用开发工具,特别适用于 Java 程序的开发。MyEclipse 企业级工作平台(MyEclipse Enterprise Workbench),简称 MyEclipse,是对 Eclipse 集成开发环境 IDE(Integrated Development Environment)的扩展,是目前开发 JSP 程序最方便的开发工具之一。它是一个功能丰富的 Java 2 平台企业版(Java 2 Platform Enterprise Edition,J2EE)集成开发环境,包括了完备的编码、调试、测试和发布功能,完整支持 HTML、Struts、CSS、JavaScript、SQL、Hibernate。利用它,人们可以极大地提高 Web 应用开发的效率。

6.1.4 JSP 实验环境搭建

本书的例子均采用 MyEclipse 10.0。其安装文件可以通过 MyEclipse 官网 http://www.myeclipseide.com/进行下载。它自带的 JDK、Tomcat 服务器和浏览器满足了 JSP 运行环境的前 3 个条件,数据库需要另外安装。

1. 安装 MyEclipse 10.0

安装步骤如下。

① 下载 MyEclipse 10.0 的安装程序。

② 单击安装程序,开始安装,如图 6-4 所示。

图 6-4   MyEclipse 安装界面

③ 第一次启动时,需要配置 MyEclipse 的工作区,如图 6-5 所示。

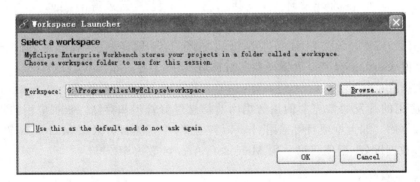

图 6-5   MyEclipse 工作区设置

2. 使用 MyEclipse 开发 JSP

开发步骤如下。

① 搭建 Web 系统框架。开发 Web 应用的第一步就是搭建 Web 应用的开发框架。MyEclipse 能够自动生成开发框架及一些通用配置。选择 MyEclipse 的 File|New|Web Project 新建一个 Web 工程"TestProject",如图 6-6 所示。

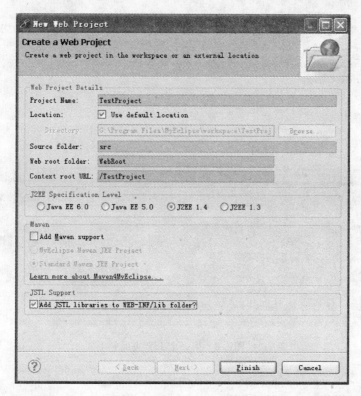

图 6-6 新建一个 Web 工程

工程文件结构如图 6-7 所示。其中 src 目录用于存放项目中的各类资源,包括
JavaBean、Servlet 等,WebRoot 目录下的 META-INF
和 WEB-INF 目录存放一些配置文件。

② 创建第一个 JSP 页面。鼠标右击 index. jsp,选
择 Open With|MyEclipse JSP Editor,打开 index. jsp 文
件,可以对其进行编辑,编辑完按 Ctrl+S 组合键进行保
存。这便是我们编辑的第一个 JSP 页面,如图 6-8 所示。

③ 将工程部署到 Tomcat 上。只要将工程发布到
Tomcat 服务器上,WebRoot 上的 JSP 文件就能在 Web
浏览器上运行。具体步骤:单击工程 TestProject,右

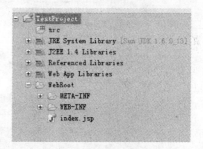

图 6-7 工程文件结构

击,选择 MyEclipse|Add and Remove Project Deployments,如图 6-9 所示。

单击 Add,选择 MyEclipse Tomcat,单击 finish 按钮,完成工程部署,如图 6-10、图 6-11 所示。

此时部署状态显示"Successfully deployed",表示发布成功,单击 OK,如图 6-12 所示。

④ 运行 MyEclipse 上的 Tomcat 单击 Window|Show|View|Server,如图 6-13 所示。

打开 Server 窗口,右击 MyEclipse Tomcat,单击 Run Server,运行 Tomcat,如图 6-14
所示。

单击 MyEclipse 工具栏的按钮 ,并输入地址 http://localhost:8080/TestProject/
index. jsp,在 MyEclipse Web Browser 中显示 index. jsp 的页面,如图 6-15 所示。

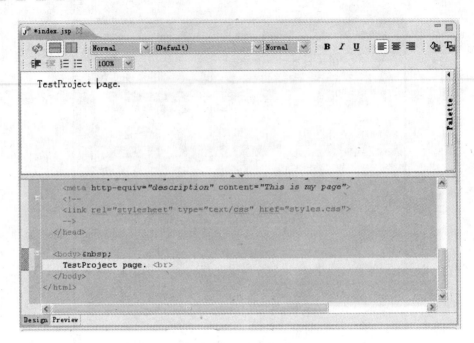

图 6-8　第一个 JSP 页面

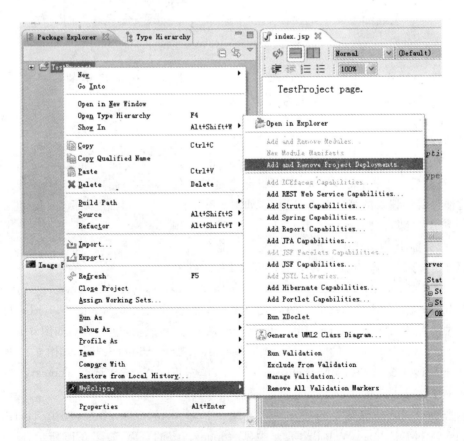

图 6-9　进入工程部署

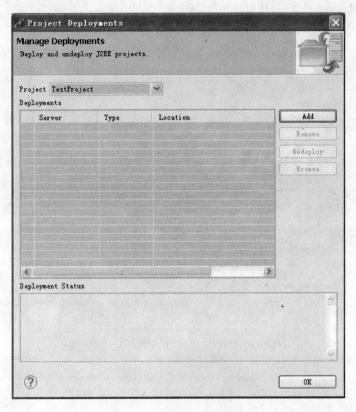

图 6-10 添加工程部署

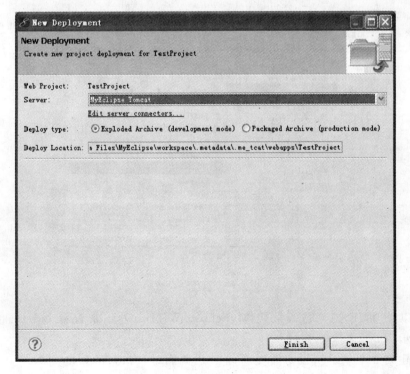

图 6-11 选择 MyEclipse Tomcat

图 6-12　工程部署成功

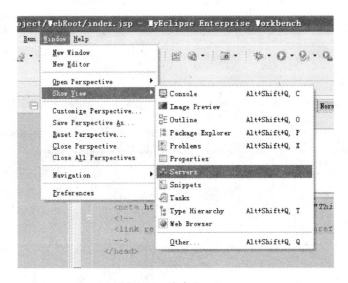

图 6-13　选中 Servers

也可以使用 IE 浏览器等取代 MyEclipse WebBrowser 来查看 index.jsp 页面，如图 6-16 所示。

⑤ 新建第 2 个 JSP 页面。需要新建 JSP 页面时，右击 WebRoot|New|Other，选择 MyEclipse|Web|JSP(Basic templates)，如图 6-17 所示。

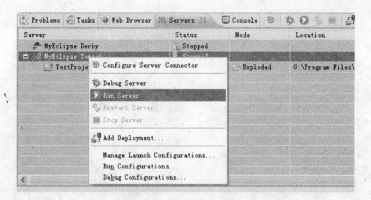

图 6-14 选中 Run Server

图 6-15 显示的 index.jsp 页面

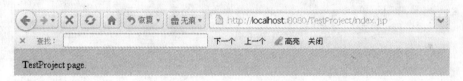

图 6-16 IE 中显示的页面

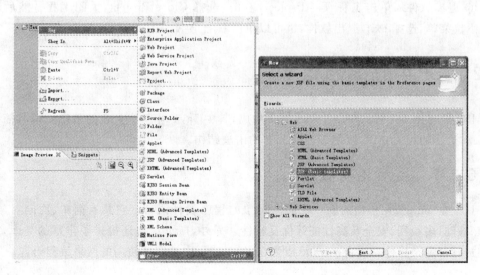

图 6-17 新建 JSP 页面

单击 next，输入文件名称，如"Test1.jsp"，单击 finish。Test1.jsp 文件自动打开，MyEclipse 为 Test1.jsp 创建了一些标签，这些内容也可以删除重新编写。

在 Test1.jsp 文件中的 body 标签内输入 hi!
，如图 6-18 所示。

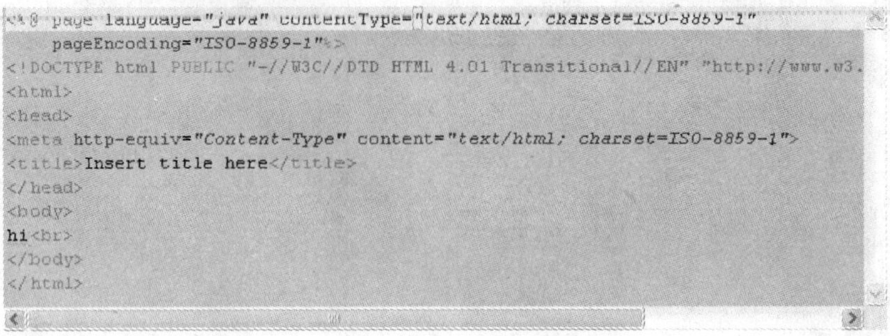

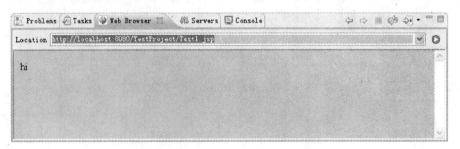

图 6-18　编辑 JSP 页面

然后在 MyEclipse Web Browser 中的地址中输入 http://localhost:8080/TestProject/Test1.jsp，浏览器中将会显示 Test1.jsp 的内容如图 6-19 所示。

图 6-19　显示 Test1.jsp

这样利用 MyEclipse 开发 JSP 的环境搭建完成。

⑥ 退出软件。单击工程 TestProject，右击，选择 Close Project，关闭工程。然后单击 File 下拉菜单，选择 exit，退出软件，也可以单击右上角 X，关闭软件。

6.2　JSP 中的 Java 语言

JSP 语言由 HTML、Java、JavaScript 构成，其中 Java 语言是 JSP 的基础。本节简要介绍 Java 语言的相关知识，以便于理解 JSP 的语法结构。

6.2.1　Java 语言概述

Java 是 Sun 公司推出的新一代面向对象的程序设计语言。它具有简单、面向对象、可移植、稳健、多线程、安全及高性能等优良特性。另外，Java 语言还提供了丰富的类库，方便用户进行自定义操作。现在 Java 已成为在 Web 应用中被广泛使用的网络编程语言。

1. Java 面向对象

面向对象程序设计是一种软件设计和实现的有效方法。Java 语言与其他面向对象语言一样,引入了类和对象的概念。

客观世界中的一个事物就是一个对象,每个客观事物都有自己的属性和行为。在面向对象程序设计中,对象是程序的基本单位,把某一类对象所共有的属性和行为抽象出来之后就形成了一个类。类是用来创建对象的模板,它包含被创建对象的属性描述和方法的定义。

Java 语言编写的程序代码都涉及类的定义,将不同的对象归纳为少数几个类,可以提高软件的可重用性。因此,使用 Java 编程必须学会如何用 Java 的语法去描述一类事物共有的属性和行为。

面向对象的主要特点包括封装和继承。

- 封装是将对象的属性和方法进行绑定。对象的属性被封装在其内部,要了解它的内部属性必须通过该对象提供的方法。这样的机制保证了对象属性和方法的独立性;
- 继承是从已有类中派生出新类的一种方式。一个类的属性和方法可以传给另一个类。当这个类获得了其他类传给它的属性和方法,再添加上自己的属性和方法,就可以对已有的功能进行扩充。

关于类的定义和方法我们在 6.2.2 节中介绍。

2. Java 程序结构

Java 程序由一个或多个编译单元组成。每个编译单元就是一个以.java 为后缀的文件,其中包含若干个类。编译后,每个类生成一个.class 文件。.class 文件是 Java 虚拟机能够识别的代码。

每个编译单元除空格和注释以外只能包含程序包语句、引用入口语句、类的声明以及接口声明。

下面以一个 Java 程序 HelloWorld.java 为例。

【例 6-1】　HelloWorld.java。

```
/ * Hello World * /
Package Hello;
import java.lang. * ;
public class helloworld
{
public static void main (String[ ] argv)
{
        System.out.println("Hello, World!");
}
}
```

运行结果如图 6-20 所示。

该例的代码第 1 行为程序注释。第 2 行定义了 Java 程序包名字。第 3 行导入本程序中所用到的程序包。第 4-10 行:对 HelloWorld 类进行定义。在 HelloWorld 的类中仅定义一个 main()函数。

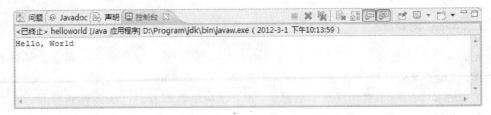

图 6-20 HelloWorld. java

注意：*定义的类中只能有一个是属于 public 类型的，而且程序的文件名也必须与这个 public 类的名称一致；Java 语言是严格区分字母大小写的。*

6.2.2 数据类型

1．常量与变量

常量是用文字串表示的，如整型常量 12、浮点型常量 1.21、字符常量'啊'、布尔常量"true"和"false"及字符串常量"ab is c"。通过 final 关键字也可以定义常量，此时常量名全部为大写字母。

变量是 Java 程序中的基本存储单元，它的定义包括变量名、变量类型和作用域。

（1）变量名是一个合法的标识符，它是字母、数字、下划线或"＄"的序列。Java 对变量名区分大小写。变量名不能以数字开头，且不能为关键字。

（2）变量类型用于指定变量的数据类型。

（3）变量的作用域是指程序代码能够访问该变量的区域。根据作用域的不同，可将变量分为成员变量和局部变量。

成员变量在类中声明，在整个类中有效。局部变量是在方法内或方法内的某代码块（方法内部，"｛"与"｝"之间的代码）中声明的变量。在代码块中声明的变量，只在当前代码块中有效；在代码块外、方法内声明的变量，在整个方法内都有效。

2．数据类型

Java 使用两种数据类型：简单数据类型和复合数据类型。简单数据类型包括整数、浮点数、布尔型和字符型。复合数据类型包括数组、类等。

（1）整型

Java 提供了 4 种整数数据类型，分别是 byte（字节）、short（短整数）、int（整数）、long（长整数），占用内存空间分别为 1、2、4、8 个字节。表示整数常数值的方式包括常用的十进制以及八进制和十六进制。例如：

```
int n = 123;          //十进制
short j = 0123;       //八进制
long l = 0x123        //十六进制
```

（2）浮点型

浮点型数据中必须有小数点，有十进制和科学计数法两种形式。浮点型数据包含单精度浮点数（float）和双精度浮点数（double）两种，分别占 4、8 字节。如：

```
float b = 7.0F;          //单精度浮点数
double c =.1.6;          //双精度浮点数
```

（3）字符型

字符型数据一个字符可以表示 ASCII 码，也可以表示一个中文字符。字符常量以‘’括起来，占 2 字节。如：

```
char ch1 = 'C';
char ch2 = '飞';
```

（4）布尔型

布尔型仅有两种可能取值，"true" 和"false"分别表示逻辑的真与假。

（5）数组

数组是一组相同数据类型元素的集合，分为一维、二维和多维数组。其元素数据类型既可以是简单的也可以是复杂的数据类型，数组名称必须是合法标识符。

声明数组时可以使用 new 关键字可以分配内存：

```
int list[] = new int[5];
```

也可以用初始值对数组初始化：

```
String names[] = {"a","b","c","d"};
```

（6）类

在 Java 中定义类主要包括了类的声明和类体。类声明定义了类的名称、对该类的访问权限和该类与其他类的关系等。类体是位于类声明部分的大括号中的内容，包括成员变量和成员方法的定义。语法格式如下：

```
[访问权限] class <类名> [extends 父类名] [implements 接口列表]{
    定义成员变量
    定义成员方法
}
```

其中：

- 访问权限　指定类的访问权限。可选参数，其值为 public、abstract 或 final；
- 类名　指定类的名称，必选参数，必须是合法的标识符；
- extends 父类名　指定要定义的类继承于哪个父类。可选参数。当使用 extends 关键字时，父类名为必选参数；
- implements 接口列表　指定该类实现的是哪些接口。可选参数。当使用 implements 关键字时，接口列表为必选参数。

定义一个车类 Car，在该类中定义了表示颜色的成员变量 color、表示启动的方法 start()。

【例 6-2】 Car 类。

```
public class Car
{
public String color;                    //声明公共变量 color
```

```
public static String speed;              //声明静态变量 speed
public final boolean STATE = true;       //声明常量 STATE 并赋值
public void start()
{
    final boolean STATE;                 //声明常量 STATE
    int age;                             //声明局部变量 age
}
}
```

Java 中类的行为由类的成员方法来实现。类的成员方法包括方法的声明和方法体两部分,其语法格式如下:

[访问权限] <方法返回值的类型> <方法名>([参数列表]) {
    [方法体]
}

其中:

- 访问权限　用于指定方法的访问权限,可选参数 public、protected 和 private;
- 方法返回值的类型　用于指定方法的返回值类型,必选参数;
- 方法名　用于指定成员方法的名称,必选参数,必须是合法的标识符;
- 参数列表　用于指定方法中所需的参数。可选参数,当存在多个参数时,各参数之间应使用逗号分隔;
- 方法体　为方法的实现部分,其中可以定义局部变量。可选参数。

下面的代码在 Car 类中声明两个成员方法 start()和 running()。

【例 6-3】　Car 类中声明成员方法。

```
public class Car
{    //定义一个无返回值的成员方法
public void start()
{
    System.out.println("车正在启动……");
}
//定义一个返回值为 String 类型的成员方法
public String running()
{
    String rtn = "车正在飞驰……";       //定义一个局部变量
    return rtn;
}
}
```

定义了类之后,就可以对对象进行声明。声明对象的语法格式如下:

类名 对象名;

其中:

- 类名　用于指定一个已经定义的类;
- 对象名　用于指定对象名称,必须是合法的标识符。

在 Java 中使用关键字 new 来实例化对象,具体语法格式如下:

对象名 = new 构造方法名([参数列表]);

其中:

- 对象名　用于指定已经声明的对象名;
- 构造方法名　用于指定构造方法名,即类名。注:构造方法是一种特殊的方法,用于对对象中的所有成员变量进行初始化;
- 参数列表　用于指定构造方法的入口参数,可选参数。

创建对象后,就可以通过对象来引用其成员变量,改变成员变量的值,还可以通过对象来调用其成员方法。通过使用运算符"."实现对成员变量的访问和成员方法的调用。

下面的代码给出了 Circle 类及其对象 ccl 的定义和使用方法。

【例 6-4】　Circle 类及对象的定义和使用方法。

```java
public class Circle
{
public float r = 10.0f;
public float pi = 3.14159f;
//定义计算圆面积的方法
public float getArea ()
{
    float area = pi * r * r;        //计算圆面积并赋值给变量 area
    return area;                    //返回计算后的圆面积
}
//定义 main 函数测试程序
public static void main(String[ ] args)
{
    Circle ccl = new Circle();
    ccl.r = 20;                     //改变成员变量的值
    float area = ccl.getArea();     //调用成员方法
    System.out.println("圆形的面积为: " + area);
    }
}
```

6.2.3　流程控制语句

Java 语言中,流程控制语句用于控制程序执行的顺序与流程,主要有分支语句、循环语句和跳转语句 3 种。

1. 分支语句

(1) if 语句

语法格式如下:

```java
if(判断表达式)
    语句1;
else
    语句2;
```

当条件表达式结果为 true 时,则程序执行程序语句 1,否则执行程序语句 2。

(2) switch 语句

语法格式如下:

```
switch(表达式)
{
    case value1:
        语句 1;
      break;
    case value 2:
        语句 2;
       break;
 …
    default:
        语句;
}
```

将表达式值与 case 后的 value 值比较。如果找到一个匹配的,则执行相应的语句后退出;否则,执行 default 后面的语句退出。

2. 循环语句

(1) for 循环

语法格式如下:

```
for(初始化语句;循环条件;迭代语句){
      语句序列
}
```

for 循环语句执行时,首先对循环变量进行初始化,然后判断循环条件,如果判断结果为false,退出循环;否则,执行一次循环体中的语句序列,最后执行迭代语句,改变循环变量的值,完成一次循环。

(2) while 循环

语法格式如下:

```
while(条件表达式){
      语句序列
}
```

while 循环语句执行时,先判断条件表达式,如果条件表达式的值为 true,则执行循环体;否则,退出循环。

(3) do while 循环

语法格式如下:

```
do{
      语句序列
} while(条件表达式);
```

语句序列在循环开始时首先被执行,然后对条件表达式进行判断,结果为 true 时,重复执行,否则退出。

3. 跳转语句

Java 语言中提供了 3 种跳转语句,分别是 break、continue 和 return。

break 语句用于强行退出循环,常位于 switch 语句和循环语句中。

continue 语句指示程序直接跳过其后的语句,进入下一次循环,通常只用在 for、while 和 do…while 循环语句中。

return 语句用于退出当前方法并返回一个值。它的语法格式如下:

```
return[表达式];
```

其中:

- 表达式　可选参数,表示要返回的值。它的数据类型必须同方法声明中的返回值类型一致。

6.2.4　异常处理机制

在 Java 程序的执行过程中,如果出现了异常事件,就会生成一个异常对象并传递给 Java 运行时系统。这一异常产生和提交过程称为抛出(throw)异常。Java 运行时系统得到这个异常对象后,将会寻找处理这一异常的代码,并把当前的异常对象交给这个方法进行处理,这一过程称为捕获(catch)异常。

如果 Java 运行时系统找不到可以捕获异常的方法,则运行时系统将终止,相应的 Java 程序也将退出。

概括说来,Java 异常处理机制为抛出异常和捕捉异常。

1. try…catch 语句

在 Java 语言中,用 try…catch 语句来捕获异常,代码格式如下:

```
try {
    // 可能会发生异常的程序代码
}
catch (Type1 id1){
    // 捕获并处置 try 抛出的异常类型 Type1
}
catch (Type2 id2){
    //捕获并处置 try 抛出的异常类型 Type2
}
```

在上述代码中,try 块用来监视这段代码运行过程中是否发生异常,若发生则产生异常对象并抛出;catch 用于捕获异常并处理它。

2. throw 语句

当程序发生错误而无法处理时,会抛出对应的异常对象。可以使用 throw 关键字,并生成指定的异常对象。例如下面的代码：

```
throw new MyException();
```

3. throws 语句

如果一个方法会出现异常,可以在方法声明处用 throws 语句来声明抛出异常。throws 的语法格式如下：

```
返回类型　方法名(参数表) throws 异常类型表{
方法体
}
```

6.3　JSP 基本语法

本节将介绍 JSP 的基本语法。首先介绍 JSP 程序的基本结构,然后介绍指令标签包括 page、include 及 taglib 等指令,最后介绍 JSP 的动作元素,包括 include、forward、param 等。

6.3.1　JSP 页面结构

在学习 JSP 语法之前,首先了解一下 JSP 页面的基本结构。JSP 页面由在 HTML 页面中插入 Java 程序构成,因此 JSP 原始代码中包含 Template(模板) data 和 JSP 元素两类内容。

Template data 是 JSP 引擎不处理的部分,例如,代码中 HTML 的内容等,这些数据会直接传送到客户端的浏览器。除此之外,在 JSP 代码中,绝大部分标签是以"<%"开始,以"%>"结束的,被标签包围的部分则称为 JSP 元素内容。开始标签、结束标签和元素内容 3 部分称为 JSP 元素。JSP 元素由 JSP 引擎直接处理,这一部分必须符合 JSP 语法,否则会导致编译错误。

下面的代码尽管没有包括 JSP 中的所有元素,但它仍然构成了一个动态的 JSP 程序。从中可以明显看到 Template data 和 JSP 元素。

【例 6-5】　一个基本的 JSP 页面。

```
<%@ page contentType = "text/html;charset = GB2312" %>
<HTML>
<BODY BGCOLOR = cyan>
<FONT Size = 2>
<P>欢迎访问本页面!
<% int i = 50;
%>
<P> 您是第
<% = i %>
```

```
个访问本页面的用户
</FONT>
</BODY>
<HTML>
```

访问包含了该代码的 JSP 页面后,将显示如图 6-21 所示的页面。

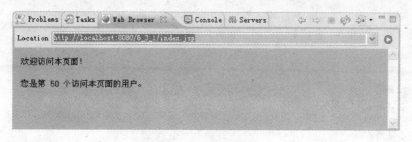

图 6-21　显示页面

JSP 元素包括注释、脚本元素、指令标签与动作元素几种类型。下面对它们分别进行介绍。

6.3.2　JSP 注释

在 JSP 程序中加入注释是一种良好的编程习惯,可以增强程序的可读性,以后维护起来也比较容易。由于 JSP 代码中包含了多种语言,所以在 JSP 中可以使用很多种类型的注释,如 HTML 中的注释、Java 中的注释和在严格意义上说属于 JSP 页面自己的注释:带有 JSP 表达式的和隐藏的注释。它们的语法规则和运行效果有所不同。

1. HTML 中的注释

语法格式如下:

```
<!-- 注释 -->
```

因为 JSP 页面由 HTML 标记和嵌入的 Java 程序片段组成的,所以在 HTML 中的注释同样可以在 JSP 中使用。通过这种方法产生的注释会通过 JSP 引擎发送到客户端,但不直接显示,仅在源代码中可以查看到。

【例 6-6】　使用 HTML 中的注释。

```
<%@ page contentType = "text/html;charset = GB2312" %>
<html>
<head>
<title> HTML 注释</title>
</head>
<body>
<!-- 本句注释不会显示 -->
    上一行注释未显示
</body>
</html>
```

运行结果如图 6-22 所示。

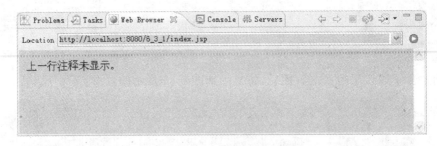

图 6-22　HTML 注释

2. 带有 JSP 表达式的注释

在 HTML 注释中可以嵌入 JSP 表达式,语法格式如下:

```
<! -- 注释<% = 表达式 %>-->
```

包含该注释语句的 JSP 页面被请求后,服务器会识别并执行注释中的 JSP 表达式,对注释中的其他内容不做任何操作。当服务器将执行结果返回给客户端后,客户端浏览器会识别该注释语句,所以被注释的内容不会显示在浏览器中。

【例 6-7】　使用带有 JSP 表达式的注释。

```
<% @ page contentType = "text/html;charset = gb2312" %>
<% int sum = 51; %>
<! -- 当前用户个数:<% = sum %> -->
<table><tr><td>当前登录用户总数:<% = sum %></td></tr></table>
```

运行结果如图 6-23 所示。

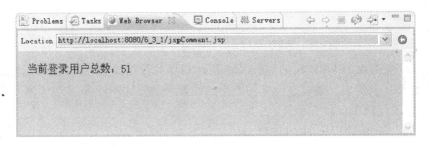

图 6-23　带 JSP 表达式的注释运行效果

3. 隐藏注释

前面介绍的 HTML 注释虽然在客户端浏览页面时不可见,但用户一旦查看源代码就会看到这些注释。所以严格来说,这种注释并不安全。下面将介绍一种隐藏注释,语法格式如下:

```
<% -- 注释 -- %>
```

使用该方法注释的内容,不仅在客户端浏览时看不到,而且即使通过在客户端查看HTML源代码,也不会看到,所以安全性较高。

例如图 6-24 中使用了隐藏注释,在 IE 浏览器和客户端显示的源代码中均无法看到"本行注释没有被显示,在客户端查看源代码亦不可见"这段内容。

【例6-8】 使用隐藏注释。

```
< html >
< body >
<% -- 本行注释没有被显示,在客户端查看源代码亦不可见 -- %>
上一行注释没有被显示,在客户端查看源代码亦不可见< br >
<! -- 本行注释没有被显示,在客户端查看源代码时可见 -->
上一行注释没有被显示,在客户端查看源代码时可见< br >
</ body >
</ html >
```

运行结果如图 6-24 和图 6-25 所示。

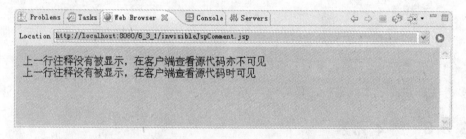

图 6-24 带隐藏注释的页面在浏览器上显示的效果

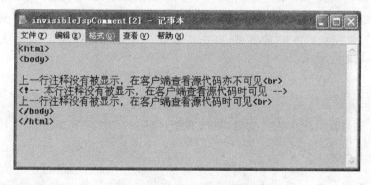

图 6-25 查看源代码的效果

4. 脚本程序(Scriptlet)中的注释

在脚本程序中的注释和在 Java 中的注释是相同的,包括下面 3 种注释方法。

(1) 单行注释

单行注释的格式如下:

// 注释内容

符号"//"后面的所有内容为注释的内容,服务器对该内容不进行任何操作。因为脚本程序在客户端通过查看源代码是不可见的,所以在脚本程序中通过该方法被注释的内容也是不可见的。

(2) 多行注释

多行注释是通过"/ * "与" * /"符号进行标记,它们必须成对出现,在它们之间输入的注释内容可以换行。注释格式如下:

```
/ *
    注释内容 1
    注释内容 2
    …
 * /
```

(3) 文档注释

注释格式如下:

```
/ **
    提示信息 1
    提示信息 2
    …
 * /
```

多行注释和提示文档进行注释的内容都是不可见的。

6.3.3 脚本元素

脚本元素是嵌入到 JSP 程序中的 Java 代码,可用于在 JSP 页面中来声明变量、定义函数或进行各种表达式的运算。这些元素在客户端是不可见的,它们由服务器执行。通常,JSP 中的脚本元素包括以下三种类型,即声明标识(Declaration)、JSP 表达式(Expression)和脚本程序(Scriptlet)。

1. 声明标识

声明标识在 JSP 页面中定义变量、方法和类,声明的语法格式如下:

```
<%! 声明; [ 声明; ] … %>
```

注意:在"<%"与"!"之间不能有空格。声明的语法必须符合 Java 语法。

通过声明标识声明的变量、方法和类,会被多个线程即多个用户共享,在整个页面内都有效。下面通过一个具体实例来介绍声明标识的应用。

【例 6-9】 声明标识的使用。

```
<% @ page contentType = "text/html;charset = GB2312" % >
< HTML >
< head >
< title >方法声明</title>
</head>
```

```
< BODY >
<%! int sum = 5;                        //声明计数变量
    void addsum()                       //该方法实现计数功能
    {   sum ++ ;  }
%>
<% addsum();                            //在程序片中调用方法
%>
访问本页面的客户总数 sum 为:
<% = sum %>
</BODY >
</HTML >
```

上述代码主要实现网页访问计数的功能,sum 被定义为线程共享变量。当访问页面后,实现计数的 addsum()方法被调用,将访问次数累加,并向用户显示结果。运行结果如图 6-26 所示。但这只是一个演示实例,不能用于实际项目。

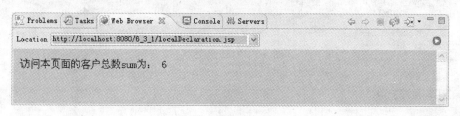

图 6-26 声明标识用法举例

2. JSP 表达式

JSP 表达式是对数据的表示,用于在页面上输出信息。其使用格式如下:

```
<% = 表达式 %>
```

注意:"<％＝"是一个完整的符号,"<％"和"＝"之间没有空格,其后的表达式必须能求值。表达式的值由服务器负责计算,并将计算结果用字符串形式发送至客户端进行显示。表达式可以嵌套,这时表达式的求解顺序为从左到右。当表达式比较复杂时,可以用括号表示优先级。下面的代码是 JSP 表达式的一个简单示例。

【**例 6-10**】 JSP 表达式。

```
<%@ page contentType = "text/html;charset = GB2312" %>
<HTML >
< BODY bgcolor = cyan ><FONT size = 2 >
<P> Sin(1.57) + 2 等于
<% = Math.sin(1.57) + 2 %>
<p>2 的立方是:
<% = Math.pow(2,3) %>
<P>123456 乘 80 等于
<% = 123456 * 80 %>
<P>1 大于 2 的平方根 吗?回答:
```

```
<% = 1 > Math.pow(2,0.5) %>
</FONT>
</BODY>
</HTML>
```

运行结果如图 6-27 所示。

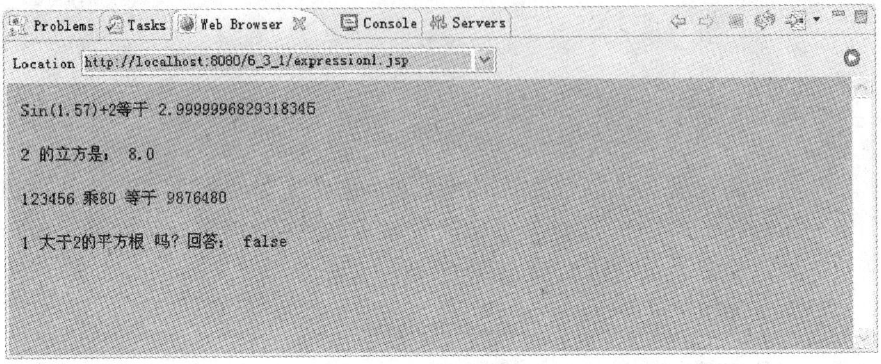

图 6-27　JSP 表达式

3. 脚本程序

如果需要在网页上插入比表达式更复杂的程序,可以应用程序码片段,即脚本程序。它是 JSP 中嵌入的一段 Java 代码,位于"<%"和"%>"标记之间。当客户端向服务器提交了包含 JSP 脚本程序的 JSP 页面请求时,服务器会执行脚本并将结果发送到客户端浏览器中。语法格式如下:

```
<% 程序码片段 %>
```

下面的例子给出了脚本的使用方法。

【**例 6-11**】　脚本的使用。

```
<%@ page contentType = "text/html;charset = GB2312" %>
<html>
<head><title>JSP 脚本语法示例</title></head>
<body>
计算 100 以内所有数和的 JSP 脚本运行结果如下:
<br>
<%   int i, sum = 0;
     for(i = 1;i < = 100;i = i + 1)
     { sum = sum + i;
     }
%>
从 1 到 100 所有数之和是:<% = sum %>
</body>
</html>
```

运行结果如图 6-28 所示。

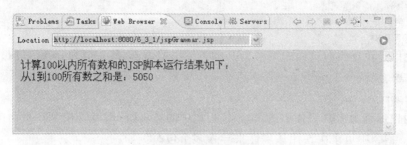

图 6-28 JSP 脚本

6.3.4 JSP 指令标签

指令标签用于提供和 JSP 页面相关的信息并设置在整个 JSP 页面范围内有效的属性，例如页面的编码方式、语法、信息等。指令中可以设置多个属性。指令标签在客户端是不可见的，并不直接产生任何可见输出，只是告诉引擎如何处理其余 JSP 页面。语法格式如下：

<% @ 指令 属性 1 = "值 1" 属性 2 = "值 2" … %>

JSP 中主要包含 3 种指令，分别是 page 指令、include 指令和 taglib 指令。

1. 页面指令标签: page

page 指令用于定义整个 JSP 页面的一些属性和它们的值。例如，将 JSP 页面的 contentType 属性值设置为"text/html;charset＝GB2312"，这样页面就可以显示标准汉语，如<%@ page contentType＝"text/html;charset＝GB2312" %>。page 指令的作用对整个页面有效。指令可以放在页面中任何位置，但习惯上放在 JSP 页面的最前面。page 指令的格式如下：

<% @ page 属性 1 = "值 1" 属性 2 = "值 2"… %>

page 指令包含了许多属性，如下例：

```
<% @ page
[ language = "java" ]
[ extends = "package.class" ]
[ import = "{package.class | package. * },..." ]
[ session = "true | false" ]
[ buffer = "none | 8KB | sizekb" ]
[ autoFlush = "true | false" ]
[ isThreadSafe = "true | false" ]
[ info = "text" ]
[ errorPage = "relativeURL" ]
[ contentType = "text/html "; charset = ISO - 8859 - 1" ]
[ isErrorPage = "true | false" ]
% >
```

在一个 JSP 页面中，可以使用多个 page 指令来指定属性及其值。但只有 import 属性可以使用多个 page 指令重复设定。其他属性只能使用一次 page 指令。下面对主要属性进行介绍。

(1) language

该属性用于设置当前页面中编写 JSP 脚本使用的语言,默认值为 java(目前只能设置为 Java),即<.%@ page language="java" %>。

(2) import

属性的作用是为 JSP 页面引入 Java 核心包中的类,这样就可以在 JSP 页面中使用这些类。在 page 指令中可多次使用该属性来导入多个包。例如:

```
<%@ page import="java.util.*" %>
<%@ page import="java.text.*" %>
或
<%@ page import="java.util.*,java.text.*" %>
```

在 JSP 中已经默认导入了以下包:java.lang.* 、javax.servlet.* 、javax.servlet.jsp.* 、javax.servlet.http.* 。

(3) contentType

用于定义 JSP 页面响应的 MIME 类型和字符编码。属性值的一般形式是:"MIME 类型"或"MIME 类型;charset=编码",如:

```
<%@ page contentType="text/html;charset=GB2312" %>
```

contentType 属性的默认值是"text/html ; charset=ISO-8859-1"。

(4) session

用于设置是否需要使用内置的 session 对象。

其属性值可以是 true 或 false,设为 false 表示不支持 session。session 默认的属性值为 true。

(5) buffer

buffer 属性用来指定 out 对象(内置输出流对象,详见 6.4 节)设置的缓冲区大小,如<%@ page buffer= "24kb" %>。

若 buffer 属性设置为 none,表示不使用缓存,直接进行输出。它的默认属性值是 8kb。

(6) autoFlush

该属性指定 out 的缓冲区被填满时,缓冲区是否自动刷新。

autoFlush 取值为 true 或 false。当 autoFlush 属性取值 false 时,如果缓冲区填满,就会出现缓存溢出异常。auotFlush 属性的默认值是 true,当缓冲区满时,自动将内容输出到客户端。注意:若 buffer 属性设为 none,则 autoFlush 只能设为 true。

(7) isThreadSafe

用来设置 JSP 页面是否可多线程访问。

isThreadSafe 的属性值取 true 或 false。当属性值设置为 true 时,JSP 页面能同时响应多个客户的请求;当属性值设置成 false 时,JSP 页面同一时刻只能处理响应一个客户的请求。属性的默认值是 true。

(8) info

该属性为 JSP 页面准备一个字符串。属性值是某个字符串,如当前页面的作者或其他有关的页面信息。例如,设置<%@ page info="本页面为首页" %>,访问页面后,将显示:本页面为首页。可以在 JSP 页面中使用方法 getServletInfo()获取 info 属性的属性值。

（9）errorPage

此项属性是设定当 JSP 程序处理使用者要求而出现异常时所要指向的页面。属性值即为指向页面的 URL。使用格式如下:

```
<%@page errorPage = "relatine URL"%>
```

（10）isErrorPage

该属性设置是否可以在该页面中使用 exception 对象处理异常。将该属性值设为 true 时,在当前页面中可以使用 exception 异常对象。若在其他页面中通过 errorPage 属性指定了该页面,则当前者出现异常时,会跳转到该页面,并在该页面中通过 exception 对象输出错误信息。该属性默认值为 false。

（11）pageEncoding

该属性用来设置 JSP 页面字符的编码。默认值为 ISO-8859-1。

2. 包含指令标签:include

include 指令用于在当前 JSP 页面中使用该指令的位置,静态插入一个文件。所谓静态插入,是指当前 JSP 页面和插入的文件合并为一个新的 JSP 页面,然后再由引擎将这个新的 JSP 页面转译成 Java 类文件。因此,插入文件后,必须保证新合并的 JSP 页面符合 JSP 语法规则。

包含的文件可以是 JSP 文件、HTML 网页、文本文件等,也可以是 Java 程序。如果被包含的文件中有可执行的代码,则显示代码执行后的结果。

include 语法格式如下:

```
<%@ include file = "relativeURL"%>
```

include 指令只有一个属性 file ="relativeURL"。它指出了被包含文件的 URL。该属性不支持任何表达式,不允许有参数。

下面是在 includeInstruction. jsp 中使用 include 指令包含 currentTime. jsp 的示例。

【例 6-12】　include 指令的使用。

includeInstruction. jsp:

```
<%@ page contentType = "text/html;charset = GB2312" %>
<html>
<head><title> include 指令示例</title></head>
<body>
现在东八区时间为:
<%@ include file = "currentTime.jsp" %>
</body>
</html>
currentTime.jsp:
<%@ page import = "java.util. * " %>
<% = (new java.util.Date()).toLocaleString()%>
```

运行结果如图 6-29 所示。

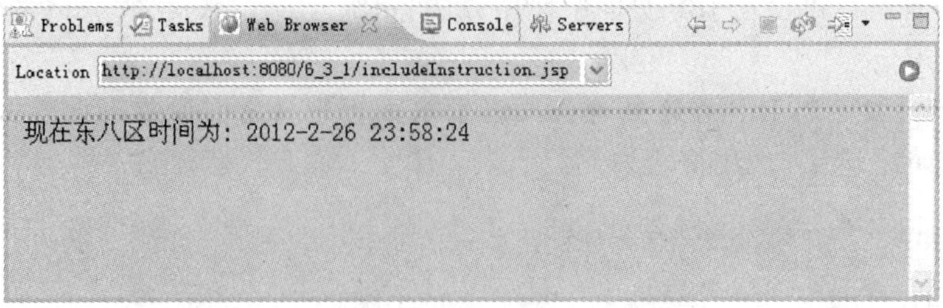

图 6-29　include 指令的运行结果

3. 提供动作指令标签：taglib

使用 taglib 指令，开发者可以在页面中自定义新的标签来完成特殊的功能。其语法格式如下：

```
< % @ taglib uri = "URIToTagLibrary" prefix = "tagPrefix" % >
```

taglib 指令属性说明如下：

（1）uri = "URIToTagLibrary"。指定一个标签描述文件（*.tld）的位置。在 tld 标签描述文件中定义了该标签库中的各个标签名称，并为每个标签指定一个标签处理类。

（2）prefix = "tagPrefix"。该属性指定一个由 uri 属性指定的标签库的前缀。通过前缀来引用标签库中的标签。注意：jsp、jspx、java、javax、servlet、sun 和 sunw 等保留字不允许作自定义标签的前缀。

6.3.5　JSP 动作元素

JSP 2.0 规范中定义了一些标准动作元素，也称动作标签，用于实现特殊的功能，例如，请求的转发、在当前页中包含其他文件、创建一个 JavaBean 实例等。动作元素的语法以 XML 为基础，使用时区分大小写。

JSP 2.0 规范中，主要有 20 项动作元素。其中较为常用的有：<jsp:include>、<jsp:forward>、<jsp:param>、<jsp:plugin>、<jsp:fallback>、<jsp:useBean>、<jsp:setProperty>和<jsp:getProperty>。下面将介绍前 5 个动作元素，剩下的<jsp:useBean>、<jsp:setProperty>和<jsp:getProperty>与 JavaBean 组件相关，将在 6.4 节介绍。

1. 包含文件：<jsp:include>

<jsp:include>动作元素用于向当前的页面中包含其他的文件。该标识的使用格式如下：

```
< jsp:include page = "{relativeURL | < % = expression % >}" flush = "true|false"/>
```

或者可以向被包含的动态页面中传递参数：

```
< jsp:include page = "{relativeURL | < % = expression % >}" flush = "true|false">
< jsp:param name = "ParameterName" value = "{ParameterValue| < % = expression % >}"/>
```

```
</jsp:include>
```

<jsp:include>的属性说明如下：

（1）page="{relativeURL | <%=expression %>}"。该属性指定了被包含文件的路径，其值可以是要包含的文件位置或者是一个表达式代表的相对路径。

（2）flush。该属性值为 boolean 型。设为 true,表示当输出缓冲区满时,清空缓冲区。默认值为 false。

（3）<jsp:param>。<jsp:param>子元素可以向被包含的页面中传递一个或多个参数。它本身也是 JSP 动作元素,与其他动作元素配合使用。

下面给出了使用动作元素在 includeJsp.jsp 页面中包含 included.jsp。

【例 6-13】 <jsp：include>的使用。

includeJsp.jsp：

```
<%@ page contentType = "text/html;charset = GB2312" %>
<html>
 <head><title>用 include 动作包含动态文件</title></head>
 <body>
 <h1>jsp:include 动作标签</h1><br>
 <h1>三角形</h1>
 <jsp:include page = "included.jsp" flush = "true" />
 </body>
</html>
included.jsp 源代码:
<%@ page contentType = "text/html;charset = GB2312" %>
<HTML>
<BODY>
<%
out.print("<pre>");
int i = 7,j,k;
for(j = 1;j < i;j ++)
{
 for(k = 0; k < j; k ++)
 out.print(" * ");
%>
<p></p>
<%
}
out.print("</pre>");
%>
</BODY>
</HTML>
```

程序运行结果如图 6-30 所示。

<jsp:include>元素包含的文件既可以是动态文件也可以是静态文件。如果被包含的是静态的文件,则页面执行后,在使用该元素的位置处将会输出这个文件的内容。如果<jsp:include>元素包含的是一个动态的文件,那么 JSP 编译器将编译并执行这个文件。

前面已经介绍了包含指令标签 include,那么 include 动作元素与 include 指令之间的差异都有哪些呢？

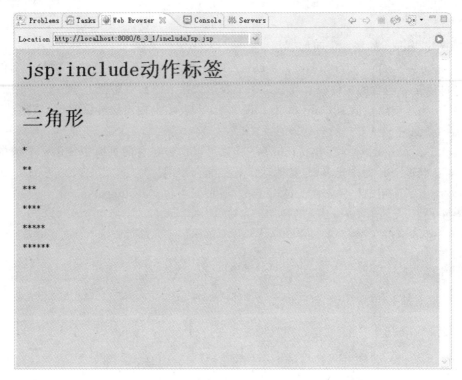

图 6-30　包含动作元素 include

（1）属性不同。include 指令通过 file 属性指定被包含的页面，不支持任何表达式。而 include 动作通过 page 属性指定被包含的页面，该属性支持 JSP 表达式。

（2）处理方式不同。include 指令将被包含的文件内容原封不动地插入到包含页中使用该指令的位置，形成一个合成文件，然后 JSP 编译器对这个最终文件进行编译。include 动作包含文件时主页面将请求转发到被包含的页面，并将执行结果输出后，继续返回主页面执行后面的代码。JSP 编译器会分别对这两个文件进行编译。

（3）包含方式不同。include 指令是静态包含。被包含的文件发生改变时，整个合成文件会重新被编译，最终服务器执行的是合成后由 JSP 编译器编译成的一个 . class 文件。include 动作通常是来包含那些经常需要改动的文件。被包含文件发生改动不会影响到主文件，服务器只需重新编译被包含的文件即可。此时服务器执行的是两个文件。只有当 <jsp:include>动作元素被执行时，被包含的文件才会被编译，这是一种动态包含。

（4）对被包含文件的约定不同。使用 include 指令包含文件时，对被包含文件有约定。如主文件和包含文件的 page 指令不应重复。而 include 动作不必遵循此约定。

2. 请求转发：<jsp:forward>

<jsp:forward>动作元素用来将客户端请求转发到另外一个 JSP、HTML 或相关的资源页面上。当该元素被执行后，当前的页面将不再被执行，而是去执行该标识指定的目标页面。

使用的格式如下：

```
< jsp:forward page = {"relativeURL" | "< % = expression %>"}/>
```

如果转发的目标是一个动态文件,还可以向该文件中传递参数,使用格式如下:

```
<jsp:forward page = {"relativeURL" | "<% = expression %>"}/>
  <jsp:param name = "ParameterName" value = "{ ParameterValue |<% = expression %>}"/>
</jsp: forward >
```

<jsp:forward>的属性包括 page 属性,指定了目标文件的路径。此外,<jsp:param>子元素可以用于向动态的目标文件中传递参数。

在下面的 jspForward. jsp 页面中,首先随机获取一个数,如果该数大于 0.5 就转向页面 variableDeclaration. jsp;否则转向页面 jspGrammar. jsp。

【例 6-14】 <jsp:forward>的使用。

jspForward. jsp:

```
<% @ page contentType = "text/html;charset = GB2312" %>
<HTML>
<BODY>
<% double i = Math. random();
if(i > 0.5)
{
%>
<jsp:forward page = "variableDeclaration. jsp" ></jsp:forward>
<%
}
else
{
%>
<jsp:forward page = "jspGrammar. jsp" ></jsp:forward>
<%
}
%>
<P>这句话和下面的表达式的值能输出吗?
<% = i %>
</BODY>
</HTML>
```

variableDeclaration. jsp:

```
<% @ page contentType = "text/html;charset = GB2312" %>
<HTML>
<BODY BGCOLOR = cyan >
<FONT Size = 2 >
<P>欢迎访问本页面!
<% int i = 50;
%>
<% i ++ ; %>
<P> 您是第
<% = i %>
个访问本页面的用户
</FONT >
</BODY >
<HTML>
```

jspGrammar.jsp 源代码：

```
<%@ page contentType = "text/html;charset = GB2312" %>
<html>
<head><title>JSP 脚本语法示例</title></head>
<body>
计算 100 以内所有数和的 JSP 脚本运行结果如下：
<br>
<%   int i, sum = 0;
    for(i = 1;i <= 100;i = i + 1)
    { sum = sum + i;
          }
%>
从 1 到 100 所有数之和是：<% = sum %>
</body>
</html>
```

图 6-31 是 jspForward.jsp 运行几次后，随机出现的两种运行效果。

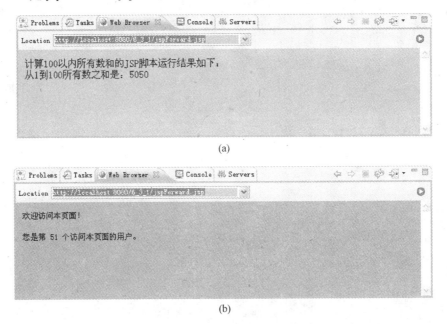

(a)

(b)

图 6-31　使用<jsp:forward>的执行效果

其中图 6-31(a)是随机数小于等于 0.5 时，执行 jspGrammar.jsp 页面的效果。而图 6-31(b)是随机数大于 0.5 时，执行 variableDeclaration.jsp 页面的效果。

3. 参数传递：<jsp:params>与<jsp:param>

在前面的 include 和 forward 动作元素中，均出现了 param 动作元素，它用来向需要包含的动态页面或要转向的页面传递参数。<jsp:params>也同样用于传递参数。不同之处在于：<jsp:param>经常与其他元素，如<jsp:include>、<jsp:forward>一起使用，而

<jsp:params>只和<jsp:plugin>一起使用,用于向 Applet 或 Bean 传递参数。

通过<jsp:param>传递参数的格式如下:

```
< jsp:param name = "ParameterName" value = "ParameterValue"/>
```

通过<jsp:params>传递多个参数的格式如下:

```
< jsp:params >
        < jsp:param name = " ParameterName " value = " ParameterValue "/>
        < jsp:param name = " ParameterName " value = " ParameterValue "/>
</jsp:params >
```

其中 name 属性为参数的名称,value 值是参数值。

4. 使用 Java 插件:<jsp:plugin>与<jsp:fallback>

使用<jsp:plugin>动作元素可以在页面中插入 Java Applet 小程序或 JavaBean 对象,它们能够在客户端运行。该标识会根据客户端浏览器的版本转换成<object>或<embed>HTML 元素。当使用<jsp:plugin>加载 Java 小应用程序或 JavaBean 对象失败时,可通过<jsp:fallback>标识向用户输出提示信息。因此<jsp:fallback>常和<jsp:plugin>一起用。

其语法格式如下:

```
< jsp:plugin type = "applet | bean"
code = "ObjectCode"
codebase = "objectCodebase"
[name = "ComponetName"]
[archive = "archiveList"]
[align = "alignment"]
[height = "height"]
[width = " width "]
[hspace = " hspace "]
[vspace = " vspace "]
[jreversion = " jreversion "]
[nspluginurl = "URL"]
[iepluginurl = "URL"]
[< jsp:params >
[< jsp:param name = "ParameterName" value = "{ParameterValue | < % = expression %>}"/>] +
</jsp:params >]
[< jsp:fallback > text message for user </jsp:fallback >])
</jsp:plugin >
```

属性说明如下:

- type 属性指定了所要加载的插件对象的类型,可选值为"bean"和"applet",该属性没有默认值,必须指定;
- code 属性指定了要加载的 Java 类文件的名称。该名称可包含扩展名和类包名,必须以 .class 结尾。.class 必须在 codebase 指定的目录中;
- codebase 属性用来指定 code 属性指定的 Java 类文件所在的路径。默认值为当前访问的 JSP 页面的路径；

- name 属性表示 Applet 或 Bean 的名称；
- archive 属性用于预先加载的类的路径，多个路径可用逗号进行分隔；
- align 属性指示加载的插件在页面中显示时的位置。可选值为"bottom"、"top"、"middle"、"left"和"right"；
- height 和 width 属性指示了加载的插件对象在页面中显示时的高度和宽度，单位为像素；
- hspace 和 vspace 属性指示了加载的 Applet 或 Bean 在屏幕或单元格中所留出的空间大小，hspace 表示左右，vspace 表示上下，单位为像素；
- jreversion 属性表示在浏览器中执行 Applet 或 Bean 时所需的 JRE 的版本；
- nspluginurl 和 iepluginurl 分别指定了 Netscape Navigator 用户和 Internet Explorer 用户能够使用的 JRE 的下载地址。

6.4　JSP 内置对象

本节将讲述 JSP 内置对象，并通过示例介绍它们的使用方法。

6.4.1　内置对象概述

常见的 Web 应用，例如网上购物，通常有多个页面，登录、浏览查询、购物过程都涉及信息在不同页面之间传递、共享的问题。因此，JSP 根据规范要求，向用户提供了一些内置对象，用于解决上述问题。

JSP 内置对象是指在 JSP 中内置的、无需定义即可在页面中直接使用的对象。这些对象由 JSP 容器自动提供，可以使用标准的变量来访问，不必编写额外的代码，从而有效地简化了页面。JSP 2.0 规范定义了 9 个内置对象。主要有 request、response、session、application、out、page、config、exception、pageContext。

request、response 和 session 是 JSP 内置对象中重要的 3 个对象。它们涉及客户端的浏览器与服务器端之间交互通信的控制。客户端浏览器使用了 HTTP 协议向服务器端发送页面请求，JSP 通过 request 对象获取客户浏览器的请求。服务器在收到来自客户端浏览器发来的请求后要响应请求，JSP 就是通过 response 对象对客户浏览器进行响应的。而 session 对象则一直维持着会话期间所需要传递的数据信息。

6.4.2　请求对象：request

在 JSP 中，内置对象 request 封装了客户端的请求信息，主要用于接收参数。请求信息包括请求的头信息、请求方式、请求的参数等。可以通过 request 对象相应的方法获取封装的信息，这些方法主要用于处理客户端浏览器提交的请求中的各项参数和选项。

Request 对象主要用途包括访问请求参数、在作用域中管理属性、获取 Cookie、获取客户信息、访问安全信息以及访问国际化信息。下面对常见的方法进行介绍。

1. 访问请求参数

在许多 Web 应用中,需要用户与网站进行交互。例如,客户端可通过 HTML 表单或在网页地址后面提供参数的方法提交数据。request 对象的 getParameter()以及 getParameterValues()方法,可以用来获取用户提交的数据。

(1) getParameter()

此方法得到请求中的参数值,方法格式如下:

```
public String getParameter(String name)
```

该方法的返回值为 String 类型。参数 name 与 HTML 标记 name 属性对应,如果参数值不存在,则返回一个 null 值。

下面的示例中,submitInfo.jsp 向 requestSubmitInfo.jsp 提交表单信息,requestSubmitInfo.jsp 通过 request 对象获取表单信息。

【例 6-15】 使用 getParameter()获取表单信息。

submitInfo.jsp:

```
< % @ page contentType = "text/html;charset = GB2312" % >
< HTML >
< BODY bgcolor = green >< FONT size = 2 >
< FORM action = "requestSubmitInfo.jsp" method = post name = form >
< INPUT type = "text" name = "boy">
< INPUT TYPE = "submit" value = "Submit" name = "submit">
</FORM >
</FONT >
</BODY >
</HTML >
```

requestSubmitInfo.jsp:

```
< % @ page contentType = "text/html;charset = GB2312" % >
< HTML >
< BODY bgcolor = green >< FONT size = 2 >
< P >文本框中提交的信息为:
< % String textContent = request.getParameter("boy");
% >
< BR >
< % = textContent % >
< P >获取信息的按钮为:
< % String buttonName = request.getParameter("submit");
% >
< BR >
< % = buttonName % >
</FONT >
</BODY >
</HTML >
```

运行效果如图 6-32 和图 6-33 所示。

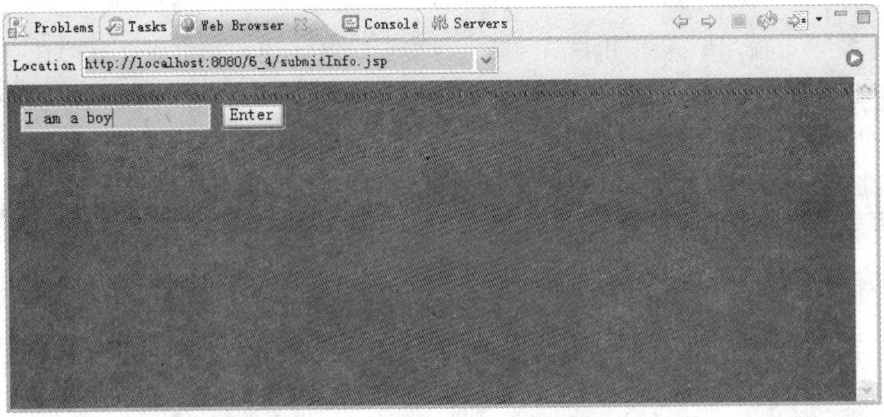

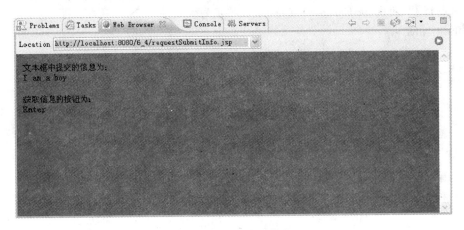

图 6-32 提交信息

图 6-33 获取表单信息

（2）getParameterValues()

此方法通常在表单的复选框中使用，可以得到所有请求参数值的数组，方法格式如下：

public String[ ] getParameterValues (String name)

数组的内容为请求中指定参数 name 的多个值。

本例中，设计 form 表单中有 3 个复选框，如图 6-34 所示，复选框选中后，表单信息提交给 requestForm.jsp。在 requestForm.jsp 中使用 getParameterValues()获取复选框的成组信息并显示出来。

【例 6-16】 使用 getParameterValues()获取复选框的成组信息。

form.jsp：

```
<%@ page contentType = "text/html;charset = GB2312" %>
<html>
<body>
<form id = "form1" name = "form1" method = "post" action = "requestForm.jsp">
```

```
Please select your favorite sports: < p >
< input type = "checkbox" name = "checkbox" value = "basketball"/> basketball
< input type = "checkbox" name = "checkbox" value = "football"/> football
< input type = "checkbox" name = "checkbox" value = "table tennis"/> table tennis < p >
< input type = "submit" name = "submit" value = "submit"/>
</form >
</body >
</html >
```

requestForm.jsp：

```
< % @ page contentType = "text/html;charset = GB2312" % >
< html >
< body >
< %
String[ ] temp = request.getParameterValues("checkbox");
out.println("Your favorite sports are: ");
for( int i = 0;i < temp.length;i ++ ) {
    out.println(temp[ i ] + " ");
}
% >
</body >
</html >
```

运行结果如图 6-34 和图 6-35 所示。

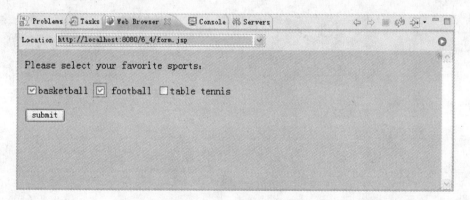

图 6-34　提交复选框信息

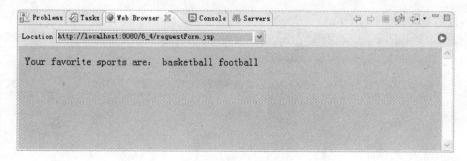

图 6-35　获取成组信息

2. 在作用域中管理属性

在进行请求转发时，需要把一些数据带到转发后的页面进行处理。这时，可以使用 request 对象的 setAttribute() 方法设置数据在 request 范围内存取。

（1）设置转发数据的方法

方法格式如下：

public void setAttribute (String name, Object attribute)

在转发后的页面取数据时，此方法将名为 name 的参数的值设为 attribute。

（2）获取转发数据的方法

方法格式如下：

public Object getAttribute (String name)

此方法将参数 name 指定的属性值作为一个 Object 对象返回。

下面这个例子使用 setAttribute() 方法设置数据，并在转发后获取。

【例 6-17】 使用 setAttribute() 方法设置数据。

setAttribute.jsp:

```
<% @ page contentType = "text/html; charset = gb2312" %>
< html >
< body >
<% request.setAttribute("error","sorry, your username or password is wrong!"); %>
< jsp:forward page = "error.jsp" />
</body >
</html >
```

error.jsp:

```
<% @ page contentType = "text/html; charset = gb2312" %>
< html >
< body >
<% out.println("error information is: " + request.getAttribute("error")); %>
</body >
</html >
```

运行结果如图 6-36 所示。

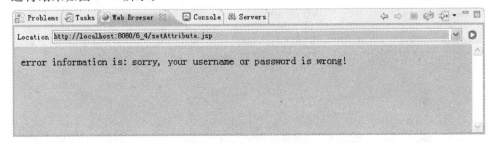

图 6-36 设置对象数据

3. 获取 Cookie

用户每次访问站点时，Web 应用程序都可以读取 Cookie 包含的信息。例如，当用户访问站点时，可以利用 Cookie 保存用户相关信息，这样当用户下次再访问站点时，应用程序就可以检索以前保存的信息。

可以通过 request 对象中的 getCookies()方法获取 Cookie 中的数据，返回值是 Cookie[] 数组。

4. 获取客户端信息

request 对象的一些方法可以访问请求行元素，用于确定组成 JSP 页面的客户端的信息，常见的方法如表 6-1 所示。

表 6-1　一些获取客户端的常见方法

方　　法	说　　明
getHeader(String name)	返回 HTTP 协议定义的文件头信息
getMethod()	返回 HTTP 请求的类型，如 get、post、put 等
getProtocol()	返回请求所用的协议名称、版本
getRequestURI()	返回请求路径
getRemoteAddr()	返回客户端的 IP 地址
getRemoteHost()	返回客户端的主机名称
getServerName()	返回服务器的名字
getServletPath()	返回客户端所请求的脚本文件的文件路径
getServerPort()	返回服务器的端口号
getContentType()	返回请求的 MIME 类型，如果类型未知，则返回 null

下面的例子中，程序 request1.jsp 通过表单向 requestGet1.jsp 提交信息。requestGet1.jsp 通过 request 对象获取客户端信息并显示用户提交的年龄信息。

【例 6-18】　获取客户端信息。

request1.jsp：

```
<%@ page contentType = "text/html;charset = GB2312" %>
<html>
<body><center>
<form method = "POST" action = "requestGet1.jsp" name = "fm">
<br>请输入您的年龄: <input type = "text" name = "user" size = "20">
<input type = "submit" value = "提交" name = "sm">
</center>
</form>
</body>
</html>
```

requestGet1.jsp：

```
<%@ page contentType = "text/html;charset = GBK" %>
<%@ page import = "java.util. * " %>
```

```
<body><pre>
<%
request.setCharacterEncoding("GBK");
out.println("客户协议: " + request.getProtocol());
out.println("服务器名: " + request.getServerName());
out.println("服务器端口号: " + request.getServerPort());
out.println("客户端IP地址: " + request.getRemoteAddr());
out.println("客户机名: " + request.getRemoteHost());
out.println("客户提交信息长度: " + request.getContentLength());
out.println("客户提交信息类型: "+ request.getContentType());
out.println("客户提交信息方式: " + request.getMethod());
out.println("Path Info: " + request.getPathInfo());
out.println("Query String: " + request.getQueryString());
out.println("客户提交信息页面位置: " + request.getServletPath());
out.println("HTTP 头文件中 accept - encoding 的值: " + request.getHeader("Accept-Encoding"));
out.println("HTTP头文件中 User - Agent 的值: " + request.getHeader("User-Agent"));
out.println("</pre>");
%>
<b><font size = "4">您的年龄是: <% String username = request.getParameter("user"); %>
<% = username %>
</font></b>
</body>
</html>
```

requestGet1.jsp 的运行结果如图 6-37 所示。

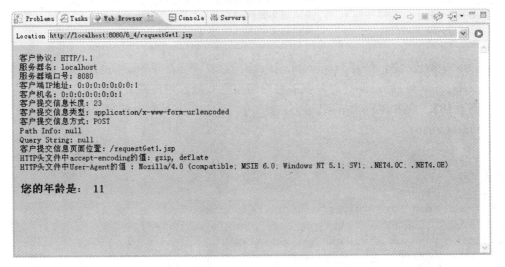

图 6-37　获取客户端信息

6.4.3　响应对象: response

response 对象和 request 对象是相对应的,request 对象用来获取客户客户端的信息。而 response 对象封装了 JSP 产生的响应,并被发送到客户端。request 对象和 response 对象的结合可以使 JSP 更好地实现客户端与服务器的信息交互。

response 对象的主要用途包括设置 HTTP 响应报头、重定向页面、设置缓冲区。

1. 设置 HTTP 响应的头信息

响应报文与请求一样,包括一些头。response 对象可以使用方法 addHeader()或方法 setHeader()添加新的响应头和头的值,将这些头传给客户的浏览器。如果添加的头已经存在,则后添加的响应头可以覆盖原来的内容。

常见的方法如表 6-2 所示。

表 6-2 response 对象设置 HTTP 文件头信息的方法

方 法	说 明
setHeader(String head,String value)	使用给定的名称和值设置一个响应报头
addHeader(String head, String value)	使用给定的名称和值添加一个响应报头
setContentType(String type)	设置响应的 MIME 类型
setContentLength(int len)	为响应设置内容长度

许多时候需要定时刷新页面,下面就是一个页面更新的例子。程序用到了日期的方法,所以用 page 指令导入 java.util.* 类,然后通过 response 对象的 setHeader()方法设置 HTTP 头中的值。

【例 6-19】 使用 setHeader()方法设置 HTTP 头。

```
<%@ page language = "java" import = "java.util. * " %>
<%@ page contentType = "text/html1;charset = gb2312" %>
<HTML>
<BODY>
<font size = "2">
北京时间:(每隔 1 秒钟自动刷新)<br>
<%
response.setHeader("refresh","1");
out.println(new Date().toLocaleString());
%>
</font>
</BODY>
</HTML>
```

运行结果如图 6-38 所示。

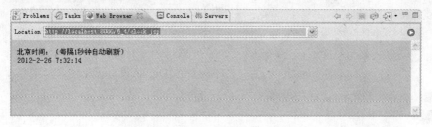

图 6-38 定时刷新页面的运行结果

2. 重定向页面

在某些情况下,当响应客户时,需要将客户重新引导至另一个页面。例如,如果客户输入的表单信息不完整,就会再被引导到该表单的输入页面。常见的方法如表 6-3 所示。

表 6-3　response 对象重定向页面的方法

方　　法	说　　明
sendError(int number)	使用指定的状态码向客户发送错误响应
sendRedirect(String location)	将客户请求重定向到另一个页面,参数为重定向位置 URL

需要注意的是,sendRedirect 与<jsp:forward>区别。sendRedirect 是绝对跳转,地址栏中显示跳转后页面的 URL,跳转前后的两个页面不属于同一个 request。而使用<jsp:forward>跳转后地址栏中仍显示以前页面的 URL,跳转前后的两个页面属于同一个 request。

下面的例子给出了一个登录页面,当用户没有输入用户名就直接提交表单时,页面会被重定向到登录页面。

【例 6-20】　使用 sendRedirect()重定向。

login. jsp:

```
<% @ page contentType = "text/html;charset = GB2312"  %>
< HTML >
< BODY >
<P>请输入用户名:< BR>
< FORM action = "loginTest.jsp" method = "get" name = form>
< INPUT TYPE = "text" name = "boy">
< INPUT TYPE = "submit" value = "Enter">
</FORM >
</BODY >
</HTML >
```

loginTest. jsp:

```
<% @ page contentType = "text/html;charset = GB2312"  %>
< HTML >
< BODY >
<% String str = null;
str = request.getParameter("boy");
if(str == null)
{str = "";
}
byte b[ ] = str.getBytes("ISO - 8859 - 1");
str = new String(b);
if(str.equals(""))
{response.sendRedirect("login.jsp");
}
```

```
else
{out.print(str + ",欢迎访问本站!");

}
%>
</BODY>
</HTML>
```

运行结果如图 6-39 所示。

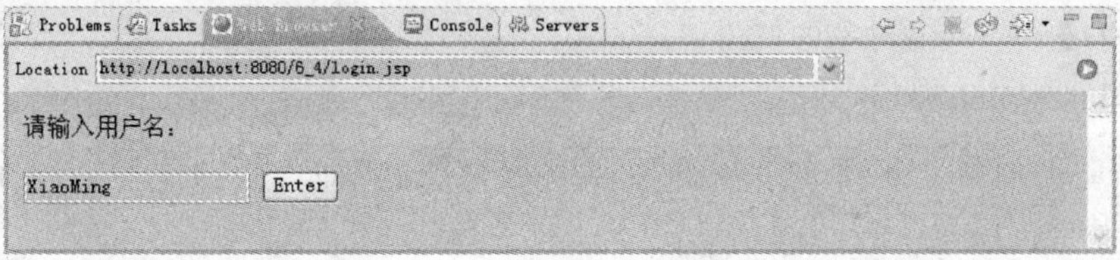

图 6-39　重定向登录页面

6.4.4　会话对象：session

第 3 章里面介绍过 HTTP 协议的无状态性,也就是一旦连接结束,服务器端不保留连接的相关信息。在客户端使用了 Cookie 保存信息,但 Cookie 一般只能保存字符串等简单数据,不适于保存比较复杂的数据。

那么服务器是如何知道在不同页面之间跳转的用户是否是同一个用户,它又是怎样获取用户在访问各个页面期间所提交的信息的? 在 JSP 中,服务器端使用了 session 对象来存储数据。

1. 会话与 session

每一个 session 对象代表一个会话。会话是指从一个客户打开浏览器并连接到服务器开始,到客户关闭浏览器离开这个服务器的整个过程。一个客户对同一服务目录中不同网页的访问属于同一会话。

当一个客户登录一个网站时,即 JSP 页面被装载时,服务器自动为用户生成一个独一无二的 session 对象。与此同时,JSP 引擎还会分配一个 String 类型的 Id 号并将这个 Id 号发送到客户端,存放在 Cookie 中,这样 session 对象和客户之间就建立了一一对应的关系。当客户再访问连接该服务器的其他页面时,不再分配给他新的 session 对象。服务器端该客户的 session 对象直到客户关闭浏览器才取消。

但是在一定时间内(系统默认在 30 分钟内),如果客户端不向服务器发出应答请求,session 对象就会自动消失。session 的标识可以通过 getId()方法得到。

2. 创建及获取客户的会话

session 内置对象使用 setAttribute()和 getAttribute()方法创建及获取客户的会话信息。setAttribute()方法用于设置指定名称的属性值,并将其存储在 session 对象中,方法格

式如下:

```
void setAttribute(String name,Object value)
```

将对象的值存放在 session 中,其中参数 name 为属性名称,value 为属性值。

getAttribute()方法用于获取与指定名字 name 相联系的属性,方法格式如下:

```
Object getAttribute(String name)
```

下面的例子是一个非常简单的购物商店网站中,使用 session 对象存储顾客的姓名和购买的商品。

【例 6-21】 session 对象的使用。

loginMarket.jsp 源代码:

```
<%@ page contentType = "text/html;charset = GB2312" %>
<HTML>
<BODY bgcolor = cyan><FONT Size = 2>
<% session.setAttribute("customer"," 顾客");
%>
<P>输入你的用户名进入学苑超市:
<FORM action = "purchaseMarket.jsp" method = post name = form>
<INPUT type = "text" name = "boy">
<INPUT TYPE = "submit" value = "登录" name = submit>
</FORM>
<FONT>
</BODY>
</HTML>
```

purchaseMarket.jsp 源代码:

```
<%@ page contentType = "text/html;charset = GB2312" %>
<HTML>
<BODY bgcolor = cyan><FONT Size = 2>
<% String s = request.getParameter("boy");
session.setAttribute("name",s);
%>
<P>这里是学苑超市
<P>输入你想购买的商品以结账:
<FORM action = "checkOutMarket.jsp" method = post name = form>
<INPUT type = "text" name = "buy">
<INPUT TYPE = "submit" value = "确定" name = submit>
</FORM>
</FONT>
</BODY>
</HTML>
```

checkOutMarket.jsp:

```
<%@ page contentType = "text/html;charset = GB2312" %>
<%! //处理字符串的方法:
```

```
public String getString(String s)
{ if(s == null)
{s = "";
} try {byte b[ ] = s.getBytes("ISO - 8859 - 1");
s = new String(b);
}
catch(Exception e)
{
}
return s;
}
%>
< HTML >
< BODY bgcolor = cyan >< FONT Size = 2 >
< % String s = request.getParameter("buy");
session.setAttribute("goods",s);
%>
< BR >
< % String 顾客 = (String)session.getAttribute("customer");
String 姓名 = (String)session.getAttribute("name");
String 商品 = (String)session.getAttribute("goods");
姓名 = getString(姓名);
商品 = getString(商品);
%>
< P >< % = 姓名 %>,您好!
< P >这里是收银台,您选择选购的商品是:
< % = 商品 %>
</FONT >
</BODY >
</HTML >
```

运行结果如图 6-40～图 6-42 所示。

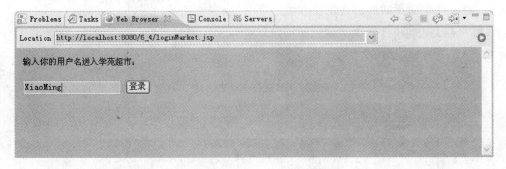

图 6-40 登录页面

3. session 对象的生命周期

从一个客户会话开始到会话结束这段时间称为 session 对象的生命周期。当客户第一次访问 Web 应用中支持 session 的某个网页时,就会开始一个新的 session。接下来当客户浏览这个 Web 应用的不同网页时,始终处于同一个 session 中。

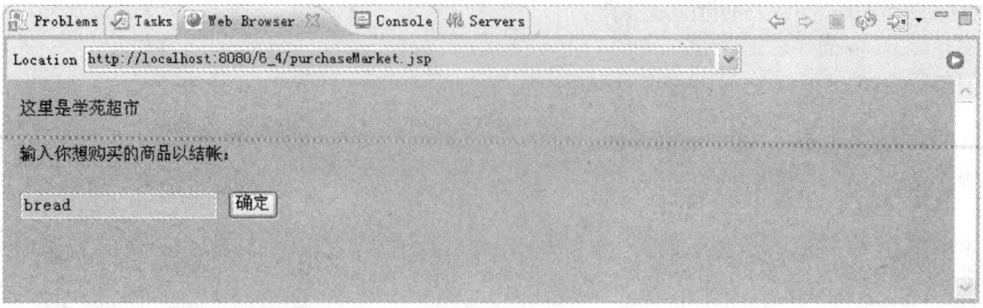

图 6-41　输入商品

图 6-42　购物结果显示

在以下情况中,session 将结束生命周期,session 所占用的资源会被释放掉。

(1) 客户端关闭浏览器。

(2) session 过期。

(3) 服务器端调用了 HttpSession 的 invalidate()方法。

session 对象默认的生存时间为 1800 秒。这个时间可以通过方法 setMaxInactiveInterval (int n)设置 session 对象的生存时间,对系统安全使用进行保护。下面的例子给出了关于 session 对象的生命周期的一些设置方法。

【例 6-22】　session 对象生命周期的设置。

```
<%@page contentType = "text/html;charset = gb2312"%>
<%@page import = "java.util. * ;"%>
<html>
<body>
会话标识: <% = session.getId() %>
<p>创建时间: <% = new Date(session.getCreationTime()) %></p>
<p>最后访问时间: <% = new Date(session.getLastAccessedTime()) %></p>
<p>是否是一次新的对话?<% = session.isNew() %></p>
<p>原设置中的一次会话持续的时间: <% = session.getMaxInactiveInterval() %></p>
<% -- 重新设置会话的持续时间 -- %>
<% session.setMaxInactiveInterval(100); %>
<p>新设置中的一次会话持续的时间: <% = session.getMaxInactiveInterval() %></p>
<p>属性 UserName 的初始值: <% = session.getAttribute("UserName") %></p>
<% -- 设置属性 UserName 的值 -- %>
```

```
<% session.setAttribute("UserName","XiaoMing"); %>
<p>属性 UserName 的赋予值：<% = session.getAttribute("UserName") %></p>
</body>
</html>
```

运行结果如图 6-43 所示。

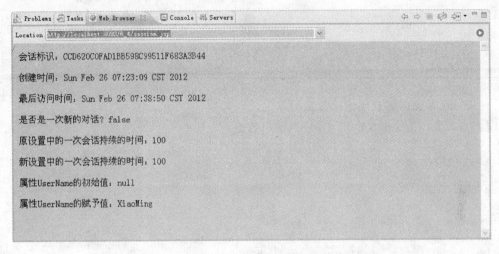

图 6-43　session 对象生命周期的设置

6.4.5 多客户端共享对象：application

application 对象实现多个 Web 应用或多个用户之间的数据共享，用于保存所有应用中的公有数据。它开始于服务器的启动，直到服务器关闭而消亡。

application 对象与 session 对象有所不同：session 对象和用户会话相关，不同用户的 session 是完全不同的对象。而所有用户的 application 对象都是相同的，即共享这个内置的 application 对象。

常见的 application 对象的方法如表 6-4 所示。

表 6-4　application 对象的常见方法

方　　法	说　　明
setAttribute(String key ,Object obj)	设定属性的属性值
getAttibue(String key)	返回给定名的属性值
removeAttribue(String key)	从当前 application 对象中删除属性及其属性值
getServletInfo()	返回 JSP(Servlet)引擎名及版本号

6.4.6 输出对象：out

内置输出流对象 out 负责将服务器的某些信息或运行结果发送到客户端进行显示。如，out 对象可以直接向客户端写一个由程序动态生成的 HTML 文件。此外，out 对象还管理应用服务器上的输出缓冲区。例如，对数据缓冲区进行操作，及时清除缓冲区中的残余数据,数据输出完毕后及时关闭输出流等。

out 对象中常用的方法如表 6-5 所示。

表 6-5　out 对象的主要方法

方　　法	说　　明
print()	向客户端输出各种类型的数据
println()	向客户端换行输出各种类型数据
newLine()	向客户端输出一个换行符
flush()	输出缓冲区里的内容
close()	关闭输出流

使用 out 对象向客户端输出数据的示例代码如下。

【例 6-23】　使用 out 对象向客户端输出数据。

```
<%@ page contentType = "text/html;charset = GB2312" %>
<%@ page import = "java.util.*" %>
<HTML>
<BODY>
<% int a = 100;long b = 300;boolean c = true;
out.println("<H2>这是标题 1 的字体大小</HT2>");
out.println("<H3>这是标题 2 的字体大小</HT3>");
out.print("<BR>");
out.println("a = " + a); out.println("b = " + b); out.println("c = " + c);
%>
<Center>
<p><Font size = 2>这是一个表格</Font>
<% out.print("<Font face = 隶书 size = 2>");
out.println("<Table Border>");
out.println("<TR>");
out.println("<TH width = 80>" + "商品名" + "</TH>");
out.println("<TH width = 60>" + "种类" + "</TH>");
out.println("<TH width = 200>" + "价格(元)" + "</TH>");
out.println("</TR>");
out.println("<TR>");
out.println("<TD>" + "面包" + "</TD>");
out.println("<TD>" + "食品" + "</TD>");
out.println("<TD>" + "2.50" + "</TD>");
out.println("</TR>");
out.println("<TR>");
out.println("<TD>" + "肥皂" + "</TD>");
out.println("<TD>" + "清洁用品" + "</TD>");
out.println("<TD>" + "3.00" + "</TD>");
out.println("<TD width = 100>" + " 5.50" + "</TD>");
out.println("</TR>");
out.println("</Table>");
out.print("</Font>") ;
%>
</Center>
</BODY>
</HTML>
```

运行结果如图 6-44 所示。

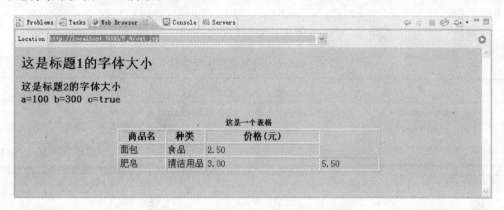

图 6-44　使用 out 对象向客户端输出数据

6.4.7　页面对象：page

page 对象指向正在运行的 JSP 页面本身，和类中的 this 指针类似。它是 java. lang. Object 类的实例。

6.4.8　页面上下文对象：pageContext

pageContext 对象相当于页面中所有其他对象功能的集大成者。它提供了对 JSP 页面内所有的对象及名字空间的访问。它的创建和初始化都是由容器来完成的。pageContext 对象提供了 getXxx()、setXxx()和 findXxx()方法用于根据不同的对象范围对这些对象进行管理，例如 getSession()，getRequest()，getResponse()等。

6.4.9　配置对象：config

config 对象可以获取服务器 Servlet 的相关配置。Servlet 初始化时，JSP 引擎可以通过 config 对象向它传递某些信息。具体包括 Servlet 初始化时用的参数以及服务器的有关信息。

它的主要方法如表 6-6 所示。

表 6-6　config 对象的主要方法

方　　法	说　　明
getServletContext()	返回含有服务器相关信息的 ServletContext 对象
getInitParameter(String name)	返回初始化参数的值
getInitParameterNames()	返回 Servlet 初始化所需所有参数的名字

6.4.10　异常对象：exception

exception 内置对象用来处理 JSP 文件执行时发生的异常。当一个页面在运行过程中发生异常时，就产生这个对象。如果一个页面要使用此对象，必须把 isErrorPage 设为 true，否则无法编译,即该对象只能在使用了"<%@ page isErrorPage＝"true"%>"的 JSP 文件中使用。

主要的 exception 对象的方法如表 6-7 所示。

表 6-7　exception 对象的主要方法

方　法	说　明
getMessage()	返回描述异常的消息
printStackTrace()	显示异常的栈跟踪轨迹
toString()	返回关于异常的简单信息描述
FillInStackTrace()	重写异常的栈执行轨迹

6.5　JavaBean 与 Servlet 简介

本节首先介绍 JavaBean 的基本概念,然后介绍 JavaBean 的设计与开发,最后介绍 Servlet 的基本概念、特点。

6.5.1　JavaBean 的基本概念

JSP 页面由普通的 HTML 标签和 Java 程序片组成,如果程序片和 HTML 大量交互在一起,就显得页面混杂,不易维护。尤其当界面和业务流程比较复杂时,JSP 页面会产生逻辑混乱。

如果分离界面代码和业务流程代码,且把业务流程封装成一个或多个可以重用的 Java 类,则可以提高开发效率、软件复用性,降低维护成本。

JavaBean 是一个可重复使用的软件组件。我们可以介绍一个日常生活中的例子来理解组件的概念:组装电脑。通常我们可以根据需要选择多个组件组装电脑,例如,内存、硬盘、光驱等。在使用这些组件时,我们不必关心内存、硬盘的研发过程,只需要了解它们的属性和功能即可。不同的电脑可以安装相同的内存,一台电脑的内存发生了故障并不影响其他的电脑。JavaBean 就是类似这样的独立组件。

JavaBean 是根据特殊的规范编写的普通的 Java 类,用面向对象编程的思想封装了属性和方法,并用以完成某种功能或者处理某个业务逻辑。例如,用于执行复杂的计算任务,或负责与数据库的交互等。每个 JavaBean 都实现了一个特定的功能,通过合理地组织不同功能的 JavaBean,可以快速生成一个全新的应用程序。

JavaBean 按功能可分为可视化 JavaBean 和不可视化 JavaBean 两类。可视化 JavaBean 是具有图形用户界面 GUI 的 JavaBean,如按钮、文本框,甚至是报表组件,类似于 Visual Basic 中的控件。不可视化 JavaBean 是指在类的代码中没有 GUI 的形式,主要用于封装业务逻辑、数据库操作等。

对于程序开发人员来说,JavaBean 的最大优点就是充分提高了代码的可重用性,有效地分离了静态工作部分和动态工作部分,并且对程序的后期维护和扩展起到了积极的作用。JavaBean 组件可以在任何平台上运行,由于 JavaBean 是基于 Java 语言编写的,所以它可以轻易地移植到各种运行平台上。

6.5.2 编写 JavaBean

编写 JavaBean 实质就是编写一个 Java 的类。可以使用任何一个文本编辑器如记事本或者是专业的 Java 编程工具来编写 JavaBean。设计 JavaBean 类就是要设计它的属性和方法,类的方法命名上应遵守以下规则:

(1) 如果类的成员变量的名字是 xxx,那么为了更改或获取成员变量的值,即更改或获取属性,在类中需要有两个方法:getXxx()和 setXxx(),分别用于获取和设置 xxx 的属性。

(2) 如果成员变量是 boolean 类型的,即布尔逻辑类型的属性,允许使用 is Xxx()代替上面的 getXxx()。

(3) 访问成员变量的方法设为 public 的。

(4) 类需要一个没有参数的构造函数,而且方法也是 public 的。

遵守这些规则,可以方便 JSP 引擎知道 JavaBean 的属性和方法。

【例 6-24】 创建名称为 Circle.java 的 JavaBean 代码。

Circle.java:

```
import java.io. * ;
public class Circle
{ int radius;
public Circle()                        //无参数的构造函数
{ radius = 1;
}
public int getRadius()                 //get()方法
{ return radius;
}
public void setRadius(int newRadius)   //set()方法
{radius = newRadius;
}
public double circleArea()
{return Math.PI * radius * radius;
}
public double circlLength()
{return 2.0 * Math.PI * radius;
}
}
```

6.5.3 在 JSP 中应用 JavaBean

JSP 动作元素<jsp:useBean>用于在 JSP 中创建并使用一个 JavaBean。其使用格式如下:

```
< jsp:useBean id = "给 JavaBean 实例起的名字" class = "Java 的类名" scope = "JavaBean 实例的
有效范围">
</jsp:useBean>
```

或

< jsp:useBean id = "给 JavaBean 实例起的名字" class = "Java 的类名" scope = "JavaBean 实例的有效范围"/>

其中 id 的设置可由用户任意给定,scope 有 4 种不同的取值范围:page、request、session 和 application,默认值为 page。

- scope 取值 page。该 JavaBean 对象的有效范围是当前页面,当客户离开这个页面时,分配给该客户的 JavaBean 对象将被取消。其作用域在 4 种类型中范围最小。
- scope 取值 session。该 JavaBean 对象的有效范围是客户的会话期间。如果客户在某个页面更改了这个对象的属性,其他页面的这个属性也将发生变化。当客户关闭浏览器时,JSP 引擎取消分配给客户的 JavaBean 对象。
- scope 取值 request。该 JavaBean 对象存在于整个 request 期间。JSP 引擎对请求作出响应之后,取消分配给客户的这个对象。
- scope 取值 application。所有客户共享这个对象,如果一个客户改变了这个对象的某个属性值,那么所有客户的这个属性值都会发生变化。它是 4 种类型中作用范围最大的,直到服务器关闭才被取消。

【例 6-25】 使用了例 6-24 给出的 Circle.java 的 JavaBean,创建的 JavaBean 对象是 bean0,其 scope 取值 page。

bean0.jsp:

```
<%@ page contentType = "text/html;charset = GB2312" %>
<%@ page import = "Circle" %>
<HTML>
<BODY bgcolor = cyan><Font size = 2>
<jsp:useBean id = "bean0" class = "Circle" scope = "page" />
<% // 设置圆的半径:
bean0.setRadius(100);
%>
<P>圆的半径是:<% = bean0.getRadius() %>
</P>
<P>圆的周长是:<% = bean0.circlLength() %>
</P>
圆的面积是:<% = bean0.circleArea() %>
</Font>
</BODY>
</HTML>
```

运行效果如图 6-45 所示。

在下面的例子中我们将 scope 的值设为 session。创建的 JavaBean 对象的名字是 bean1。在 bean1.jsp 页面中,bean1 的半径 radius 初始值为 1(如图 6-46 所示)。链接到 beans2.jsp 页面,显示半径 radius 的值,并将 bean1 的半径 radius 的值更改为 4(如图 6-47 所示)。当再刷新 bean1.jsp 时会发现 radius 的值也变成了 4(如图 6-48 所示)。

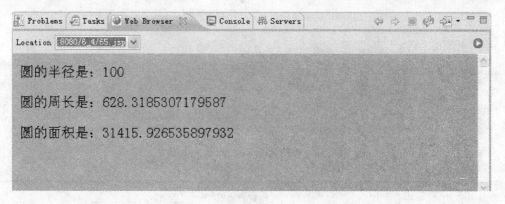

图 6-45   作用域为 page 的 bean0

【例 6-26】   scope 值为 session 的 bean1。

bean1.jsp：

```
<%@ page contentType = "text/html;charset = GB2312" %>
<%@ page import = "Circle" %>
<HTML>
<BODY bgcolor = cyan><Font size = 2>
<jsp:useBean id = "bean1" class = "Circle" scope = "session">
</jsp:useBean>
<P>圆的半径是:
<% = bean1.getRadius() %>
<A href = "bean2.jsp"><BR>beans2.jsp </A>
</BODY>
</HTML>
```

bean2.jsp：

```
<%@ page contentType = "text/html;charset = GB2312" %>
<%@ page import = "Circle" %>
<HTML>
<BODY bgcolor = cyan><Font size = 1>
<jsp:useBean id = "bean1" class = "Circle" scope = "session">
</jsp:useBean>
<P>圆的半径是:
<% = bean1.getRadius() %>
<% bean1.setRadius(4); %>
<P>修改后的圆的半径是:
<% = bean1.getRadius() %>
</BODY>
</HTML>
```

运行结果如图 6-46～图 6-48 所示。

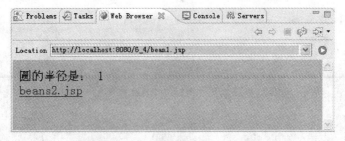

图 6-46　作用域为 session 的 bean1(1)

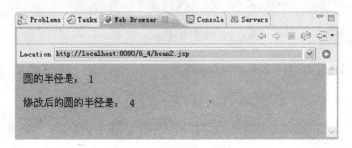

图 6-47　作用域为 session 的 bean1(2)

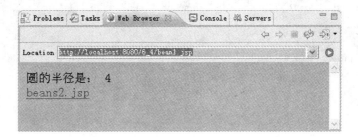

图 6-48　作用域为 session 的 bean1(3)

6.5.4　设置并获取 JavaBean 属性

使用 useBean 动作元素创建一个 JavaBean 对象后,可以采用 setXxx() 和 getXxx() 方法来设置和获取 JavaBean 的属性值,如例 6-26 所示。此外获取或修改 JavaBean 对象的属性还可以使用动作元素 getProperty、setProperty。

1. getProperty 动作元素

使用该元素可以获得 JavaBean 对象的属性值,并将这个值用串的形式显示给客户。使用这个元素之前,必须使用 useBean 元素获取得到一个 JavaBean 对象。

```
< jsp:getProperty name = "JavaBean 实例" property = "JavaBean 实例的属性" />
```

或

```
< jsp:getProperty name = "JavaBean 实例" property = "JavaBean 实例的属性" />
</jsp:getProperty >
```

其中,name 取值是 JavaBean 实例的名字,用来指定要获取哪个实例的属性值;property 取值是该实例的一个属性的名字。该指令的作用相当于在程序片中使用 JavaBean 对象调用getXxx()方法。

2. setProperty 动作元素

JavaBean 实例化后,使用该元素设置 JavaBean 实例的属性值。

setProperty 动作元素可以通过 3 种方式:表达式的值或字符串、HTTP 表单以及request 参数设置 JavaBean 实例属性的值。

下面仅简单介绍通过表达式的值或字符串进行设置的方法。

```
< jsp:setProperty name = "JavaBean 实例的名字" property = "JavaBean 实例的属性" value =
"<% = expression %>" />
```

或者

```
< jsp:setProperty name = "JavaBean 实例的名字" property = "JavaBean 实例的属性" value = 字符
串/>
```

上面动作元素的作用是用属性 value 的值设置 JavaBean 的属性 property。property 所标识的属性名必须和 JavaBean 中对应的属性名相同。

在下面的例子中,我们给出了一个描述雇员的 JavaBean,并在一个 JSP 页面中创建一个这样的实例,其有效范围是 page。在 JSP 页面中使用动作元素设置、获取该实例的属性。

【例 6-27】 设置与获取 JavaBean 的属性值。

Employee. java:

```java
public class Employee {
 String name = null;
 long number;
 double height,weight;
 public String getName()
 { return name;
 }
 public void setName(String newName)
 {name = newName;
 }
 public long getNumber()
 {return number;
 }
 public void setNumber(long newNumber)
 { number = newNumber;
 }
 public double getHeight()
 {return height;
 }
 public void setHeight(double newHeight)
 { height = newHeight;
 }
```

```
public double getWeight()
{return weight;
}
public void setWeight(double newWeight)
{ weight = newWeight;
}
}
```

employee.jsp:

```
<%@ page contentType = "text/html;charset = GB2312" %>
<%@ page import = "pk_smsshop.Employee" %>
<HTML>
<BODY bgcolor = cyan><Font size = 1>
<jsp:useBean id = "employee" class = "pk_smsshop.Employee" scope = "page">
</jsp:useBean>
<jsp:setProperty name = "employee" property = "name" value = "小明" />
<P>名字是:
<jsp:getProperty name = "employee" property = "name" />
<jsp:setProperty name = "employee" property = "number" value = "20120301" />
<P>工号是:
<jsp:getProperty name = "employee" property = "number" />
<% double height = 1.70;
%>
<jsp:setProperty name = "employee" property = "height" value = "<% = height + 0.05 %>"
/>
<P>身高是:
<jsp:getProperty name = "employee" property = "height" />
米
<jsp:setProperty name = "employee" property = "weight" value = "70.2" />
<P>体重是:
<jsp:getProperty name = "employee" property = "weight" />
公斤
</FONT>
</BODY>
</HTML>
```

运行结果如图 6-49 所示。

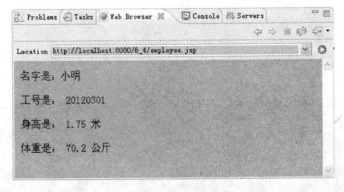

图 6-49　设置与获取 JavaBean 的属性值

6.5.5　Servlet 简介

1. Servlet

Servlet 全称为 Java Servlet，是在 JSP 之前就存在的运行在服务端的一种 Java 技术，于 1997 年由 Sun 和其他的几个公司提出的。在 JSP 技术出现之前，使用 Servlet 能将 HTTP 请求和响应封装在标准 Java 类中来实现各种动态的 Web 应用。

Servlet 最常见的功能包括：处理客户端传来的 HTTP 请求，并返回一个响应；生成一个 HTML 片段，并将其嵌入到现有 HTML 页面中；能够在其内部调用其他的 Java 资源并与多种数据库进行交互；可同时与多个客户端建立连接等。

Servlet 是传统通用网关接口 CGI 的替代品，它能够动态的生成 Web 页面，与传统的 CGI 和许多其他类似 CGI 技术相比，Servlet 提供了 Java 应用程序的几乎所有优势，Servlet 具有更好的可移植性、更强大的功能，更少的投资，更高的效率，更好的安全性等特点。如今在 J2EE 项目的开发中，Servlet 仍然被广泛的使用。

2. Servlet 工作原理

Servlet 由 Servlet 引擎负责管理运行。当多个客户请求一个 Servlet 时，引擎为每个客户启动一个线程而不是启动一个进程，这些线程由支持 Servlet 引擎的服务器来管理，与传统的 CGI 为每个客户启动一个进程相比较，效率要高得多。

当服务器中的 Servlet 被请求访问时，该 Servlet 被加载到 Java 虚拟机中，接受 HTTP 请求并做相应的处理。

Servlet 可以调用服务器端的类，也可以被调用，它本身就是一个类。JSP 页面生成的 Servlet 类继承了 javax. servlet. http. HttpServlet 类。HttpServlet 类常用于创建一个基于 HTTP 协议的 Servlet，其中涉及一些处理 HTTP 请求的方法。

Servlet 的生命周期包括加载、实例化和初始化 Servlet，处理来自客户端的请求，以及从服务器中销毁。

3. Servlet 与 JSP

Servlet 是一种在服务器端运行的 Java 程序，从某种意义上说，它类似服务器端的 Applet。所以 Servlet 可以像 Applet 一样作为一种插件(Plugin)嵌入到 Web Server 中去，提供诸如 HTTP、FTP 等协议服务甚至用户自己订制的协议服务。

JSP 是继 Servlet 后 Sun 公司推出的新技术，它是以 Servlet 为基础开发的。JSP 具备了 Java Servlet 的几乎所有优良特性。当一个客户请求一个 JSP 页面时，JSP 引擎根据 JSP 页面生成一个 Java 文件，即一个 Servlet。图 6-50 给出了一个简单的 JSP 页面转换为 Servlet 文件的例子。

Servlet 与 JSP 相比有以下几点区别。

(1) 编程方式不同。从形式上看，Servlet 是将 HTML 代码包含在 Java 文件中，而 JSP 是将 Java 代码包含在 HTML 代码中。

(2) 复杂度不同。Servlet 要求专业程度比较高的编程技术，需要程序员掌握更多底层知识。

```
<% page import= " java.util.* " %>
<% page contentType= " text/html; charset=gb2312 " %>
<HTML>
 <BODY>
 你好，今天是
 <%
  Date today=new Date();
 %>
 <%=today.getDate()%> 号,
 星期 <%=today.getday()%>
 </BODY>
</HTML>
```
                                    JSP页面

```
import =java.util.*;
response.setContentType( " text/html;
charset=gb2312 " );
out=pageContext.getOut();
out.write ( " \r\n\r\n<HTML>\r\n
  <BODY>\r\n 你好，今天是 \r\n " );
   Date today=new Date();
 out.print(today.getDate());
out.write ( " 号，星期 " );
out.print(today.getday());
out.write ( " \r\n</BODY>\r\n</HTML>\r\n " } .
```
                                    Servlet

图 6-50   JSP 转换为 Servlet

（3）显示和逻辑的分离度。JSP 使用了组件技术，能更为有效地对显示和业务逻辑进行分离。

虽然 Servlet 也可以用于生成动态页面，但这个功能已经逐渐让位给 JSP 了。不过在有些方面，Servlet 技术仍然存在优势。因此，在目前主流的 Web 开发模式中，这两种技术都在发挥各自的作用。

6.6   JDBC 与 JSP

本节将介绍 Java 数据库连接 JDBC（Java DataBase Connectivity）技术的基本原理、JDBC 技术中常用的接口、操作数据库的步骤以及 JDBC 在 JSP 中应用的简单实例——网上书店。

6.6.1   JDBC 原理概述

1．JDBC 的概念

在网络应用中，数据库承担共享信息的结构化组织、存储、维护及检索。实际项目中常用的是关系数据库。应用程序会经常访问这些数据库，以获取更新的信息。在 JSP 中主要使用了 JDBC 技术来连接数据库、操作数据。

JDBC 是一套使用 Java 语言编写的面向对象的应用程序接口 API，制定了访问各类关系数据库的统一标准接口，为各个数据库厂商提供了标准接口的实现。在项目开发中，程序员可以使用 JDBC 中的类和接口、通过 Java 语言和标准的 SQL 语句来连接多种关系型数据库、进行数据操作，避免了使用不同数据库时需要重新编写连接数据库程序的问题，实现了软件的跨平台性。

2．JDBC 工作原理

JDBC 最大的特点是它独立于具体的关系数据库。它和开放数据库互连 ODBC（Open Database Connectivity）类似，在应用程序和数据库之间起到一个桥梁的作用，如图 6-51 所示。

图 6-51 使用 JDBC 对数据库进行操作

JDBC 不能直接访问数据库,必须依赖于数据库厂商提供的 JDBC 驱动程序。使用 JDBC 的应用程序一旦与数据库建立连接,就可以通过 JDBC 提供的编程接口 API 对数据库进行操作。JDBC 的 API 放在 java.sql 和 javax.sql 等包中,其中定义了一些 Java 的类和接口,可以用于和数据库交互并处理所得结果。

通常情况下使用 JDBC 完成以下操作:

(1) 创建数据库建立连接(Connection);

(2) 向数据库发送 SQL 语句(SQL statements);

(3) 处理从数据库返回的结果(获取结果集 ResultSet);

(4) 关闭连接(Connection)。

3. JDBC 驱动程序

要通过 JDBC 来访问数据库,必须有相应数据库的 JDBC 驱动程序以解决应用程序与数据库通信的问题。按照驱动程序的工作原理,可以分为 JDBC-ODBC 桥、JDBC-Native API Bridge、JDBC-middleware 和 Pure JDBC Driver 四种,下面分别进行介绍。

(1) JDBC-ODBC 桥

由于 ODBC 技术更为成熟,这种方法将 JDBC 调用转换为 ODBC 调用,如图 6-52 所示。因此需要在客户机上安装 ODBC 的驱动程序。但中间存在的这个转换过程会降低执行效率。

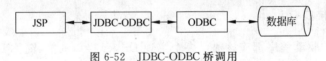

图 6-52 JDBC-ODBC 桥调用

(2) JDBC-Native API

JDBC-Native API 直接将 JDBC 调用转换为 Oracle、Sybase、Informix 或其他 DBMS 的调用,而不经过 ODBC,执行效率比上一种高,如图 6-53 所示。缺点仍然是存在转换的问题,此外也要求安装相应的本地的且针对特定数据库的驱动程序。

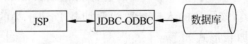

图 6-53 JDBC Native API 调用

(3) JDBC-Network

这类驱动的原理是将 JDBC 的调用转换为独立于数据库的网络协议,是一种完全利用 Java 编写的 JDBC 驱动,如图 6-54 所示。它不需要客户端的安装和管理,因此通常情况下,这是最为灵活的 JDBC 驱动程序,与平台无关,效率较高。

(4) Pure JDBC Driver

Pure JDBC Driver 驱动是一种完全利用 Java 编写的 JDBC 驱动,这种类型的驱动程序将 JDBC 调用直接转换为特定数据库所使用的网络协议,而不需要安装客户端软件。这将允许从客户机机器上直接访问数据库,其体系结构简单,特别适用于通过网络使用后台数据库的 Applet 及 Web 应用。

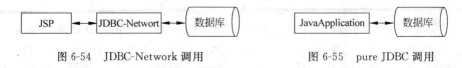

图 6-54　JDBC-Network 调用　　　　　　图 6-55　pure JDBC 调用

4. JDBC 的特点

JDBC 提供了操作数据库的接口使开发人员从复杂的驱动程序编写工作中解脱出来,投入到业务逻辑的开发中去;能够支持多种关系型数据库,增加了软件的可移植性;JDBC API 是面向对象的,软件开发人员可以将常用的方法进行二次封装,从而提高代码的重用性。

与此同时,JDBC 也具有下列缺点:

(1) 通过 JDBC 访问数据库时速度将受到一定影响;

(2) 虽然 JDBC API 是面向对象的,但通过 JDBC 访问数据库依然是面向关系的;

(3) JDBC 提供了对不同厂家的产品的支持,这将对数据源带来影响。

6.6.2　JDBC 常用接口

JDBC 提供了许多接口和类,通过它们,可以实现与数据库的通信,下面将介绍一些常用的 JDBC 接口和类。

1. 驱动程序接口 Driver

每种数据库的驱动程序都应该提供一个实现 Driver 接口的类,简称 Driver 类。应用程序必须先加载 Driver 类,用于创建自己的实例并向驱动程序管理类(DriverManager)注册该实例,以便于 DriverManager 类对数据库驱动程序进行管理。

(1) 在使用 JDBC 之前,要在文件之前导入有关 SQL 的类,即:

```
import java.sql. * ;
```

(2) 通常情况下通过 java. lang. Class 类的静态方法 forName(String className)加载要连接数据库的 Driver 类,该方法的入口参数为要加载 Driver 类的完整包名。如果使用的是 JDBC-ODBC 的方法,加载形式如下:

```
Class.forName("sun.jdbc.odbc.Jdbc OdbcDriver");
```

如果使用的是 JDBC 的方法,则加载形式如下:

```
Class.forName("com.microsoft.jdbc.sqlserver.SQLServerDriver");            //SQL Server
```

(3) 成功加载后,会将驱动程序注册到 DriverManager 类中。如果加载失败,将抛出 ClassNotFoundException 异常,即未找到指定 Driver 类的异常。

例如,加载 SQL Server 的驱动程序可以使用以下代码。

```
try {
    Class.forName("com.microsoft.jdbc.sqlserver.SQLServerDriver");
} catch (ClassNotFoundException ex) {
    System.out.println("加载数据库驱动时抛出异常,内容如下:");
    ex.printStackTrace();
}
```

2. 驱动程序管理器 DriverManager

驱动程序加载成功后,由 DriverManager 类负责管理 JDBC 驱动程序的基本服务,它是 JDBC 的管理层,作用于用户和驱动程序之间,负责跟踪可用的驱动程序,并在数据库和驱动程序之间建立连接。另外,DriverManager 类也处理诸如驱动程序登录时间限制及登录和跟踪消息的显示等工作。

成功加载 Driver 类并在 DriverManager 类中注册后,DriverManager 类即可用静态方法 getConnection()创建一个数据库连接对象。主要方法如下:

- public static Connection getConnection(String url) throws SQLException;
- public static Connection getConnection(String url, String user, String password) throws SQLException。

其中 url 标识了给定的数据库(驱动程序),由":"分隔的三部分组成:jdbc:子协议名:子名称。第一部分当驱动类型是 JDBC-ODBC 时,用 jdbc:odbc,如果是 JDBC 时则用 jdbc。子协议名用于识别数据库驱动程序,子名称是数据库的名、服务器端口号等信息。此外参数还包括用户名、密码。

当使用 SQL Server 时,连接字符串如下:

```
String url = "jdbc:microsoft:sqlserver://localhost:1433;DatabaseName=database"; //SQL Server
DriverManager.getConnection(url,"用户名","密码")
```

使用其他数据库时,连接字符串有所不同,具体如下:

```
DriverManager.getConnection("jdbc:mysql://主机:端口号:数据库名","用户名","密码")//MySQL
DriverManager.getConnection("jdbc:Oracle:thin:@主机:端口号:数据库名","用户名","密码")
//Oracle
```

为保持程序的健壮性,在程序中应加入当连接不成功时的异常处理。如下面的语句:

```
try{
    Connection conn = DriverManager.getConnection("jdbc:microsoft:sqlserver://localhost:
1433;DatabaseName= database","user","pwd");
}catch(SQLException ex) {
System.out.println("连接数据库失败");
ex.printStackTrace();
}
```

3. 数据库连接接口 Connection

Connection 接口表示与特定数据库的连接,Connection 实例由 DriverManager.getConnection()方法产生。它是数据库连接的实例,在一个会话期内,由用户程序独占。

当用户程序访问数据库结束后,需要及时关闭连接。

Connection 接口提供的常用方法如下。

(1) setAutoCommit()

设置自动提交模式。调用方法如下:

```
void setAutoCommit(boolean autoCommit) throws SQLException
```

默认为 true,即自动将更改同步到数据库中;如果设为 false,需要通过执行 commit()或 rollback()方法手动将更改同步到数据库中。

(2) getAutoCommit()

查看当前的 Connection 对象是否处于自动提交模式,如果是,则返回 true;否则,返回 false,表示禁用自动提交模式。调用方法如下:

```
boolean getAutoCommit() throws SQLException
```

(3) commit()

提交对数据库的更改,使更改生效。在调用 setAutoCommit(false)后才有效。调用方法如下:

```
void commit() throws SQLException
```

(4) createStatement()

创建一个 Statement 对象将 SQL 语句发送到数据库。没有参数的 SQL 语句通常使用 Statement 对象执行。调用方法如下:

```
statement createStatement () throws SQLException
statement createStatement (int resultSetType, int resultSetConcurrency) throws SQLException
//用于创建 Statement 对象,产生指定类型的结果集
```

(5) prepareStatement(String sql)

创建一个 preparedStatement 对象,将参数化的 SQL 语句发送到数据库。只要数据库驱动程序能支持预编译 prepareStatement 就可以对 SQL 语句进行预编译处理。带有输入(IN)参数或不带输入(IN)参数的 SQL 语句都可以被预编译并存储在该对象中。如果多次执行相同的 SQL 语句,使用 prepareStatement 对象可能更有效。调用方法如下:

```
PreparedStatement prepareStatement (String sql) throws SQLException
```

(6) prepareCall()

创建一个 CallableStatement 对象,通常在调用数据库存储过程时创建该对象。它提供了设置输入(IN)参数、输出(OUT)参数的方法,以及用来执行对存储过程的调用方法。返回一个包含预编译的 SQL 语句的新的 CallableStatement 对象。调用方法如下:

```
CallableStatement prepareCall (String sql) throws SQLException
```

(7) getMetaData()

获取 DatabaseMetaData 对象,其中包含了关于数据库的元数据。元数据是数据的数据,用于描述数据的属性。元数据包括关于数据库的表、受支持的 SQL 语法、存储过程、此连接的功

能等信息。调用方法如下：

```
DatabaseMetaData getMetaData() throws SQLException
```

（8）rollback()

取消当前事务中的所有更改，并释放当前 Connection 实例拥有的所有数据库锁定。该方法只能在调用了 setAutoCommit(false)使用，如果在自动提交模式下执行该方法，将抛出异常。调用方法如下：

```
void rollback () throws SQLException
```

（9）isClosed()

查看到数据库的连接是否被关闭，调用方法如下：

```
boolean isClosed() throws SQLException
```

如果被关闭，则返回 true；否则，返回 false。该方法只保证在已经调用了 Connection. close ()方法之后才返回 true。

（10）close()

关闭数据库连接，释放 Connection 实例占用的数据库和 JDBC 资源调用方法：

```
void close() throws SQLException
```

4. 执行 SQL 语句接口 Statement

Statement 类对象用来执行 SQL 语句，并返回执行结果。

处理 SQL 语句的主要有 3 种 Statement 对象：Statement、PreparedStatement、CallableStatement，它们都由 Connection 中的相关方法产生，但有所区别。Statement 用于执行基本的 SQL 语句并返回生成的结果集对象；PreparedStatement 由 Statement 继承而来，存储了预编译的 SQL 语句，可以高效地多次执行语句；CallableStatement 继承于 PreparedStatement，用于执行 SQL 存储过程。后面会分别介绍。

Statement 用于执行静态 SQL 语句并返回它所生成的结果对象。使用 Statement 的步骤如下：

1）创建 Statement 对象

Statement 对象可以通过 Connection 对象中的 createStatement()方法进行创建，例如：

```
Connection connection = DriverManager.getConnection(url, "usr",""); //取得数据库连接
Statement statement = connection.createStatement();         //获取 Statement 对象
```

2）使用 Statement 对象执行 SQL 语句

创建完 Statement 对象后，用户程序可以根据需要调用它的方法，如 executeQuery()、executeUpdate()、execute()、executeBatch()等。这些方法通常将 SQL 语句作为参数。

（1）executeQuery()

执行给定的 SQL 语句，返回单个结果集对象。参数 sql 是发送给数据库的 SQL 语句，通常是静态的 SELECT 语句。调用方法如下：

```
ResultSet executeQuery(String sql) throws SQLException
```

通过 Statement 实例执行静态 SELECT 语句的代码如下：

```
ResultSet rs = statement.executeQuery("select * from table where id = 1");
```

（2）executeUpdate()

执行指定的 SQL 语句，通常是 INSERT、UPDATE 或 DELETE 语句用于插入、更新、删除表中行或列，以及 SQL 数据定义语言 DDL（Data Definition Language）语句，例如，CREATE TABLE 和 DROP TABLE。调用方法如下：

```
int executeUpdate (String sql) throws SQLException
```

executeUpdate 的返回值是一个整数，表示受影响的行数（即更新计数）。对于 CREATE TABLE 或 DROP TABLE 等不操作行的语句，executeUpdate 的返回值为零。

通过 Statement 实例执行静态 INSERT 语句的代码如下：

```
int row = statement.executeUpdate("insert into table(id,name) values(3,'INSERT')");
```

通过 Statement 实例执行静态 UPDATE 语句的代码如下：

```
int row = statement.executeUpdate("update table set name = 'UPDATE' where id = 1");
```

通过 Statement 实例执行静态 DELETE 语句的代码如下：

```
int row = statement.executeUpdate("delete from table where id = 1");
```

（3）execute()

执行指定的 SQL 语句，该语句可能返回多个结果。调用方法如下：

```
boolean execute (String sql) throws SQLException
```

它是一个通用方法，可以执行查询、修改语句，甚至处理动态 SQL 语句。一般情况下，该方法执行 SQL 语句并返回第一个结果的形式。如果第一个结果是 ResultSet 对象，则返回 true；如果结果是更新计数或不存在任何结果，则返回 false。然后需要通过方法 getResultSet 或 getUpdateCount 来获取结果，使用 getMoreResults 来移动后续结果。

（4）executeBatch()

将一批命令提交给数据库来执行。调用方法如下：

```
int[]executeBatch () throws SQLException
```

如果全部命令执行成功，则返回一个整型数组。批中的命令根据被添加到批中的顺序排序，而数组元素的排序对应于批中的命令。数组元素的值可能为下列元素之一：

- 大于或等于零的数，说明 SQL 语句执行成功，为影响数据库中行数的更新计数；
- SUCCESS_NO_INFO −2，说明 SQL 语句执行成功，但未得到受影响的行数；
- EXECUTE_FAILED −3，说明 SQL 语句执行失败，仅当执行失败后继续执行后面的 SQL 语句时出现。

如果驱动程序不支持批量处理，或者未能成功执行 Batch 中的 SQL 语句之一，将抛出异常。

3）关闭 Statement 对象

在使用完 Statement 对象后立即释放资源可以避免对数据库资源的占用。可以调用 close()方法,调用方法如下:

```
void close() throws SQLException
```

5. 执行动态 SQL 语句接口 PreparedStatement

PreparedStatement 接口继承于 Statement 接口,用来执行动态的 SQL 语句,即包含参数的 SQL 语句。PreparedStatement 实例包含已经编译的 SQL 语句,因而执行效率较高。

下面介绍该对象的使用方法:

（1）创建 PreparedStatement 对象

对象的创建需要 Connection 接口提供的 PrepareStatement 方法。例如,创建包含带一个参数占位符的 SQL 语句的 PreparedStatement 对象:

```
PreparedStatement preparedstatement = connection.prepareStatement("DELETE from person WHERE
name = ?");
```

问号(?)是 SQL 语句为每个参数保留的一个占位符。每个问号的值必须在该语句执行之前,通过适当的 setXxx()方法来提供。

（2）传递参数

PreparedStatement 类常用传递参数的方法可以表示如下:

```
void setXxx(int paramInd, xxx x) throws SQLException;
```

将 SQL 语句中的第 paramInd 个参数设为 x。xxx 表示数据类型。

例如,将“Bob”设为第 1 个参数。pstmt. setString(1,"Bob");

（3）执行预编译的 SQL 语句

设置完预编译的 SQL 语句后,就可以通过 PreparedStatement 类中的方法,如 execute()、executeUpdate()执行该 SQL 语句。

6. 执行存储过程接口 CallableStatement

CallableStatement 是 PreparedStatement 的子接口,用于执行 SQL 存储过程。该对象可以处理两种形式的存储过程:一种形式带结果参数,另一种形式不带结果参数。如果使用结果参数,必须将其注册为输出参数,指示存储过程的返回值。两种形式都可带有数量可变的输入、输出或输入和输出的参数。参数是根据编号按顺序引用的。问号用做参数的占位符。语法格式如下:

```
{call < procedure - name >[(< arg1 >,< arg2 >, … )]}
{? = call < procedure - name > [(< arg1 >,< arg2 >, … )]}
```

其中 procedure-name 为过程名,arg1、arg2…为参数。

（1）创建 CallableStatement 对象

CallableStatement 对象是用 Connection 类中的 prepareCall()方法创建。例如:

```
CallableStatement callablestatement = connection.prepareCall("{call getTestData(?,?)}");
```

（2）输入和输出参数

为参数赋值的方法使用从 PreparedStatement 中继承来的 setXxx()方法。在执行存储过程之前，必须注册所有输出参数的类型。注册是用 registerOutParameter()方法来完成的。例如：

```
CallableStatement callablestatement = connection.prepareCall("{call getTestData(?,?)}");
                                                            //设置 OUT 参数
callablestatement.registerOutParameter(1,java.sql.Types.TINYINT);
callablestatement.registerOutParameter(2, java.sql.Types.DECIMAL,3);
```

（3）执行存储过程

当设置完存储过程的参数后，就可以通过 CallableStatement 类中的方法执行该存储过程。常用方法包括 execute()、executeUpdate()等。语句执行完后，通过 getXxx()方法取回参数值。

```
callablestatement.executeQuery();
byte x = callablestatement.getByte(1);              //从第 1 个输出参数中取出一个 Java 字节
java.math.BigDecimal n = cstmt.getBigDecimal(2,3); //从第 2 个输出参数中取出一个 BigDecimal
                                                    //对象(小数点后面带 3 位数)
```

7. 访问结果集接口 ResultSet

ResultSet 接口类似于一个数据表，表示数据库结果记录集。ResultSet 实例通过执行查询数据库的语句生成，用于用户程序从中检索出所需的数据并处理。

ResultSet 实例具有指向其当前数据行的指针。最初，指针置于第一行记录之前，采用 next()方法使指针移动到下一行，该方法返回值为 boolean 型。若 ResultSet 对象没有下一行时将返回 false，所以可以通过 while 循环来迭代 ResultSet 结果集。

默认的 ResultSet 对象不可以更新，只有一个可以向前移动的指针，因此，只能使用一次迭代，并且只能按从第一行到最后一行的顺序进行。如果需要，可以生成可滚动和可更新的 ResultSet 对象。

ResultSet 接口提供的常用方法如下。

（1）absolute()

移动指针到指定行。调用方法如下：

```
boolean absolute (int row) throws SQLException
```

有一个 int 型入口参数，正数表示从前向后编号，负数表示从后向前编号，编号均从 1 开始。如果存在指定行，则返回 true；否则，返回 false。

（2）afterLast()

移动指针到 ResultSet 实例的末尾，即最后一行之后。调用方法如下：

```
void afterLast()throws SQLException
```

（3）close()

立即释放 ResultSet 实例占用的数据库和 JDBC 资源，当关闭所属的 Statement 实例时也将执行此操作。调用方法如下：

```
void close ()throws SQLException
```

（4）first()

移动指针到第一行。调用方法如下：

```
boolean first () throws SQLException
```

如果结果集为空,则返回 false; 否则,返回 true。

（5）getXxx(int columnIndex)

通过列的索引编号 columnIndex 从当前行检索对应的不同类型列值。调用方法如下：

```
xxx getXxx (int columnIndex) throws SQLException
```

主要表现形式如下：

```
byte getByte (int columnIndex) throws SQLException;
int getInt (int columnIndex) throws SQLException;
```

等等。

（6）getXxx(String columnName)

通过列的名称 columnName 从当前行检索对应的不同类型列值。调用方法类似于(5)。

（7）getRow()

查看当前行的索引编号。调用方法如下：

```
int getRow () throws SQLException;
```

索引编号从 1 开始,如果位于有效记录行上,则返回一个 int 型索引编号; 否则,返回 0。

（8）insertRow()

将行的内容插入到当前 ResultSet 对象和数据库中。当前指针必须位于插入行上。调用方法如下：

```
void insertRow() throws SQLException;
```

（9）isAfterLast()

判断指针是否位于 ResultSet 实例的末尾,即最后一行之后。调用方法如下：

```
boolean isAfterLast () throws SQLException;
```

如果是,则返回 true; 否则,返回 false。

（10）isBeforeFirst()

判断指针是否位于 ResultSet 实例的第一行之前,调用方法如下：

```
boolean isBeforeFirst () throws SQLException;
```

如果是,则返回 true; 否则,返回 false。

（11）isFirst()

查看指针是否位于 ResultSet 实例的第一行,调用方法如下：

```
boolean isFirst () throws SQLException;
```

如果是,则返回 true;否则,返回 false。

(12) isLast()

查看指针是否位于 ResultSet 实例的最后一行,调用方法如下:

```
boolean isLast () throws SQLException;
```

如果是,则返回 true;否则,返回 false。

(13) last()

移动指针到最后一行,调用方法如下:

```
boolean last () throws SQLException;
```

如果结果集为空,则返回 false;否则,返回 true。

(14) next()

移动指针到下一行,调用方法如下:

```
boolean next () throws SQLException;
```

指针最初位于第一行之前,第一次调用该方法将移动到第一行。如果存在下一行,则返回 true;否则,返回 false。

(15) previous()

将移动指针到上一行。调用方法如下:

```
boolean previous () throws SQLException;
```

如果存在上一行,则返回 true;否则,返回 false。

(16) relative()

移动指针到相对于当前行的指定行。调用方法如下:

```
boolean relative (int rows) throws SQLException;
```

有一个 int 型入口参数,当前行为 0,正数表示向后移动,负数表示向前移动。如果存在指定行,则返回 true;否则,返回 false。

(17) updateXxx(int columnIndex, xxx x)

更新当前行的第 columnIndex 列的值,调用方法如下:

```
void updateXxx(int columnIndex, xxx x) throws SQLException;
```

此方法不更新底层数据库。

(18) updateXxx(String columnName, xxx x)

更新当前行的名称为 columnName 列的值,调用方法如下:

```
void updateXxx(String columnName, xxx x) throws SQLException;
```

此方法不更新底层数据库。

(19) updateRow()

将 ResultSet 对象的当前行的新内容更新底层数据库。指针必须位于插入行上。调用方法如下：

```
void updateRow () throws SQLException;
```

6.6.3 JDBC 数据库操作步骤

在 JSP 中对数据库进行操作时，大致可以分加载 JDBC 驱动程序、创建 Connection 对象的实例、执行 SQL 语句、获得查询结果和关闭连接等 5 个步骤。

1. 加载 JDBC 驱动程序

在连接数据库之前，首先要加载连接数据库的驱动到 JVM，通过前面 6.6.2 节介绍的 java.lang.Class 类的静态方法 forName(String className)实现。

成功加载后，会将加载的驱动类注册给 DriverManager 类。如果加载失败，将抛出 ClassNotFoundException 异常，即未找到指定的驱动类，所以需要在加载数据库驱动类时捕捉可能抛出的异常。

2. 创建数据库连接

通过 6.6.2 节介绍的 DriverManager 类的静态方法 getConnection()可以建立数据库连接。

3. 执行 SQL 语句

建立数据库连接(Connection)之后，由 Connection 实例创建 Statement、PreparedStatement、CallableStatement 实例，然后通过执行 SQL 语句与数据库进行通信。

常用的数据库操作，包括向数据库查询、添加、修改或删除数据，既可以通过静态的 SQL 语句实现(例如通过 Statement 实例)，也可以通过动态的 SQL 语句实现(通过 PreparedStatement 实例)，还可以通过存储过程实现(通过 CallableStatement 实例)，具体采用的实现方式要根据实际情况而定。

4. 获得查询结果

通过 Statement 接口的 executeQuery()方法执行 SQL 语句时，返回一个 ResultSet 型的结果集，其中不仅包含所有满足查询条件的记录，还包含相应数据表的相关信息，例如，列的名称、类型和列的数量等。

5. 关闭连接

在建立 Connection、Statement 和 ResultSet 实例时，均需占用一定的数据库和 JDBC 资源，所以每次访问数据库结束后，应该及时销毁这些实例，释放它们占用的所有资源，方法是通过各个实例的 close()方法，并且在关闭时建议按照如图 6-56 所示的顺序。

图 6-56　关闭顺序

以下是一个最简单的 JDBC 应用实例,从中可以看到上述的基本操作步骤。

【例 6-28】　JDBC 的简单应用实例。

Example.java

```java
import java.sql. *                                          //导入包
public class example{
 public static void main (String arg[ ]){
 String driver = null;
 String url = "jdbc:sqlserver://localhost:1433;databasename = student";        //指定数据库
 try{
     driver = "com.microsoft.sqlserver.jdbc.SQLServerDriver";
     Class.forName(driver);                                 //加载驱动程序
     Connection connection = DriverManager.getConnection(url);//建立数据库连接
     Statement statement = connection.createStatement();    //创建 statement 对象
     String sql = "SELECT name, id FROM person";            //SQL 语句,查询学生姓名学号
     ResultSet resultset = statement.executeQuery(sql);     //查询结果放在 ResultSet 对象中
     String name;
     int id;
     While(resultset.next()){
         name = resultset.getString(1);                     //获得每一行每一列的数据
         id = resultset.getInt(2);
         System.out.println(name + "," + id);               //打印查询结果
   }
  }
 catch(ClassNotFoundException e){                           //异常处理
     System.out.println("error:" + e);
   }
catch(SQLException e){
  System.out.println("error:" + e);
 }
finally{
 try{
     Resultset.close();
     Statement.close();
     Connection.close();
  }
     catch{SQLException e}{ }
  }
 }
}
```

6.6.4　JDBC 在 JSP 中的应用:网上书店实例

第 1 章介绍了信息网络应用系统的示例——网上书店,下面我们使用 JSP 技术实现一个简单的网上书店。通过这个实例,读者可以更好地了解 JSP 和 JDBC 的结合应用。

1. 网上书店功能需求分析

用户到网上书店购书的基本流程如下:

① 使用用户名和密码进行登录。网站对用户名密码进行验证。第一次进入网站的用户需要注册。

② 进入书店主页浏览书店图书,单击查看图书详情。

③ 将选中的图书添加到购物车中并查看购物车的内容,也可以删除购物车中的图书甚至清空购物车。

④ 当用户决定购买选中的图书时,可以填写订单并提交,完成网上购书的过程,如图 6-57 所示。

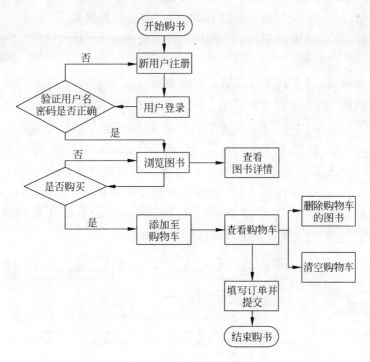

图 6-57 网上购书流程

网上书店应提供的功能包括:用户管理功能、图书浏览查看功能、购物车管理功能以及订单填写提交功能。该系统的功能模块划分如图 6-58 所示。

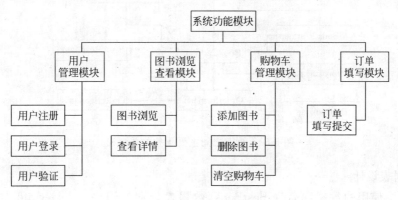

图 6-58 系统功能划分

2. 具体实现

1）系统设计

系统的业务逻辑与功能需求并不复杂，注册登录页面可使用 HTML，其余功能可以采用 JSP＋JavaBean 的编程模式来实现。系统的所有数据包括用户信息、图书信息、订单信息存放于数据库中，这里采用的数据库是 MySQL。数据处理逻辑、业务逻辑由 JSP 完成。JSP 页面生成 SQL 语句通过 JDBC 接口传送给数据库对数据进行操作，并将结果返回，然后由 JSP 页面进行处理，如图 6-59 所示。

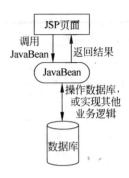

图 6-59　系统设计结构

根据功能需求，设计了两个 HTML 页面 Register. html 和 Login. html 分别用于用户的注册和登录。设计了 9 个 JSP 页面，分别是添加用户 Adduser. jsp、登录验证 Verification. jsp、书店主页 BestBook. jsp、图书详情查看 BookDetail. jsp、购物车 BookCart. jsp、订单 Orderform. jsp、添加图书至购物车 AddBook2Cart. jsp、删除购物车图书 DelBook. jsp 和清空购物车 EmptyCart. jsp，其中主页面为 BestBook. jsp。JavaBean 共 4 个：用户注册数据库操作 UserRegister. java、用户信息查看 UserBean. java、图书信息数据库操作 BookBean. java 和订单信息数据库操作 OrderBean. java。它们的主要业务关系流程如图 6-60 所示。

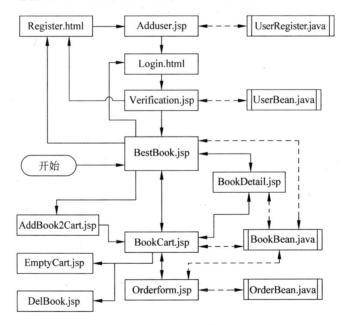

图 6-60　页面之间主要业务关系流程

2）数据表设计

本系统中使用的数据库名为 BestBook，数据表分别为用户表 buyerinfo、图书表 book 和订单表 orderinfo。

（1）用于储存用户信息的用户表。

表6-8 用户表

用户ID	用户名	登录次数	密码	电话号码	邮编
memberID	membername	logonTimes	pwd	phoneCode	zipcode

（2）用于储存图书信息的图书表。

表6-9 图书表

图书ISBN号	书名	作者	出版社	简介	价格
bookISBN	bookName	bookAuthor	publisher	introduce	price

（3）用于储存用户订单相关信息的订单表。

表6-10 订单表

用户ID	接收者姓名	接收地址	接收邮编	备注	订单总价
userID	receiverName	receiverAddress	receiverZip	orderRem	orderPrice

3）HTML页面设计

设计了两个HTML页面Register. html和Login. html分别用于用户的注册和登录。

（1）Register. html

该页面提供了用户注册的功能，注册信息提交后会转到Adduser. jsp。

```html
<!DOCTYPE html PUBLIC "-//W3C//DTD HTML 4.01 Transitional//EN" "http://www.w3.org/TR/html4/
loose.dtd">
<html>
 <head>
     <meta http-equiv="Content-Type" content="text/html; charset=UTF-8">
     <title>注册页面</title>

 </head>
 <style type="text/css">
     body{
         margin:0px;
         cellpadding:0px;
         margin-left:auto;
         margin-right:auto;
         background:#00ffcc;
         text-align:center;
         font-size:18px;
     }
 </style>
 <body>
  <center>
    <h1>注册用户</h1>
    <hr width="80%">
```

```html
<form action="Adduser.jsp" method="post">
    <table border="1" bgcolor="orange">
    <tr>
        <td>
                用户账号:
        </td>
        <td>
            <input type="text" name="userid">
        </td>
    </tr>
    <tr>
        <td>
                用户名:
        </td>
        <td>
            <input type="text" name="username">
        </td>
    </tr>
        <tr valign="middle">
        <td>
                密   码:
        </td>
        <td>
            <input type="password" name="password">
        </td>
    </tr>
        <tr valign="middle">
        <td>
                电   话:
        </td>
        <td>
                    <input type="text" name="phoneCode">
        </td>
    </tr>
        <tr valign="middle">
        <td>
            邮   编:
        </td>
         <td>
            <input type="text" name="zipcode">
            </td>
    </tr>
    <tr>
        <td align="center" colspan="6">
                <input type=submit value="提交注册">
            <input type="reset" value="重置">
        </td>
    </tr>
    </table>
</form>
</center>
```

```
</body>
</html>
```

运行结果如图 6-61 所示。

(2) Login. html

该页面用于登录,提示用户输入用户名和密
码。用户单击登录后会转到 Verification. jsp 进行
验证。

图 6-61 北邮校园网上书店注册界面

```
<!DOCTYPE html>
<html>
  <head>
    <title>北京邮电大学校园书店</title>

    <meta http-equiv="keywords" content="BestBook,BestCart,BestOrder">
    <meta http-equiv="description" content="this is BestBook">
    <meta http-equiv="content-type" content="text/html; charset=UTF-8">

    <!--<link rel="stylesheet" type="text/css" href="./styles.css">-->
    <style type="text/css">
      body{
              margin:0px;
              cellpadding:0px;
              color:red;
              margin-left:auto;
              margin-right:auto;
              /*background:url(images/background.jpg); */
              background:#00ffcc;
              text-align:center;
      }
      table{
              margin-left:auto;
              margin-right:auto;
              margin-top:100px;
              background-color:blue;
              border:1px solid;
      }
    </style>

  </head>
  <body>
    <H1>北邮校园网上书店</H1>
        <hr width="80%">
    <H2>会员登录页</H2>

    <form method="POST" ACTION="Verification.jsp">
        <table>
            <tr>
                <th colspan="2">
                        请输入用户账号和密码
```

```
            </th>
        </tr>
        <tr>
            <th>用户账号:</th>
            <td>
                <input TYPE = "text" name = "memberID">
            </td>
        </tr>
        <tr>
            <th>密   码:</th>
            <td>
                <input TYPE = "password" name = "pwd">
            </td>
        </tr>
        <tr>
            <td colspan = "6" align = "center">
                <input type = "submit" name = "submit" value = "登录">
                <input type = "reset" name = "reset" value = "重置">
            </td>
        </tr>
    </table>
</form>

    </body>
</html>
```

运行结果如图 6-62 所示。

4) JSP 页面设计

(1) Adduser.jsp

该页面获取用户注册时填写的信息,调用
JavaBean 组件 UserRegister.java 操作数据库。注册
成功后,会提示用户登录并链接到 Login.html。

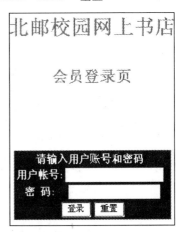

图 6-62　北邮校园网上书店登录界面

```
<% @ page language = "java" contentType = "text/html; charset = UTF - 8"
    pageEncoding = "UTF - 8" %>

<jsp:useBean class = "javabean.UserRegister"  id = "regist"  scope = "page"></jsp:useBean>
<!DOCTYPE html PUBLIC " - //W3C//DTD HTML 4.01 Transitional//EN" "http://www.w3.org/TR/html4/
loose.dtd">
<html>
<head>
<meta http - equiv = "Content - Type" content = "text/html; charset = UTF - 8">
<title>Insert title here</title>
<style type = "text/css">
        body{
            margin:0px;
            cellpadding:0px;
            margin - left:auto;
            margin - right:auto;
            background:#00ffcc;
```

```
            text-align:center;
            font-size:18px;
        }
        h1{
            font-style:oblique;


        }

</style>
</head>
<body>
 <%
        String userid = request.getParameter("userid");
        String password = request.getParameter("password");
        String username = request.getParameter("username");
        String phoneCode = request.getParameter("phoneCode");
        String zipcode = request.getParameter("zipcode");
        regist.setUserId(userid);
        regist.setPassword(password);
        regist.setUsername(username);
        regist.setphoneCode(phoneCode);
        regist.setzipcode(zipcode);
    %>
 <% try{
        regist.regist();
    %>

    <h1 align = "center"><strong><% out.print("注册成功"); %></strong></h1>

    <%
        }
        catch(Exception e){
            out.println(e.getMessage());
        }
    %>
 <br>
 <p align = "center">
        <a href = "Login.html">请点此登录</a>
 </p>
</body>
</html>
```

运行结果如图 6-63 所示。

（2）Verification.jsp

该页面用于验证用户名和密码。如果用户已注册登录，显示该用户第几次光临书店并提供链接至 BestBook.jsp 让用户进入书店。如果用户名密码错误，则提示用户重新登录。调用 JavaBean 组件 UserBean.java。

注册成功

请点此登录

图 6-63 注册成功页面

```jsp
<%@ page language = "java" contentType = "text/html; charset = UTF - 8"
    pageEncoding = "UTF - 8" %>
<jsp:useBean class = "javabean.UserBean" id = "buyer" scope = "page"></jsp:useBean>

<!DOCTYPE html PUBLIC " - //W3C//DTD HTML 4.01 Transitional//EN" "http://www.w3.org/TR/html4/
loose.dtd">
<html>
<head>
<meta http-equiv = "Content - Type" content = "text/html; charset = UTF - 8">
<title>Insert title here</title>
<style type = "text/css">
        body{
            margin: 0px;
            cellpadding: 0px;
            margin - left: auto;
            margin - right: auto;
            background: #00ffcc;
            text - align: center;
            font - size: 18px;
        }
</style>
</head>
<body>
 <H1 align = "center">欢迎光临</H1>
 <hr width = 80 %>
<%
 String memberID = request.getParameter("memberID");
 String pwd = request.getParameter("pwd");
 buyer.setMemberID(memberID);
 buyer.setPwd(pwd);

%>
<% int logonTimes = buyer.getLogontimes();
   if (logonTimes > 0){
       session.setAttribute("memberID", memberID);
%>
 <H2 align = "center">
       <% = buyer.getMemberName() %>欢迎您第
       <% = logonTimes %>次来到北邮校园网上书店
 </H2>
 <H2 align = "center">
       <A href = "BestBook.jsp">
               点击进入书店
       </A>
 </H2>
<%
   }
   else{
%>
 <H2 align = "center">
       <% = memberID %>您输入的用户名或密码错误,请重新登录
```

```
        </H2>
        <H2 align = "center">
            <A href = "Login.html">
                    点击返回登录页面
            </A>
        </H2>
<%
    }
%>
</body>
</html>
```

运行结果如图 6-64 所示。

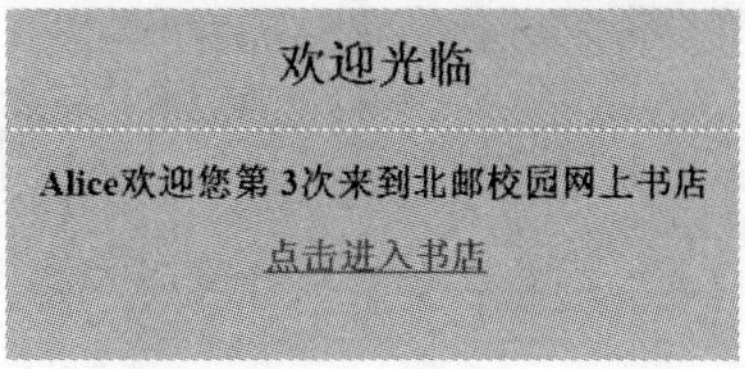

（3）BestBook.jsp

当用户首次进入网上书店时，该页面将提示用户进行登录或注册。用户登录后会显示网上书店的图书供会员浏览。单击图书链接，会进入 BookDetail.jsp。单击查看购物车时，会链接到 BookCart.jsp。单击购买，会添加图书至购物车进入 AddBook2Cart.jsp。调用 JavaBean 组件 BookBean.java。

图 6-64　通过验证后的界面

```
<%@ page language = "java" contentType = "text/html; charset = UTF - 8"
        pageEncoding = "UTF - 8" %>
<%@page import = "java.sql.*"    %>
<jsp:useBean class = "javabean.BookBean" id = "book" scope = "page"></jsp:useBean>

<!DOCTYPE html PUBLIC " - //W3C//DTD HTML 4.01 Transitional//EN" "http://www.w3.org/TR/html4/
loose.dtd">
<html>
<head>
<meta http - equiv = "Content - Type" content = "text/html; charset = UTF - 8">
<title>
        北邮网上书店
</title>
<SCRIPT language = "JavaScript">
    <! --
        function openwin(str)
        {
            window.open("AddBook2Cart.jsp?isbn = " + str, "BookCart", "width = 300, height =
200, resizable = 1, scrollbars = 2");
            return;
        }
    -->
</SCRIPT>
<style type = "text/css">
        body{
            margin: 0px;
            cellpadding: 0px;
            margin - left: auto;
            margin - right: auto;
            background: #00ffcc;
```

```
                text - align:center;
                font - size:18px;
            }

    </style>
</head>
<body>

    <%
        if (session.getAttribute("memberID") == null||"".equals(session.getAttribute("
memberID"))){
    %>
    <H1 align = "center">北邮网上书店</H1>
        <H2 align = "center">
            <% out.print("请先登录,然后再选书(如果您未注册,请先注册,谢谢!)"); %>
        </H2>

        <H4 align = "center">

            <A href = "Login.html">
                [<strong>请登录</strong>]
            </A>
            <A href = "Register.html">
                [<strong>免费注册</strong>]
            </A>

        </H4>

    <%
        }
        else{

    %>
    <H2 align = "center">欢迎<% = session.getAttribute("memberID") %>用户进入北邮网上书店购
物</H2>
    <hr width = "80%">
    <%
            ResultSet rs = book.getBookList();
            while(rs.next()){
                String ISBN = rs.getString("bookISBN");
            %>
    <table width = "50%" border = "1" cellspacing = "0" bordercolor = "blue" align = "center">
        <tr>
        <td align = "left">
            <font color = "#ff3366">
                书名:
            </font>
            <font color = "#ff3366">
                <a href = "BookDetail.jsp?isbn = <% = ISBN %>"><% = rs.getString("
bookName") %>
                    <input name = bookid type = hidden value = "4088">
                </a>
            </font>
```

```
                </td>
        </tr>
        <tr>
                <td align = "left">
                        <font color = "#ff3366">
                                作者:
                        </font>
                        <font color = "#ff3366">
                                <% = rs.getString("bookAuthor") %>
                        </font>
                </td>
        </tr>
        <tr>
                <td align = "left">
                        <font color = "#ff3366">
                                出版社:
                        </font>
                        <font color = "#ff3366">
                                <% = rs.getString("publisher") %>
                        </font>
                </td>
        </tr>
        <tr>
                <td align = "left">
                        <font color = "#ff3366">
                                定价:
                        </font>
                        <font color = "#ff3366">
                                <% = rs.getString("price") %>
                        </font>
                </td>
        </tr>
        <tr>
                <td align = "center">
                        <font color = "#ff3366">
                                 
                        </font>
                        <font color = "#ff3366">
                                <a href = 'Javascript:openwin("<% = ISBN %>").'>
                                        <img src = "images/but_buy.gif" width = "100" border = "0">
                                </a>
                        </font>
                </td>
        </tr>
                <%
                        }
                %>
</table>
<table align = "center" border = "0">
                <tbody>
                        <tr>
```

```
                <td></td>
            </tr>

            <tr>
                <td>
                    <a href = "BookCart.jsp">
                        <font color = "red">
                            查看购物车
                        </font>
                    </a>
                </td>
                <td></td>
            </tr>
        </tbody>
    </table>
        <p> </p>
    <%
        }
    %>

    </body>
    </html>
```

当用户进入网上书店时显示的界面如图 6-65 所示,提示用户注册或登录。当用户登录后,显示的界面如图 6-66 所示。

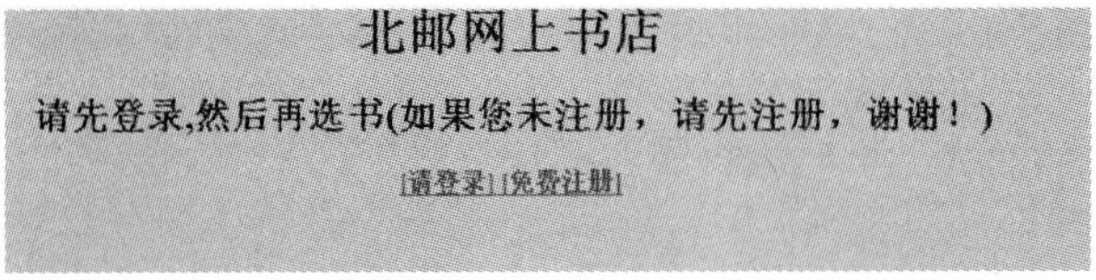

图 6-65　进入网上书店的界面

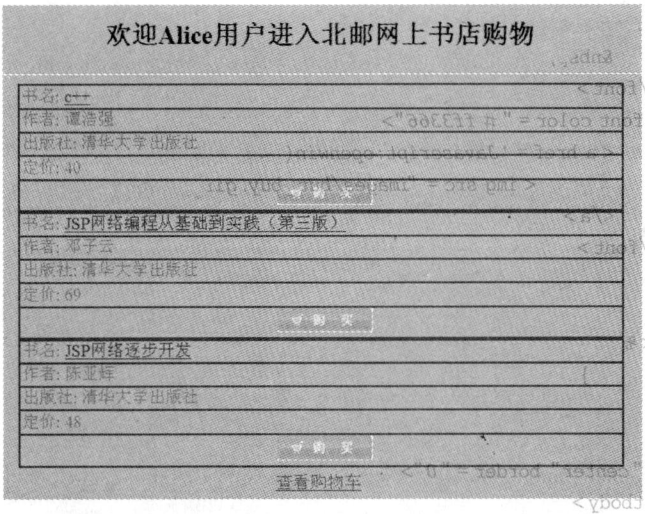

图 6-66　网上书店主页

（4）BookDetail.jsp

该页面用于显示图书的详细信息，可以链接至 AddBook2Car.jsp 添加图书至购物车、BookCart.jsp 查看购物车、BestBook.jsp 继续浏览。调用 JavaBean 组件 BookBean.java。

```
<%@ page language = "java" contentType = "text/html; charset = UTF - 8"
    pageEncoding = "UTF - 8"%>
    <jsp:useBean class = "javabean.BookBean" id = "bookinfo" scope = "page"></jsp:useBean>
<!DOCTYPE html PUBLIC " - //W3C//DTD HTML 4.01 Transitional//EN" "http://www.w3.org/TR/html4/
loose.dtd">
<html>
<head>
<meta http - equiv = "Content - Type" content = "text/html; charset = UTF - 8">
<title>图书简介</title>
<SCRIPT language = "JavaScript">
 <!--
    function openwin(str)
    {
        window.open("AddBook2Cart.jsp?isbn = " + str, "BookCart","width = 300,height = 200,
resizable = 1,scrollbars = 2");
        return;
    }
  -->
</SCRIPT>
<style type = "text/css">
    body{
        margin: 0px;
        cellpadding: 0px;
        margin - left: auto;
        margin - right: auto;
        margin - top: 50px;
        background: #00ffcc;
        text - align: center;
        font - size: 18px;
    }

    .ft{
        color: #6600FF;
    }
</style>

</head>
<body>
 <br>
 <br>
 <br>
 <br>

 <FORM>
  <%
        /*读取购物车信息*/
```

```
        if (request.getParameter("isbn")! = null)
        {
            String isbn = request.getParameter("isbn");
            bookinfo.setBookISBN(isbn);
%>
<h1><% = bookinfo.getBookName()%></h1>
<hr width = "80%">
    <TABLE border = "1"  align = "center" bordercolor = "blue">
            <TR>
                <TD width = "116">
                        <font class = "ft">
                            ISBN
                        </font>
                </TD>
                    <TD width = "349">
                        <font class = "ft">
                        <% = bookinfo.getBookISBN()%>
                        </font>
                </TD>
            </TR>
                <TR>

                    <TD width = "116">
                    <font class = "ft">
                        出版社
                    </font>
                </TD>
                <TD width = "349">
                    <font class = "ft">
                        <% = bookinfo.getPublisher()%>
                    </font>
                </TD>
            </TR>
            <TR>
                    <TD width = "116">
                    <font class = "ft">
                        作者/译者
                    </font>
                </TD>
                <TD width = "349">
                        <font class = "ft">
                        <% = bookinfo.getBookAuthor()%>
                    </font>
                </TD>
            </TR>
            <TR>
                    <TD width = "116">
                        <font class = "ft">
                            图书价格
                        </font>
                    </TD>
```

```
        < TD width = "349">
              < font class = "ft">
                    < % = bookinfo.getPrice() % >
              </font >
        </TD>
  </TR>

  < TR bgcolor = "#66CC99">
        < TD height = 26 bgcolor = "#66CCFF" align = "center">
              < font size = "2">
                    【< strong >图书简介</strong >】
              </font >
        </TD >
  </TR >
  < TR >
        < TD height = "20" colspan = "3" align = "center">

              < TEXTAREA rows = "15" cols = "60" readonly name = "content">
                    < % = bookinfo.getIntroduce() % >
              </TEXTAREA >

        </TD >
  </TR >

</TABLE >
  < %

  }
  else
  { out.println("没有该图书数据");
    }
  % >
</FORM >
< TABLE align = "center" border = "0">

        < TR >
        < TD >
              < a href = 'Javascript: openwin ( " < % = request. getParameter ( "
isbn") % >")'>
                    加入购物车
              </a >
        </TD >
        < TD >
              < a href = "BookCart. jsp">
                    查看购物车
              </a >
        </TD >
        < TD >
              < a href = "BestBook. jsp">
                    返回购物页
              </a >
```

```
            </TD>
          </TR>
      </TABLE>

</body>
</html>
```

运行结果如图 6-67 所示。

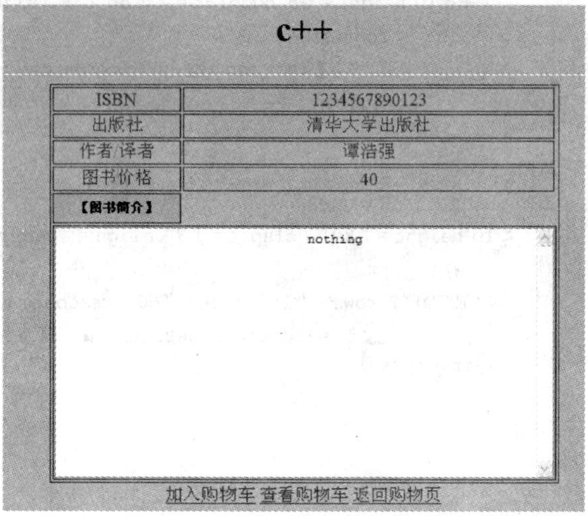

图 6-67　查看图书详情的界面

（5）BookCart.jsp

该页面用于查看购物车的内容，通过单击删除链接至 DelBook.jsp，单击图书名称查看图书详情 BookDetail.jsp，通过单击清空购物车进入 EmptyCart.jsp，单击返回购物页面进入 BestBook.jsp，还可以单击填写/提交订单进入 Orderform.jsp。调用 JavaBean 组件 BookBean.java。

```
<% @ page language = "java" contentType = "text/html; charset = UTF - 8"
    pageEncoding = "UTF - 8" %>
 < jsp:useBean class = "javabean.BookBean" id = "bookinfo" scope = "page"></jsp:useBean>

<! DOCTYPE html PUBLIC " - //W3C//DTD HTML 4.01 Transitional//EN" "http://www.w3.org/TR/html4/
loose.dtd">

 <%
    / * 禁止使用浏览器 Cache * /
    response.setHeader("Pragma", "No - cache");
    response.setHeader("Cache - Control", "no - cache");
    response.setDateHeader("Expires",0);
 %>
< html >
< head >
< meta http - equiv = "Content - Type" content = "text/html; charset = UTF - 8">
<title>查看购物车 - member:<% = session.getAttribute("memberID") %></title>
```

```
< style type = "text/css">
  body{
                margin: 0px;
                cellpadding: 0px;
                margin - left: auto;
                margin - right: auto;
                background: #00ffcc;
                text - align: center;
                font - size: 18px;
  }
  #table{
                color: red;
                font - size: 20px;
                line - height: 40px;
          }


</style>
</head>
< body >      
 < H1 align = "center"> 购物车</H1 >
 < hr width = "80 % ">
 < FORM >
            < TABLE border = "2" width = "80 %" cellspacing = "0" bordercolor = "blue" align = "
center">
            < TR >
                < TD width = "82">< font color = "#ff3366"> ISBN </font ></TD >
                < TD width = "258">< font color = "#ff3366">书名</font ></TD >
                 < TD width = "62">< font color = "#ff3366">单价</font ></TD >
                < TD width = "36">< font color = "#ff3366">数量</font ></TD >
                < TD width = "43">< font color = "#ff3366">删除</font ></TD >
            </TR >
            < %
                /* 读取购物车信息 */
                Cookie[ ] cookies = request.getCookies();
                for (int i = 0;i < cookies.length;i ++ )
                {
                    String isbn = cookies[ i].getName();
                    String num = cookies[ i].getValue();
                    if (isbn.startsWith("ISBN")&&isbn.length() == 17)
                    {
                        bookinfo.setBookISBN(isbn.substring(4,17));
        % >
            < TR >
                < TD width = "82">
                    < % = bookinfo.getBookISBN() % >
                </TD >
                < TD width = "258">
                    < A href = "BookDetail.jsp?isbn = < % = bookinfo.getBookISBN() % >">
                        < % = bookinfo.getBookName() % >
                    </A >
                </TD >
```

```
                        < TD width = "62">
                                < % = bookinfo.getPrice()% >
                        </TD>
                    < TD width = "36">
                            < input size = "5" type = "text" maxlength = "5" value = "< % = num % >"
name = "num" readonly>
                        </TD>
                    < TD width = "45">
                        < A href = "DelBook.jsp?isbn = < % = bookinfo.getBookISBN()% >">
                            < img src = images/trash.gif width = 15 height = 17 border = 0 >
                        </A>
                    </TD>
                </TR>
            < %
                    }
            }
            % >
            </TABLE>
            < BR >
        < TABLE border = "0" width = "100 % " id = "table">
                < TBODY >
            < TR >
                < TD align = "center" width = "30 % ">
                    < A href = "BestBook.jsp">
                        返回购物页面
                    </A>
                </TD>
                < TD align = "center" width = "30 % ">
                    < a href = "EmptyCart.jsp">
                        清空购物车
                    </a>


                </TD>

                < TD align = "center" width = "30 % ">
                    < a href = "Orderform.jsp">
                        填写/提交订单
                    </a>
                </TD>
            </TR>
            </TBODY>
        </TABLE>
    </FORM>
    </body>
    </html>
```

运行结果如图 6-68 所示。

图 6-68 购物车页面

(6) AddBook2Cart.jsp

通过单击添加图书至购物车打开该网页,将用户选中的图书信息添加到 Cookie 中,并提示用户添加成功。可以链接到 BookCart.jsp 查看购物车,或者链接到 Orderform.jsp 填写订单。

```jsp
<%@ page language="java" contentType="text/html; charset=UTF-8"
    pageEncoding="UTF-8"%>

<!DOCTYPE html PUBLIC "-//W3C//DTD HTML 4.01 Transitional//EN" "http://www.w3.org/TR/html4/loose.dtd">
    <%
        /* Cookie 信息处理 */
        /* 增加 Cookie */
        if (request.getParameter("isbn")!=null)
        {
            Cookie cookie = new Cookie("ISBN" + request.getParameter("isbn"),"1");
            cookie.setMaxAge(30*24*60*60);//设定 Cookie 有效期限 30 日
            response.addCookie(cookie);
        }
    %>

<html>
<head>
<meta http-equiv="Content-Type" content="text/html; charset=UTF-8">
 <script language="Javascript">
    function Timer(){
        setTimeout("self.close()",10000);
    }
 </script>
<style type="text/css">
    body{
        margin:0px;
        cellpadding:0px;
        color:red;
        margin-left:auto;
        margin-right:auto;
        background:#00ffcc;
        text-align:center;
        font-size:18px;
```

```
        }
        table{
                margin-left:auto;
                margin-right:auto;
        }
        .font1{
                color:darkblue;
        }

</style>

<title>购物车——网上订书系统</title>
</head>
<body onload = "Timer()">
    <table>
    <tr>
        <td align = "center">
            图书已经成功放入购物车!
        </td>

    </tr>
    <tr>
        <td align = "center">
            <a href = "BookCart.jsp" target = resourcewindow>
                <font class = "ft1">
                    查看购物车
                </font>
            </a>
        </td>
    </tr>
    <tr>
        <td align = center>
            <a href = "Orderform.jsp" target = resourcewindow>
                <font class = "ft1">
                    提交订单
                </font>
            </a>
        </td>
    </tr>
        <tr>
            <td align = center>
            <input name = "imageField" type = "image" src = "images/cart01.gif" width =
"93" height = "43" border = "0" onFocus = "this.blur()" onclick = "javascript:window.close()">
        </td>
        </tr>
        <tr>
            <td align = "center">
            (此窗口将在10秒内自动关闭,您选购的商品已经安全地保存在购物车中)
            </td>
        </tr>
```

```
        </table>
    </body>
</html>
```

运行结果如图 6-69 所示。

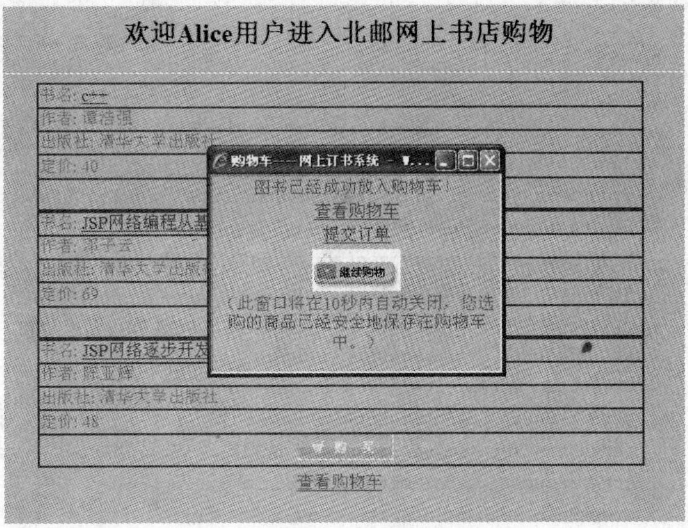

图 6-69　成功放入购物车的界面

(7) Orderform.jsp

该页面用于填写提交订单,可以通过单击修改图书订单进入 BookCart.jsp,填写完订单后单击提交完成购书过程。调用 JavaBean 组件 BookBean.java 和 OrderBean.java。

```
<%@ page language = "java" contentType = "text/html; charset = UTF - 8"
    pageEncoding = "UTF - 8"%>

< jsp:useBean class = "javabean.BookBean" id = "bookinfo" scope = "page"></jsp:useBean>
< jsp:useBean class = "javabean.OrderBean" id = "orderBean" scope = "page"></jsp:useBean>

<!DOCTYPE html PUBLIC " - //W3C//DTD HTML 4.01 Transitional//EN" "http://www.w3.org/TR/html4/
loose.dtd">
< html >
< head >
< meta http - equiv = "Content - Type" content = "text/html; charset = UTF - 8">
< style type = "text/css">
  body{
            margin:0px;
            cellpadding:0px;
            margin - left:auto;
            margin - right:auto;
            background: # 00ffcc;
            text - align:center;
            font - size:18px;
            margin - top:50px;
    }
```

```
            .ft{
                color:#224455;
            }
</style>
<title>填写订单</title>
</head>
<body>

<%
        if ("send".equals(request.getParameter("send")))
        {
                orderBean.setUserID(session.getAttribute("memberID").toString());
                String str = request.getParameter("receivername");
                orderBean.setReceiverName(str == null?"":str);
                str = request.getParameter("orderprice");
                orderBean.setOderprice(Float.valueOf(str == null?"0":str).floatValue());
                str = request.getParameter("address");
                orderBean.setReceiverAddress(str == null?"":str);
                str = request.getParameter("postcode");
                orderBean.setReceiverZip(str == null?"":str);
                str = request.getParameter("bookinfo");
                orderBean.setBookinfo(str == null?"":str);

                int orderID = orderBean.getOrderID();
                if (orderID > 0)
                {   /*清空 Cookie(购物车)信息*/
                    Cookie[] cookies = request.getCookies();
                    for (int i = 0;i<cookies.length;i++)
                    {
                        String isbn = cookies[i].getName();
                        if (isbn.startsWith("ISBN")&&isbn.length() == 17)
                        {
                            Cookie c = new Cookie(isbn,"0");
                            c.setMaxAge(0);//设定 Cookie 立即失效
                            response.addCookie(c);
                        }
                    }
                }
%>

        <p align = "center">
            <% out.print("订购成功\n"); %>
        </p>
        <p align = "center">
            订单号:<% = orderID + 1 %>
        </p>
        <p align = "center">
            <a href = "BestBook.jsp">
                返回购物页面
            </a>
        </p>
    <%
```

```
            }
        else
        {

            out.print("订购失败\n");


        }
    }
else
{   float price = 0;


    String bookInfo = "";

%>

<form method = "post" name = "frm">
<table width = "50%" border = "2" bordercolor = "blue" align = "center">
        <tr>
                <td width = "17%">
                    <font class = "ft">
                        收件人姓名
                    </font>
                </td>
                <td width = "83%" align = "left">
                    <input type = "text" name = "receivername" size = "10" maxlength = "10">
                </td>
        </tr>
        <tr>
                <td width = "17%">
                    <font class = "ft">
                        总价
                    </font>
                </td>
                <td width = "83%" align = "left">
                    <input type = "text" name = "orderprice" size = "10" value = "<% =
price %>" readonly>
                </td>
        </tr>
        <tr>
                <td width = "17%">
                    <font class = "ft">
                        接收物件地址
                    </font>
                </td>
                <td width = "83%" align = "left">
                    <input type = "text" name = "address" size = "60" maxlength = "60">
                </td>
        </tr>
            <tr>
            <td width = "17%">
```

```
                          < font class = "ft">
                                   邮编
                              </font>
                      </td>
                  < td width = "83 %" align = "left">
                              < input type = "text" name = "postcode" size = "6" maxlength = "6">
                              </td>
              </tr>
              < tr>
          < td width = "17 %">
            < font class = "ft">
            </font>
          </td>
                      < td width = "83 %" align = "left">
                      < textarea cols = "60" rows = "8" name = "memo">

                          </textarea>
              </td>
          </tr>


     </table>
     < hr width = "70 %">
 < table border = "1"   cellspacing = "1" bordercolor = "blue" align = "center" width = "50 %">
      < TR>
      < TD width = "90"> ISBN </TD>
      < TD width = "269">书名</TD>
      < TD width = "50">单价</TD>
          < TD width = "75">数量</TD>
      < TD width = "48">价格 </TD>
    </TR>
    < %    / * 读取购物车信息 * /
        Cookie[ ] cookies = request. getCookies( );
        for ( int i = 0;i < cookies. length;i ++ )
        {    String isbn = cookies[i]. getName( );
             String num = cookies[i]. getValue( );
             if ( isbn. startsWith("ISBN")&&isbn. length( ) == 17)
             {
                 bookinfo. setBookISBN(isbn. substring(4,17));
                 Float bookPrice = new Float(bookinfo. getPrice( ));
        % >
         < TR>
             < TD width = "90"><% = bookinfo. getBookISBN( ) % ></TD>
             < TD width = "269">
                 < A href = "BookDetail. jsp?isbn = <% = bookinfo. getBookISBN( ) % >">
                     <% = bookinfo. getBookName( ) % >
                 </A>
             </TD>
             < TD width = "50">
                <% = bookPrice % >
             </TD>
             < TD width = "75">
```

```
                    < INPUT size = "5" type = "text" maxlength = "5" value = "<% = num %>"
name = "num" readonly>
                </TD>
                <TD width = "48">
                    <% =  bookPrice.floatValue() * Integer.parseInt(num) %>
                </TD>
            </TR>

        <%

                price += bookPrice.floatValue() * Integer.parseInt(num);
                bookInfo += bookinfo.getBookISBN() + " = " + num + ";";

                }
            }

        %>
    </table>
    <table>
        <tr>
            <td width = "70">

            </td>
            <td width = "20%" align = "center">
                <a href = "BookCart.jsp">
                    修改图书订单
                </a>
            </td>
        </tr>

    </table>
    <p>
        <font class = "ft">
            如以上信息无误,请提交订单:
        </font>
    </p>
    <hr width = "70%">
    <table width = "100%" border = "0">
        <tr>

            <td width = "100%" align = "center">
                < input type = "submit" name = "Submit" value = "提交订单">
                    < input type = "hidden" name = "send" value = "send">
                    < input type = "hidden" name = "bookInfo" value = "<% = bookInfo %>">
                </td>
        </tr>
    </table>
    <%
            }
    %>
```

```
</form>

</body>
</html>
```

运行结果如图 6-70 所示。

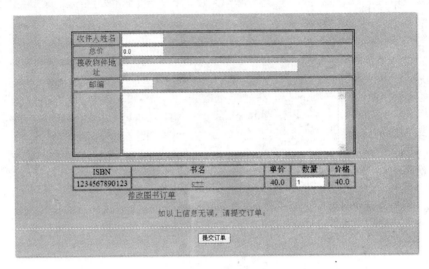

图 6-70　填写订单页面

（8）DelBook.jsp

通过单击 BookCart.jsp 的删除图标，进入该页面，删除相应的图书。

```
<%@ page language = "java" contentType = "text/html; charset = UTF - 8"
    pageEncoding = "UTF - 8" %>
<!DOCTYPE html PUBLIC " - //W3C//DTD HTML 4.01 Transitional//EN" "http://www.w3.org/TR/html4/
loose.dtd">
<%
/* Cookie 信息处理 */
/* 清除 Cookie */
if (request.getParameter("isbn")! = null)
{
        Cookie cookie = new Cookie("ISBN" + request.getParameter("isbn"),"0");
        cookie.setMaxAge(0);            //设定 Cookie 立即失效
        response.addCookie(cookie);
}
%>
<! -- jsp:forward page = "BookCart.jsp" / -->
<html>
<head>
<meta http - equiv = "Content - Type" content = "text/html; charset = UTF - 8">
<meta http - equiv = "refresh" content = "0;URL = BookCart.jsp">
<style>
        body{
            margin:0px;
            cellpadding:0px;
```

```
                margin - left: auto;
                margin - right: auto;
                margin - top: 50px;
                background: #00ffcc;
                text - align: center;
                font - size: 20px;
                color: red;
        }
</style>
</head>
<body>
                删除图书······
</body>
</html>
```

(9) EmptyCart.jsp

通过单击 BookCart.jsp 的清空购物车，进入该页面清空购物车。

```
<%@ page language = "java" contentType = "text/html; charset = UTF - 8"
    pageEncoding = "UTF - 8" %>

<!DOCTYPE html PUBLIC " - //W3C//DTD HTML 4.01 Transitional//EN" "http://www.w3.org/TR/html4/
loose.dtd">
<%
        /* 清空 Cookie(购物车)信息 */
 Cookie[] cookies = request.getCookies();
 for (int i = 0; i < cookies.length; i ++)
 {
        String isbn = cookies[i].getName();
        if (isbn.startsWith("ISBN")&&isbn.length() == 17)
        {
            Cookie c = new Cookie(isbn, "0");
            c.setMaxAge(0);                 //设定 Cookie 立即失效
            response.addCookie(c);
        }
}
%>
<! -- jsp:forward page = "BookCart.jsp" / -->
<html>
<head>
<meta http - equiv = "Content - Type" content = "text/html; charset = UTF - 8">
<meta http - equiv = "refresh" content = "0; URL = BookCart.jsp">
<style type = "text/css">
        body{
                margin: 0px;
                cellpadding: 0px;
                margin - left: auto;
                margin - right: auto;
                margin - top: 50px;
                background: #00ffcc;
                text - align: center;
```

```
                        font - size: 20px;
                        color: red;
                }
    </style>
    </head>
    < body >
    清空购物车……
    </body>
    </html>
```

5) JavaBean 组件

(1) UserRegister. java

主要功能是将用户注册信息添加到数据库中。

```java
package javabean;

import java.sql. * ;
public class UserRegister{

        String dirverName = "com.mysql.jdbc.Driver";
        String userName = "root";              //用户名
        String userPasswd = "";                //密码
        String dbName = "BestBook";            //数据库名
        String tableName = "buyerinfo";        //表名
        String strDBUrl = "jdbc:mysql://localhost:3306/" + dbName + "?user = " + userName + "
&password = " + userPasswd;                    //数据源

        String userid;
        String username;
            String password;
            String phoneCode;
            String zipcode;
            //获得数据库连接
            public UserRegister()
            {

                try
                {
                    Class.forName(dirverName);
                    }
                    catch(Exception e)
                    {
                        System.err.println( "UserRegister():" + e.getMessage());
                    }

            }
            public void setUserId(String euserid)
            {
                    this.userid = euserid;
            }
            public void setPassword(String epassword)
```

```
        {
                this.password = epassword;
        }
            public void setUsername(String eusername)
        {
                this.username = eusername;
        }
            public void setzipcode(String ezipcode)
        {
                this.zipcode = ezipcode;
        }

    public void setphoneCode(String ephoneCode)
        {
                    this.phoneCode = ephoneCode;
        }
    public String  getUserId()
        {
                return userid;
        }
    public String  getUsername()
        {
                return username;
        }
    public String getPassword()
        {
                return password;
        }

    public String getzipcode()
        {
                return zipcode;
        }

    public String getphoneCode()
        {
                return phoneCode;
        }
    //进行注册
    public void regist(){
            String strSql = null;
            try{
                Connection connect = DriverManager.getConnection("jdbc:mysql:
//localhost:3306/BestBook","root","");
                Statement stmt = connect.createStatement();
                strSql = "insert into buyerinfo (memberID,membername,logonTimes,pwd,
phoneCode,zipcode) values('" + getUserId() + "', '" + getUsername() + "',1,'" + getPassword() + "',
'" + getphoneCode() + "' ,'" + getzipcode() + "')" ;
                stmt.executeUpdate(strSql);
                stmt.close();
```

```
                            connect.close();
                    }
                    catch(SQLException e){
                        System.err.println("UserRegister.regist()" + e.getMessage());
                    }
            }
}
```

(2) UserBean.Java

主要用于查看数据库中关于会员的登录次数。

```java
package javabean;

import java.sql. * ;
public class UserBean {

    private String memberID = null ;         //会员 ID
    private String memberName = null;        //会员姓名
    private String pwd = null;               //密码
    private int logontimes = - 1;            //登录的次数

    String dirverName = "com.mysql.jdbc.Driver";
        String userName = "root";
        String userPasswd = "";
        String dbName = "BestBook";          //数据库名
        String tableName = "buyerinfo";      //表名
        String strDBUrl = " jdbc:mysql://localhost:3306/" + dbName + "?user = " + userName +
"&password = " + userPasswd;                 //数据源
        ResultSet rs = null;                 //结果集

        public UserBean (){
            //加载 JDBC - ODBC 驱动
            try {
                Class.forName(dirverName);
            }
            //捕获异常
            catch(Exception e){
                System.err.println("BuyerBean():" + e.getMessage());
            }
        }

        //获得登录次数,登录的会员的名字也在该方法调用时获得
        public int getLogontimes(){
            String strSql = null;
            try{
                Connection connect = DriverManager.getConnection ( " jdbc:mysql://localhost:
3306/BestBook","root","");
                Statement stmt = connect.createStatement();
                strSql = "Select logonTimes,membername from buyerinfo where memberID = '" +
memberID + "'and pwd = '" + pwd + "'";
                rs = stmt.executeQuery(strSql);
```

```
            while (rs.next()){
                // 登录的次数
                logontimes = rs.getInt("logonTimes");
                //会员姓名
                memberName = rs.getString("membername");
            }
            rs.close();
            //如果是合法会员则将其登录次数加1
            if (logontimes != -1 ) {
                strSql = "Update buyerinfo set logonTimes = logonTimes + 1 where memberID =
'" + memberID + "'";
                stmt.executeUpdate(strSql);
            }
            stmt.close();
            connect.close();

        }
        //捕获异常
        catch(Exception e){
            System.err.println("BuyerBean.getLogontimes():" + e.getMessage());
        }
        return logontimes ;
    }
    //设置 memberID 属性;
    public  void setMemberID(String ID){
        this.memberID = ID;
    }
    //设置 pwd 属性
    public void  setPwd(String password){
        this.pwd = password;
    }
    //获得该会员的真实姓名,必须在取该会员登录的次数之后才能被赋予正确的值
    public String getMemberName(){
        return memberName;
    }

}
```

（3）BookBean.java

主要用于从数据库中获取图书信息。

```
package javabean;
import java.sql.*;
public class BookBean {
 private String bookISBN = null;          //图书编号
 private String bookName = null;          //书名
 private String bookAuthor = null;        //作者
 private String publisher = null;         //出版社
 private String introduce = null;         //简介
 private String price = null;             //价格
```

```
        String dirverName = "com.mysql.jdbc.Driver";
            String userName = "root";
            String userPasswd = "";
            String dbName = "BestBook";          //数据库名
            String tableName = "book";           //表名
            String strDBUrl = "jdbc:mysql:       //localhost:3306/" + dbName + "?user = " + userName
+ "&password = " + userPasswd;                   //数据源
            ResultSet rs = null;


        public BookBean(){
                //加载驱动
                try {
                    Class.forName(dirverName);
                }
                catch(Exception e){
                    System.err.println("BookBean ():" + e.getMessage());
                }
        }
        //取当前书库中全部图书信息
        public ResultSet getBookList(){
                String strSql = null;
                try{
                    //建立与数据库的连接
                    Connection connect = DriverManager.getConnection("jdbc:mysql://localhost:3306/
BestBook","root","");
                    Statement stmt = connect.createStatement();
                    strSql = "select bookISBN,bookName,bookAuthor,publisher,price from book";
                    rs = stmt.executeQuery(strSql);
                }
                //捕获异常
                catch(Exception e){
                    System.err.println("BookBean.getBookList():" + e.getMessage());
                }
                return rs ;


        }
        //根据图书的编号给图书的其他信息赋值
        private  void getBookInfo(String ISBN){
                String strSql = null;
                bookName = null;
                bookAuthor = null;
                publisher = null;
                introduce = null;
                price = null;
                try{
                    //建立和数据库的连接
                    Connection connect = (Connection) DriverManager.getConnection("jdbc:mysql://
localhost:3306/BestBook","root","");
                    Statement stmt = ((java.sql.Connection) connect).createStatement();
                    strSql = "select * from book where bookISBN = '" + ISBN + "'";
                    rs = stmt.executeQuery(strSql);
```

```
            while (rs.next()){

                    bookName = rs.getString("bookName");
                    bookAuthor = rs.getString("bookAuthor");
                    publisher = rs.getString("publisher");
                    introduce = rs.getString("introduce");
                    price = rs.getString("price");
            }


        }
        //捕获异常
        catch(Exception e){
            System.err.println("BookBean.getBookList():" + e.getMessage());
        }
    }
    //给图书的编号赋值,同时调用函数给图书的其他信息赋值
    public  void setBookISBN (String ISBN){
        this.bookISBN = ISBN;
        getBookInfo(bookISBN);
    }
    //取图书编号
    public  String getBookISBN (){
        return bookISBN ;
    }
    //取书名
    public String getBookName(){
        return bookName ;
    }
    //取作者信息
    public String getBookAuthor(){
        return bookAuthor;
    }
    //取出版社信息
    public String getPublisher(){
        return publisher;
    }
    //取图书简介
    public String getIntroduce(){
        return introduce ;
    }
    //取图书价格
    public String getPrice(){
        return price;
    }


}
```

(4) OrderBean.java

用于对数据库的订单信息进行操作。

```
package javabean;
import java.sql. * ;
```

```java
public class OrderBean {
  String dirverName = "com.mysql.jdbc.Driver";
    String userName = "root";
     String userPasswd = "";
    String dbName = "BestBook";          //数据库名
    String tableName = "orderinfo";       //表名
    String strDBUrl  =  " jdbc:mysql://localhost:3306/" + dbName + "?user = " + userName +
"&password = " + userPasswd;            //数据源
    ResultSet rs = null;

 String bookinfo = null;
 float orderprice = (float) 0.0;
 String orderDate = null;
 int orderID = 0;
 String orderRem = null;
 String receiverAddress = null;
 String receiverName = null;
 String receiverZip = null;
 String userID = null;

 public OrderBean(){
      try {
          Class.forName(dirverName);
      }
      catch(Exception e){
          System.err.println("OrderBean():" + e.getMessage());
      }
 }

 public   static void main(String args[]){
 }

/**
 * 返回订单的总价
 * @return Java.lang.String
 */
 public Float getOderprice() {
      return orderprice;
 }

/**
 * 返回订单的日期
 * @return Java.lang.String
 */
public String getOrderDate() {
      orderDate = new java.util.Date().toString();
      return orderDate;
 }

/**
```

```
  * 返回订单的 ID 号
  * @return Java.lang.String
  */
public int getOrderID() {
        return orderID;
}


/**
  * 返回订单的备注信息
  * @return Java.lang.String
  */
public String getOrderRem() {
        return orderRem;
}


/**
  * 返回接收者的地址
  * @return Java.lang.String
  */
public String getReceiverAddress() {
 return receiverAddress;
}


/**
  * 返回接收者的姓名
  * @return Java.lang.String
  */
public String getReceiverName() {
        return receiverName;
}


/**
  * 返回接收者的邮政编码
  * @return Java.lang.String
  */
public String getReceiverZip() {
        return receiverZip;
}


/**
  * 获得用户 ID
  * @return Java.lang.String
  */
public String getUserID() {
        return userID;
}


/**
  * 给图书信息赋值
  * @param newBooks Java.util.Properties
  */
```

```java
public void setBookinfo(String newBookinfo) {
        bookinfo = newBookinfo;
        orderID = createNewOrder();


        String strSql = null;
        try{

                Connection connect = DriverManager.getConnection("jdbc:mysql://localhost:3306/
BestBook","root","");
                Statement stmt = connect.createStatement();
                strSql = "insert into orderinfo (userID, receiverName, receiverAddress, receiverZip,
orderRem,orderPrice) values('" + getUserID() + "', '" + getReceiverName() + "', '" +
getReceiverAddress() + "', '"   + getReceiverZip() + "', '" + getOrderRem() + "', " +
getOderprice() + ")";

                stmt.executeUpdate(strSql);

                stmt.close();
                connect.close();
        }
        catch(Exception e){
                System.err.println("OrderBean.setBookinfo():" + e.getMessage());
        }
}

/**
 * 给定单的总价赋值
 * @param newOderprice Java.lang.String
 */
public void setOderprice(Float newOderprice) {
        orderprice = newOderprice;
}

/**
 * 给定单的备注赋值
 * @param newOrderRem Java.lang.String
 */
public void setOrderRem(String newOrderRem) {
        orderRem = newOrderRem;
}

/**
 * 给接收者的地址赋值
 * @param newReceiverAddress Java.lang.String
 */
public void setReceiverAddress(String newReceiverAddress) {
 receiverAddress = newReceiverAddress;
}
/**
 * 给接收者的姓名赋值
```

```
 * @param newReceiverName Java.lang.String
 */
public void setReceiverName(String newReceiverName) {
    receiverName = newReceiverName;
}

/**
 * 给接收者的邮政编码代码赋值
 * @param newReceiverZip Java.lang.String
 */
public void setReceiverZip(String newReceiverZip) {
    receiverZip = newReceiverZip;
}

/**
 * 给用户代码赋值
 * @param newUserID Java.lang.String
 */
public void setUserID(String newUserID) {
    userID = newUserID;
}

/**
 * 创建一个新订单
 */
public  int createNewOrder() {
    String strSql = null;
    int orderID = 0;
try{
     Connection connect = DriverManager.getConnection("jdbc:mysql://localhost:3306/
BestBook","root","");
    Statement stmt = connect.createStatement();

    strSql = "select orderID from  orderinfo where orderID = (select max(orderID) from
orderinfo)";
    rs = stmt.executeQuery(strSql);

    rs.next();

    orderID = rs.getInt("orderID");


    stmt.close();
    rs.close();

}
catch(Exception e){
     System.err.println("OrderBean.createNewOrder():" + e.getMessage());
}
return Integer.valueOf(orderID).intValue();
}
}
```

6.7　小结

　　本章介绍了一种基于 Web 应用的网络编程技术 JSP。首先对 JSP 的技术原理、开发环境进行介绍,给出了 JSP 中涉及的 Java 语言的基本知识,着重讲述了 JSP 的基本语法和内置对象的使用方法,接着简要介绍了 JavaBean 和 Servlet 技术,然后对 JDBC 技术以及如何通过 JDBC 操作数据库的方法进行阐述,最后给出了一个简单的网上书店的实例。读者在学习完本章后能对基于 Web 应用的网络编程技术概貌有较为全面的了解,对 JSP 的基本原理、主要技术、开发环境、编程方法都有所掌握,可以自己动手设计开发类似于 1.2.1 节及 1.2.2 节的信息网络应用系统,对其他网络编程技术也能够实现举一反三。

第7章

Web服务

第 4 章我们讲了基于 TCP/IP 的网络编程技术,第 6 章讲了 Web 应用的网络编程技术,本章我们讲述另外一种网络应用的编程技术——Web 服务(Web Service)。相对于前两种网络编程技术,Web 服务是一种新的技术,利用该技术可以将公共程序功能描述为服务。Web 服务定义了一套基于 HTTP 协议的服务定义、服务描述、服务发布、服务通信的协议,构成一个完整的 Web 服务体系。

本章着重描述 Web 服务体系中相关概念、框架及工作流程。先介绍 Web 服务的相关概述、典型场景、体系架构和技术架构等;然后介绍了用于 Web 服务中的标准协议——简单对象访问协议 SOAP、Web 服务描述语言 WSDL 和 Web 服务的注册与发现;最后以亚马逊 Web 服务平台为具体实例对 Web 服务的技术实现做了简单的介绍。

7.1 Web 服务概述

随着 Web 应用的不断发展,如何将网络中的不同应用系统方便、灵活地进行对接是信息网络应用面临的一大问题,不同系统之间的对接或组合都需要解决平台差异、协议差异、数据差异带来的问题,Web 服务技术是目前解决这些异构系统互联问题时采用较广泛的解决方案之一。

7.1.1 Web 服务是什么

要实现网络上多台机器之间的通信,底层层面需要做的就是将数据从一台计算机传输到另外一台计算机,可以基于传输协议和网络 IO 来实现,其中传输协议主要有 HTTP、TCP、UDP 等,是在基于 Socket 概念上为某类应用场景而扩展出的传输协议,这些技术我们在前面章节已经介绍了。所有的分布式应用通信都基于这个原理而实现,只是为了应用的易用,不同的语言或者系统框架通常都会提供一些更为友好的应用层协议。

在 Web 服务出现之前,网络应用之间的数据传输和功能调用通常采用传统的远程通信技术,常见的远程通信技术主要有 RPC、DCOM、CORBA、RMI 等,这些技术在第 4 章有所介绍。

RPC——远程过程调用协议,通过网络从远程计算机上调用程序(过程)获得执行结果,RPC 采用客户机-服务器模式。请求程序是一个客户机,远程过程提供者是一个服务器。DCOM 称为分布式组件对象模型,是 Microsoft 公司建立的概念和程序接口,DCOM 中客户程序对象可以请求来自网络上另一台计算机上服务器程序对象的服务,缺点是需要创建互操作软件所需的体系结构。CORBA 称为通用对象请求代理,是一种自成体系的分布式处理平台,定义了专用的体系结构和规范,用于创建、分布和管理网络分布式程序对象,可以做到与提供商无关,与平台无关,与网络无关,与语言无关。但 CORBA 实现过于复杂,且与其他平台或协议无兼容性。RMI 是一种利用 J2EE 使不同计算机上的组件可以在分布式网络中进行交互的方法,但 RMI 客户和服务器间的通信需要依靠专用协议。

以上这些传统分布式系统都需要专用协议的支持,系统的开发和维护都比较复杂,采用 RPC、DCOM、RMI 技术的分布式系统中获取服务的方法主要是在系统设计阶段进行服务定义和接口开发,要求开发者和使用者事先有足够的沟通,不适合在 Internet 上提供公共的应用。

Web 服务就是为了解决 Internet 上面不同的应用系统之间的数据通信和远程调用,其目标是在 Internet 上建立一个分布式计算的基本架构,这个基本架构由许多不同的、相互之间进行交互的应用模块组成,这些应用模块通过专用网络或公共网络进行通信。可以把 Web 服务架构中的一个服务当作一个应用程序,它向外界开放出一个能够通过 Web 进行调用的接口,让使用者能够通过 Web 编程的方法来调用这个应用程序。为了解决不同的客户能够在 Internet 中查找和使用所需的 Web 服务,Web 服务体系还设计了完善的服务发布、查找、调用的机制。

Web 服务体系中有 3 个角色:服务提供方、客户程序、服务库,如图 7-1 所示。服务提供方是服务的建设和提供者,它向服务库注册和发布服务,客户程序可以向服务库查找所需的服务,服务库返回服务提供方的信息,客户程序直接向服务提供方进行服务调用。通信方式使用 HTTP 标准协议,实现了分布式系统之间的松耦合。

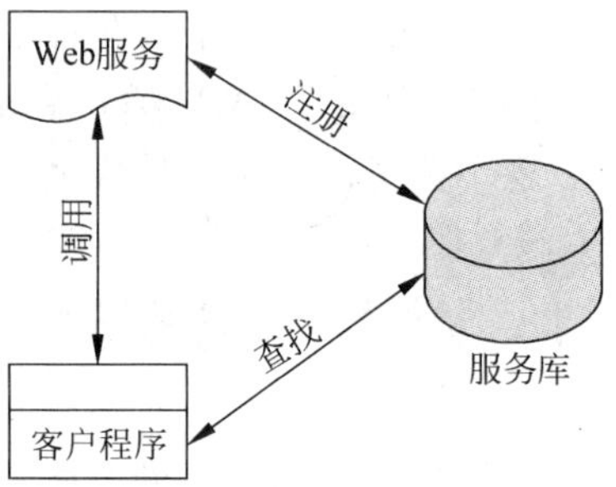

下面我们通过一个例子来比较一下 Web 服务体系和其他分布式系统的主要区别。

图 7-1　Web 服务角色与工作流程

例如,某网站有向用户提供天气预报的服务,用户可以登录该网站获取天气预报信息。随着移动互联网的不断发展,越来越多的用户希望通过智能手机、平板电脑等移动设备获取天气预报的信息,而移动设备上面的客户端程序不是该网站开发,而是第三方开发的。该网站要发布一个天气预报的服务,给各种移动终端用户的客户端程序提供天气预报的服务。

如果采用我们之前讲的 TCP 网络通信程序进行开发,那么需要第三方开发的客户端程序明确网站服务的 IP 地址、端口号、数据包格式等信息,客户端连接该 IP 地址,建立连接,发送请求数据,接受返回的数据并进行解析和显示。这种方式的缺点是如果用户希望更换一个新的天气预报来源,需要重新编写程序,连接新的地址,解析不同的数据报文格式。

如果采用 RPC 或 RMI 方式进行开发,需要第三方开发的客户端程序具有和服务端一致的 RPC 或 RMI 支持环境,然后连接网站的 IP 地址进行远程调用,对返回的数据报文或数据对象进行解析和显示。这种方式的缺点是需要客户端支持 RPC 环境或者 RMI 的环境,而且对于用户更新天气预报来源的要求也不好实现。

DCOM 和 CORBA 技术在移动终端上面支持不太普及,如果需要基于该技术实现,需要对运行环境进行移植或开发,工作量比较大。

采用 Web Service 技术,服务提供者可以在服务端创建一个 Web 服务,将其注册发布到服务注册中心(服务库),它的功能是返回当前的天气情况。使用者检索到有该服务后,通过访问一个 Web 页面调用该 Web 服务,使用 HTTP GET 方法及调用格式,页面接受邮政编码作为查询字符串,然后返回一个由逗号隔开的字符串,包含了当前的气温和天气。服务提供方把这个服务描述成一个标准的 XML 文件,简单示意代码如下。

```
< service name = " WeatherReportService">
    < documentation >天气预报服务</documentation >
    < port name = "WeatherReport Port" binding = "tnsWeatherReport Binding">
        < soap:address location = "http://example.com/ getWeather "/>
    </port >
  </service >
```

这个描述文件里面定义了该服务的名称和调用方法,要调用这个 Web 服务,客户端需要发送 HTTP GET 请求,请求的 URL 如下所示。

```
HTTP:// example.com/getWeather?loc = 100000
```

返回的数据如下所示。

```
21,晴 (以逗号隔开的"气温,天气")
```

服务提供方将上述服务发布到一个公共的服务库,用户可以通过关键字搜索所需的服务,比如用户搜索"天气预报服务"能获取到该服务的 XML 描述文件,通过该描述进而访问该服务。从以上服务的接口定义和数据获取流程来看,Web 服务采用了标准的 HTTP 协议,大部分客户端都能够很好的支持。

从这个例子我们可以看出,Web 服务具有与其他的 Web 应用程序不同的特点,如 Web Service 可以调用其他的 Web Service,具有灵活性和适应性。Web Service 更容易被监控和管理,可对 Web Service 进行评估和拍卖,这都是其他 Web 应用程序不具有的。

Web 服务是一种面向服务的架构技术,通过标准的 Web 协议提供服务,目的是保证不同平台的应用服务可以互操作。Web 服务也是一个软件系统,用以支持网络间不同机器的互动操作。

Web 服务是描述一些操作(利用标准化的 XML 消息传递机制可以通过网络访问这些操作)的接口。用标准的、规范的 XML 格式描述称为 Web 服务的服务描述。这一描述包括了与服务交互需要的全部细节,包括消息格式(详细描述操作)、传输协议和位置。Web 服务隐藏了实现服务的细节,使用独立于实现服务软硬平台的编程语言,支持基于 Web 服务的应用程序之间松散耦合、面向组件和跨平台实现。

7.1.2 Web 服务典型场景

Web 服务的主要目标是实现跨平台的互操作,Web 服务可用于下列场合。

1. 应用程序集成

目前大多数企业内部都有着各种各样的应用系统,是在不同的时期,由不同的软件开发商开发,运行在不同的平台和系统上,系统的开发语言也各不相同。随着企业信息化程度的提高,把这些应用程序集成起来,保护原有投资,重用遗留系统是当前很多中大型企业的重要任务。通过使用 Web 服务作为应用集成的手段,利用 Web 服务与平台和语言无关的特性,在开发新的应用系统的时候,使用 Web 服务作为系统与外部交流的接口,可以调用其他系统的功能或被其他系统所调用,能够使新的系统和其他系统之间保持松耦合的关系,保持较高的可扩展性,实现了企业应用系统集成。

2. 软件和数据重用

软件重用是软件工程的核心概念之一,为了便于和其他的应用程序集成,Web 服务重用主要在于已有应用之间的互操作和数据共享。Web 服务可以重用代码及其数据,如某个应用程序需要确认用户输入的地址是否正确,只需要把用户输入的数据发送给相应的 Web 服务,Web 服务可以查阅街道地址、城市区号和邮政编码等数据信息来验证地址的正确性。另外一种软件重用是把几个应用程序功能集成起来,混搭成一个组合的应用。

3. B2B 的集成

Web 服务是 B2B(Business to Business)集成的有效途径,通过行业内部形成服务标准,使所有业内企业共同遵守,通过把商务逻辑构建成 Web 服务,实现 B2B 集成。如电信运营商之间的结算服务、银行之间的转账服务等都可以形成行业标准,以 Web 服务的形式公布出来,各个企业之间可以选择不同的平台进行服务的实现。

为了更好地理解 Web 服务的功用,下面举一个订单管理的例子。这个案例研究基于一个简单的订单管理场景。在这个场景中,需要管理顾客向特定供应商提交的订购单。订单管理解决方案支持端到端的订单处理流程。这个处理流程可以借助复杂的相互交互的 Web 服务集合来表示,并且这些 Web 服务间需要许多同步与协调。可配置和订购个性化产品,并向顾客提供有关供货状况的精确的实时信息,以及提供一些交互的价格选项和实时状态查询,此外还可执行库存和仓库管理等,如图 7-2 所示。

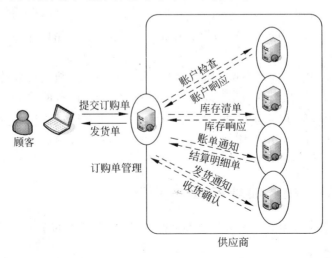

图 7-2　Web 服务——订单管理流程

订购单 Web 服务还可以处理更复杂的任务。例如,订购单 Web 服务可以提供跟踪与调整功能,如顾客要求修改或取消订购单,可跟踪与调整订购单。针对这种情况,可使用相互协作的 Web 服务集合来调整订购单,这是针对这种问题的一个自动化解决方案。在取消订购单的情况下,订购单 Web 服务能自动预订一个合适的替换产品,并通知账单服务和库存服务进行相应的修改。当这些 Web 服务的所有交互任务都完成后,即生成了新的调整后的安排,订购单 Web 服务将会通知顾客,向顾客发送一个更改后的发货单。

7.1.3　面向服务的体系结构

面向服务架构(Service Oriented Architecture,SOA)是一种软件系统架构,主要目的是使已有技术间具有通用的互操作性,并使得未来的应用和体系结构具有可扩展性。SOA 不是一种语言,也不是一种具体的技术,更不是一种产品,而是一种架构模式,是人们面向应用服务的解决方案框架。SOA 架构的基本元素和核心是服务,SOA 指定一组实体(服务提供者、服务消费者、服务注册表、服务条款、服务代理和服务契约),这些实体详细说明了如何提供和消费服务。遵循 SOA 架构的系统必须要有服务,这些服务是可互操作的、独立的、模块化的、位置明确的、松耦合的并且可以通过网络查找其地址。SOA 的主要组成部分涉及三方面,有三个主要角色对应于体系结构中的相应模块,如图 7-3 所示。

1. SOA 中的 3 种角色

SOA 中有 3 种角色:服务提供者(Service Provider)、服务请求者(Service Requestor)和服务注册机构(Service Registry Center),其中,服务提供者提供符合契约的服务,并将它们发布到服务代理。服务请求者发现并调用其他的软件服务来提供商业解决方案。服务请求者通常称为客户端,但也可以是终端用户应用程序或别的服务。服务注册机构作为储存库、电话黄页或票据交换所,产生由服务提供者发布的软件接口。

2. SOA 中的 3 种操作

3 种 SOA 角色参与者通过发布、发现和绑定 3 个基本操作相互作用。服务提供者向服务注册机构发布服务(如图 7-3 所示)。服务请求者通过服务注册机构查找所需的服务,并绑定到这些服务上。服务提供者和服务请求者之间可以交互。简单来讲,SOA 有以下三种操作:

(1) 发布。服务提供者向服务注册中心注册自己的功能及访问接口。

(2) 发现。服务请求者通过服务注册中心查找特定种类的服务。

(3) 绑定。由访问接口定义的操作和 Web 服务消息协议、数据格式规范的结合。

3. Web Service 的体系结构是面向服务的体系结构

Web Service 的体系结构是面向服务的体系结构,对应于 SOA 的 3 种角色,Web 服务中的 3 种角色有相同的作用:Web Service 提供者是一个平台,驻留和控制对服务的访问,定义 Web Services 的服务描述,并把它发布到服务请求者或服务注册中心,实现了通过服务体现出来的业务逻辑;服务请求者(客户端)是满足一定功能的企业搜索并调用服务的

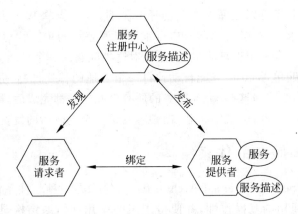

图 7-3　面向服务体系架构的 3 种角色和操作

应用；Web Service 注册机构是一个可供搜索的目录，可在该目录中发布和搜索服务描述。

　　Web 服务的 3 种操作：在 SOA 中，当应用程序利用 Web Service 在 3 个角色之间进行交互时，必然涉及 3 个主要操作：发布服务描述、发现服务描述、基于服务描述绑定或调用服务。

　　Web Service 是技术规范，而 SOA 是设计原则。从本质上来说，SOA 是一种架构模式，而 Web 服务是利用一组标准实现的服务。Web 服务是实现 SOA 的方式之一。用 Web 服务来实现 SOA，可以实现一个中立平台，用户通过这个中立平台获得服务，而且随着越来越多的软件商支持 Web 服务规范，可以取得更好的通用性。

7.1.4　Web 服务技术架构

　　如前所述，Web 服务是 SOA 的一种技术实现。Web 服务是基于 XML 的、采用 SOAP 协议的一种软件互操作的基础设施，Web 服务体系结构利用 XML 创建各种消息传递协议，还包括 SOAP、WSDL 和 UDDI（统一描述，发现和集成）等协议。Web 服务的技术架构如图 7-4 所示。

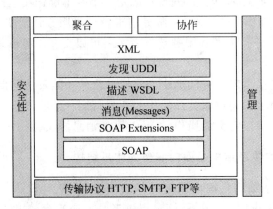

图 7-4　Web 服务技术架构图

1. XML

可扩展标记语言 XML,是一种标记语言。标记指计算机所能理解的信息符号,通过此种标记,计算机之间可以处理包含各种信息的文本等。XML 实际上是一系列技术规范组成的规范族,包括数据标记语言、各种内容模型、一个链接模型和一个名字空间模型以及各种转换机制。Web 服务把 XML 作为数据表示方式,是整个 Web 服务的基础表达方式。通过 XML 可以非常详细地说明 Web 服务的接口,这使用户能够创建客户端应用程序与 Web 服务进行通信,这种说明通常在 WSDL 的 XML 文档中。

2. SOAP

简单对象访问协议(Simple Object Access Protocol,SOAP)作为 Web 服务下层的轻量级可扩展传送协议,用于 Web 服务的角色间传递消息,或 Web 服务操作携带消息。SOAP 本身并没有规定任何编程模型和应用语义,SOAP 是一种规范,用来定义消息的 XML 格式,可以用多种下层协议(如 TCP、HTTP、SMTP、POP3)来支持此框架,规范提供一个灵活的框架来定义任意的协议绑定。

SOAP 规范中介绍了如何将程序数据表示为 XML,以及如何使用 SOAP 进行远程过程调用(RPC)。如,其中客户端将发出一条 SOAP 消息(包含可调用函数,以及要传送到该函数的参数),然后服务器将返回包含函数执行结果的消息。目前,多数 SOAP 实现方案都支持 RPC 应用程序。

SOAP 还支持文档形式的应用程序,在这类应用程序中,SOAP 消息只是 XML 文档的一个包装。文档形式的 SOAP 应用程序非常灵活,大多数的 Web 服务都基于文档形式的 SOAP 构建服务。

SOAP 规范中定义了包含 SOAP 消息的 HTTP 消息样式。HTTP 绑定在规范中是可选的,但几乎所有 SOAP 实现方案都支持 HTTP 绑定。SOAP 规范中支持 SMTP 或 FTP 等传输协议,但由于 HTTP 非常普遍,当前大部分 Web 服务都使用 HTTP 协议进行传输。

3. WSDL

WSDL(Web Service Description Language)是 Web 服务描述语言,由 XML 语言实现。WSDL 至少需要说明 Web 服务三个方面的信息。首先,需要说明服务做什么,即服务所提供的操作;其次,定义访问服务的数据格式和必要协议;最后,需要说明特定协议决定的服务网络地址。可以认为 WSDL 文件是一个 XML 文档,用于说明一组 SOAP 消息以及如何交换这些消息。由于 WSDL 是 XML 文档,因此很容易进行阅读和编辑,在大多数情况下,它由软件生成和使用。

4. UDDI

UDDI(Universal Description,Discovery, and Integration)称为统一描述、发现和集成,UDDI 于 2000 年由 Ariba、IBM、Microsoft 和其他 33 家公司创立,可以在全球范围内唯一标识并定义 Web 服务,UDDI 提供了一种访问和发现 Web 服务的一个有效机制,定义了

Web 服务描述与发现的标准规范。通过一个分布式 UDDI 注册中心,UDDI 提供了一组可公开访问的接口,通过这些接口,网络中的 Web 服务可以向 UDDI 的服务信息库注册其服务信息,服务需求者可以找到在 UDDI 注册中心注册过的 Web 服务。UDDI 是基于现有的 XML、WSDL 和 SOAP 实现的。Web 服务在用 XML 定义了消息中的数据,用 WSDL 描述了接收和处理消息的服务,用 SOAP 指明了发送和接收消息的方式之后,使用 UDDI 来发布 Web 服务提供的服务和发现服务请求者所需要的服务,这就是 UDDI 所提供的功能。

7.2 简单对象访问协议 SOAP

SOAP 是一种用于 Web 服务中的标准协议。SOAP 能够让不同应用程序之间通过 HTTP 协议,以 XML 格式互相交换彼此的数据,使其与编程语言、平台和硬件无关。本节主要介绍 SOAP 的一些基本知识,包括 SOAP 概述,SOAP 的体系架构和消息结构等。

7.2.1 SOAP 概述

SOAP 是一种基于 XML 的分布式环境中交换信息的轻量级协议。该标准由 IBM、Microsoft、UserLand 和 DevelopMentor 在 1998 年共同提出,并得到 IBM、Lotus、Compaq 等公司的支持,于 2000 年提交给万维网联盟(World Wide Web Consortium,W3C)。SOAP 把基于 HTTP 的 Web 技术与 XML 的灵活性和可扩展性组合在了一起。一个 SOAP 消息可以发送到一个具有 Web Service 功能的 Web 站点。由于数据采用一种标准化的结构来传递,所以可以直接被第三方站点所利用。与原有的中间件(CORBA、DCOM)不同,SOAP 仅仅是定义了一种基于 XML 的文本格式而没有定义消息代理或 API,因此,用户在开发应用时不必担心平台的兼容性。

SOAP 包括 SOAP 封装、SOAP 编码规则和 SOAP 远程过程调用(RPC)三个部分。SOAP 封装定义了一个框架,描述了消息中的内容是什么,谁应当处理消息,以及它是可选的还是必须的。SOAP 编码规则定义了一种序列化的机制,用于交换应用程序所定义的数据类型的实例。SOAP RPC 则定义了用于表示远程过程调用和应答的协定。SOAP 消息基本上是从发送端到接收端的单向传输,但它们常常结合起来执行类似于请求/应答的模式。所有的 SOAP 消息都使用 XML 编码。一条 SOAP 消息就是一个包含 SOAP 的封装包,包括一个可选的 SOAP 标头和一个必需的 SOAP 协议体的 XML 文档。

7.2.2 SOAP 体系结构

SOAP 体系结构包括 SOAP 客户端、SOAP 服务器和实际服务系统,分别对应 Web 服务的使用者和提供者,如图 7-5 所示。

1. SOAP 客户端

SOAP 客户端是具有 SOAP 机制的客户端程序,它可以产生 SOAP 请求并通过 HTTP 协议发送消息到服务器。通常只有两种类型的 SOAP 消息:SOAP 请求消息和

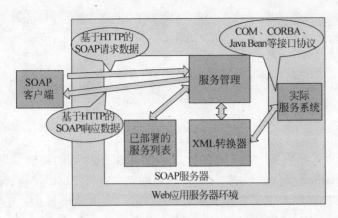

图 7-5　一个典型 SOAP 通信体系结构的组件

SOAP 响应消息。SOAP 请求就是一个 SOAP 客户端程序发送给 SOAP 服务器的内容，SOAP 响应就是 SOAP 服务器对 SOAP 客户端程序响应的内容。例 7-1 所示的代码是一条简单的 SOAP 请求。

【例 7-1】　简单的 SOAP 请求。

```
< SOAP - ENV:Envelope xmlns:SOAP - ENV = "http://schemas.xmlsoap.org/soap/envelope/" >
    < SOAP - ENV:Body >
      < m:getListOfModels xmlns:m = "uri reference" >
      </m:getListOfModels >
    </SOAP - ENV:Body >
</SOAP - ENV:Envelope >
```

2. SOAP 服务器

SOAP 服务器是一个有 SOAP 机制的服务程序，能够接收来自 SOAP 客户端的请求，并作出响应，返回到发出请求的 SOAP 客户端。在 SOAP 服务器内部有 3 个实体：服务管理器、被部署服务的列表和 XML 转换程序。

服务管理器根据请求管理服务。如例 7-2 代码示例 2 的服务请求，其中元素＜m:getListOfModels　xmlns:m＝"urn:MobilePhoneservice"＞包含了服务的名称 urn:MobilePhoneservice。服务管理器会读取 SOAP 客户端调用的 SOAP 服务名称并检查所需的服务实际上是否驻留于这台 SOAP 服务器上。此后，服务器会查询被部署服务的列表（SOAP 服务器所托管的所有服务的列表）。若存在，服务管理器将把 SOAP 请求传送给 XML 转换程序。XML 转换程序就负责将 SOAP 请求的 XML 结构转换成程序员实现服务的编程语言的结构。还将来自服务响应消息转换成 SOAP 响应 XML 结构。例 7-2 的代码是一条简单的 SOAP 响应。

【例 7-2】　简单的 SOAP 响应。

```
< SOAP - ENV:Envelope   xmlns:SOAP - ENV = "http://schemas.xmlsoap.org/soap/envelope/">
  < SOAP - ENV:Body >
  < m:getListOfModelsResponse xmlns:m = "urn:MobilePhoneservice">
      < Model > M1 </Model >
```

```
        < Model > M2 </Model >
        < Model > M3 </Model >
     </m:getPriceResponse >
    </SOAP - ENV:Body >
</SOAP - ENV:Envelope >
```

3. 实际服务

图 7-5 中标有"实际服务系统"的部分就是实际服务驻留的位置。服务实现可以是 COM 组件或 JavaBeans 组件的形式。XML 转换程序负责将 XML 结构转换成合适的方法调用。当 XML 转换程序调用了实际服务实现的某个方法时,这个方法就会完成它的工作并且将结果信息返回 XML 转换程序。如图 7-5 中连接 "XML 转换器"和"实际服务系统"的箭头。箭头的两端同在一个企业内,这意味着同一个组织控制着通信两端的接口。而图 7-5 中 SOAP 客户机和 SOAP 服务器之间的箭头则穿过企业边界。

通过上面的讨论,可以清楚的了解到,当调用一个 Web 服务时,SOAP 协议的内部响应过程。另外,还有一点是非常重要的:当 SOAP 客户机向 SOAP 服务器发送 SOAP 消息时,通过 HTTP 协议传输,称为 SOAP 与 HTTP 绑定。当服务端对用户请求返回结果时,又一次用 HTTP 绑定来传输 SOAP 响应。

7.2.3　SOAP 消息结构

如上所述,SOAP 是 Web 服务对象间传递信息的协议,SOAP 定义了一种通用方法对消息进行描述,并通过 HTTP 协议传输,从而实现网络中分布的应用程序之间的互操作。

1. SOAP 消息组成

SOAP 消息是一个 XML 文件,该文件中包含 SOAP Envelope(封装)和 SOAP Body(协议体),而 SOAP Header(头)则是可选项的。

SOAP 消息包含下列各项。

1) SOAP Envelope

SOAP Envelope 是 XML 文件的顶层元素,XML 命名空间可以将 SOAP 标识符与应用程序标识符区分开。SOAP Envelope 的元素名为 Envelope,该元素在 SOAP 消息中出现,一般为根元素。SOAP Envelope 可以有子元素。如果使用这些子元素,必须有命名空间修饰且必须跟在 SOAP Body 元素之后。

2) SOAP Header

SOAP Header 作为 SOAP Envelope XML 文档的第一个子元素。Header 元素的所有直接子元素称作 Header 条目。一个 Header 条目必须有完整元素名,包括一个命名空间 URI 和局部名。SOAP Header 的直接子元素必须有名称限制。SOAP encodingStyle 属性用来指明 Header 条目所用的编码形式,SOAP mustUnderstand 属性和 SOAPactor 属性用来指示如何处理这个条目和由谁来处理该条目。SOAP Header 属性是为了让消息接收者知道应该如何处理该消息。

3）SOAP Body

SOAP Body 提供一个简单的用于与消息的最终接收者交换信息的机制。Body 元素的典型应用是包含序列的 RPC 调用和错误报告。Body 元素应当作为 SOAP Envelope 元素的一个直接子元素。如果包含 Header 元素，则 Body 元素必须直接在 Header 元素之后，是 Header 元素的直接下一个兄弟元素，否则 Body 元素必须是 Envelope 元素的第一直接子元素。所有 Body 元素的直接子元素被称为 Body 条目，同时每一个 Body 条目都是 SOAP Body 元素中的一个独立元素。Body 条目由一个完整修饰的元素名来标识，包括一个命名空间 URI 和局部名。SOAP Body 元素的直接子元素可以是命名空间修饰的，SOAP encodingStyle 属性用来表明 Body 条目使用的编码规则。

4）SOAP Fault

SOAP Fault 作为一个 Body 条目出现。SOAP Fault 元素是用于在 SOAP 消息中传输错误及状态信息。如果 SOAP 消息需要包含 SOAP Fault 元素，则 SOAP Fault 元素必须作为一个 Body 条目出现，并在 Body 元素内只能出现一次。SOAP Fault 元素定义了 faultcode、faultstring、faultactor 和 detail 四个子元素。faultcode 元素必须在 SOAP Fault 元素中出现，同时它的值是属于其后定义的一个修饰名；faultstring 元素提供了错误代码的解释，它不是为程序处理设置；faultactor 元素的值是一个 URI，它指出在消息路径上是哪个节点导致错误发生的信息。detail 元素是用于传输与 Body 元素相关的应用程序特别的错误信息。

2. SOAP 消息的传送

SOAP 消息从发送方到接收方是单向传送，通常以请求/应答的方式实现。例如，HTTP 绑定使 SOAP 应答消息以 HTTP 应答的方式传输，并使用同一个连接返回请求。无论 SOAP 被绑定到哪个协议，SOAP 消息在终节点之外的中间节点也可以处理。

一个接收 SOAP 消息的 SOAP 应用程序处理消息，首先需要识别应用程序需要的 SOAP 消息部分，并检验应用程序是否支持识别消息中所有部分并处理它。如果不支持，则丢弃消息。在不影响处理结果的情况下，处理器可以忽略第一步中识别出的可选部分。为了正确处理一条消息或者消息的一部分，SOAP 处理器需要理解所用的交换方式（单向、请求/应答、多路发送等）以及这种方式下接收者的任务、RPC 机制的使用、数据的表现方法或编码，还有其他的语义。尽管属性（如 SOAP Encoding Style）可以用于描述一个消息的某些方面，但这个规范并不强制所有的接收方也必须有同样的属性。即交互双方的 SOAP 消息并不一定要遵循同样的格式设定，而只需要以一种双方可理解的格式交换信息就可以了。

SOAP 消息都使用 XML 形式编码。一个 SOAP 应用程序产生的消息中，所有由 SOAP 定义的元素和属性中必须包括正确的名称。根本上来讲，SOAP 消息是从发送方到接受方的一种传输方法，而且 SOAP 消息一般会和实现模式相结合，如请求/响应。例如，通过 HTTP 绑定将 SOAP 响应消息通过 HTTP 响应来传输，请求和响应使用同一连接。然而，无论 SOAP 是与哪种协议绑定，消息都可以通过消息路径 Message Path 来指定路径发送，消息路径机制使消息在到达最终目的地之前可以在一个或多个中间件上处理。这是一个非常有用、且适合分布式计算环境的一个机制。通过这样一种机制可以实现基于模块化服务设计,通过低耦合模块的统一集成获得良好的系统体系和功能实现。

开发 SOAP 消息的软件包包括以下两个：Microsoft SOAP toolkit2.0RC0 和 Apache SOAP 2.0,Apache.ORG。每种开发包前面列出的是开发包的名字,后面的是开发商或者开发组织。

7.3　Web Service 描述语言 WSDL

WSDL 是 Web 服务的描述语言,也可以称为描述 Web 服务功能的协议。WDSL 描述了 Web Service 所采用的格式和协议。本节首先介绍了 WSDL 基本概念,然后对 WSDL 接口定义和实现进行了详细阐述。

7.3.1　WSDL 概述

WSDL 将 Web 服务描述定义为一组服务访问点,客户端可以通过这些服务访问点对服务进行访问。Web Service 的 WSDL 文档把服务访问点和消息抽象定义与具体的服务部署和数据格式的绑定分离开来。WSDL 首先对访问的操作和访问时使用的请求/响应消息进行抽象描述,然后将其绑定到具体的传输协议和消息格式上以最终定义具体部署的服务访问点。相关的具体部署服务访问点通过组合就成为抽象的 Web 服务。

在具体使用中,可以对 WSDL 进行扩展,这样无论通信时使用何种消息格式或网络协议,都可以对服务访问点及其使用的消息格式进行描述。在 WSDL 规范中,定义了如何使用 SOAP 消息格式、HTTP GET/POST 消息格式以及 MIME(Multipurpose Internet Mail Extensions)格式来完成 Web 服务交互的规范。

WSDL 定义了一套基于 XML 的语法,将 Web 服务描述为能够进行消息交换的服务访问点的集合。WSDL 服务定义为分布式系统提供了可被机器识别的文档,并且可用于描述自动执行应用程序通信中所涉及的细节。

7.3.2　WSDL 接口定义

WSDL 文档将 Web 服务定义为服务访问点或端口的集合,访问点即用户访问的端口,也称为接口。在 WSDL 中,由于服务访问点和消息的抽象定义已从具体的服务部署或数据格式绑定中分离出来,因此,可以对抽象定义进行再次使用"消息",指对交换数据的抽象描述；而端口类型指操作的抽象集合。用于特定端口类型的具体协议和数据格式规范构成了一个绑定。将 Web 访问地址与可再次使用的绑定相关联,可以定义一个端口,而端口的集合则定义为服务。因此,WSDL 文档在 Web 服务的定义中使用下列元素：

- Types(类型)　数据类型定义的容器,它使用某种类型系统(一般地使用 XML Schema 中的类型系统),包含了所有在消息定义中需要的 XML 元素的类型定义；
- Message(消息)　消息数据结构的抽象类型化定义。Message 元素包含多个逻辑部分,每个部分与某种类型系统中的一个定义相关,消息使用 Type 来表示定义消息的结构；
- Operation(操作)　对服务中所支持的操作的抽象描述,一般单个 Operation 描述了

一个访问入口的请求/响应消息对。请求指的是从客户端到 Web 服务端,而响应指的是从 Web 服务端到客户端;

- PortType(端口类型)　PortType 具体定义了一种服务访问入口的类型,即传入/传出消息的模式及其格式。对于某个访问入口点类型所支持的操作的抽象集合,这些操作可以由一个或多个服务访问点来支持,一个 PortType 可以包含若干个 Operation;

- Binding(绑定)　特定端口类型的具体协议和数据格式规范的绑定。Binding 结构定义了某个 PortType 与某一种具体的网络传输协议或消息传输协议相绑定,从这一层次开始,描述的内容就与具体服务的部署相关;

- Port(端口)　定义为协议/数据格式绑定与具体 Web 访问地址组合的单个服务访问点。Port 描述的是一个服务访问入口的部署细节,包括通过哪个 Web 地址(URL)来访问,应当使用怎样的消息调用模式来访问等;

- Service(服务)　相关服务访问点的集合。Service 描述的是一个具体的被部署的 Web 服务所提供的所有访问入口的部署细节,一个 Service 往往会包含多个服务访问入口,而每个访问入口都会使用一个 Port 元素来描述。

WSDL 的设计理念完全继承了以 XML 为基础的开放设计理念。WSDL 允许通过扩展使用其他的类型定义语言,允许使用多种网络传输协议和消息格式(SOAP/HTTP,HTTP-GET/POST 以及 MIME 等)。同时 WSDL 也应用了当代软件工程中的复用理念,分离了抽象定义层和具体部署层,增加了抽象定义层的复用性。

7.4　UDDI 与 Web Service 的注册与发现

统一描述、发现和集成协议(Universal Description, Discovery and Integration, UDDI)是一套基于 Web 的分布式 Web Service 信息注册中心的实现标准规范,使得企业能将自己提供的 Web 服务进行注册,并让别的企业能够发现并访问这些 Web Service。本节主要介绍 UDDI 标准规范基本内容,WDSL 与 UDDI 的映射以及 SOAP、UDDI 和 WSDL 的关系。

7.4.1　统一描述、发现和集成协议 UDDI

UDDI 提供了一组基于标准的规范用于描述和发现服务,并提供了一组基于因特网的实现。UDDI 利用 SOAP 消息来查找和注册 Web 服务,并为应用程序提供了一系列接口来访问注册中心。UDDI 提供一种发布和查找服务描述的方法。UDDI 数据实体提供对定义业务和服务信息的支持。WSDL 中定义的服务描述信息是 UDDI 注册中心信息的补充。

UDDI 基于现有的标准,如可扩展标记语言(Extensible Markup Language,XML)和简单对象访问协议(Simple Object Access Protocol,SOAP)。UDDI 的所有兼容实现都支持 UDDI 规范。UDDI 本质上是为解决当前在开发基于组件化的 Web 服务中所使用的技术方法无法解决的一些问题。通常人们认为 UDDI 注册表为 WSDL 文档提供储存库,但是实际上 UDDI 并不知道 WSDL。

UDDI 为获取信息定义了一个相对简单的数据模型,包括服务提供者(businessEntity)、服务(businessService)、服务绑定(bindingTemplate) 和技术模型和规范(tModel)。WSDL 端口类型和绑定以被注册为 tModel,WSDL 被注册为 businessServices,WSDL 端口被注册为 bindingTemplates。

7.4.2 WSDL 与 UDDI 的关系

Web 服务开发完成后,在服务提供者单位内部的测试和发布是简单的,只需要知道 WSDL 文档的 URL 并在一些类库的帮助下就可以调用它所描述的服务即可。然而,如果 Web 服务提供公共服务(如 Internet 范围)就需要发布到一个公共场所,让需要该服务功能的客户找到它,并能在客户的环境中轻松方便的调用。UDDI 用来提供发布场所,WSDL 用来描述服务功能,这种机制和早期的分布式计算架构在形式上是一样的,不管是 RMI 还是 CORBA 的。

下面看看 UDDI 和 WSDL 之间的具体联系。

1. UDDI 中的 4 种数据类型和 WSDL 的 2 种文档类型

UDDI 的 4 个主要数据类型是 businessEntity、businessService、bindingTemplate 和 tModel 之间的关系如图 7-6 所示。

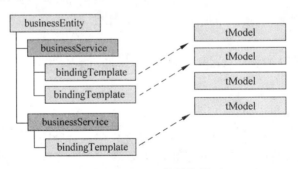

图 7-6　UDDI 数据类型

对于 UDDI 来说,WSDL 文档有两类:服务接口(service interface)和服务实现(service implementations),分别由两个逻辑角色接口提供者和实现提供者提供,实际中这两个角色也可能是同一个实体,如图 7-7 所示。

2. 发布一个完整的 WSDL 服务描述

一个完整的 WSDL 服务描述是由一个服务接口和一个服务实现文档组成。

服务由组织提供,因此,UDDI 要求首先创建组织,然后让服务依附在这个组织上,但对于 tModel 则

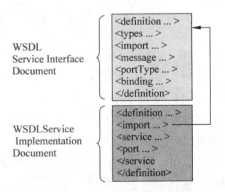

图 7-7　WSDL 文档类型

可以在任何时间建立,只要在引用该 tModel 的服务创建之前保证它存在。如图 7-8 所示,
WSDL 文档中的 Service Interface 与 UDDI 的 tModel 对应;WSDL 文档中的 service 元素
与 UDDI 的 businessService 元素对应;WSDL 中的 port 元素与 bindingTemplate 元素对
应;在 WSDL 中通过 import 元素,在服务实现描述部分导入了服务定义部分;在 UDDI 中
bindingTemplate 元素引用了 tModel 元素的内容。

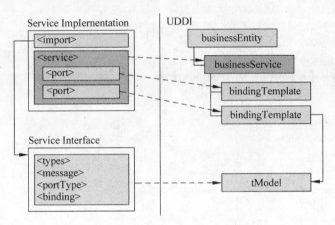

图 7-8　从 WSDL 到 UDDI 的映射概览

7.4.3　SOAP、UDDI 与 WSDL

下面是一个提供股票报价的简单 Web 服务示例。该服务支持名为 GetLastTradePrice
的单一操作,这个操作是通过在 HTTP 上运行 SOAP 1.1 协议来实现的。该请求接受一个
类型为字符串的 tickerSymbol,并返回类型为浮点数的价格。

1. WSDL 服务描述

1) 数据类型定义

本例中定义了下列两个元素的结构:

- TradePriceRequest(交易价格请求)　将该元素定义为包含一个字符串元素
  (tickerSymbol)的复合类型元素;
- TradePriceResult(交易价格)　将该元素定义为一个包含一个浮点数元素(price)的
  复合类型元素。

代码如下所示。

```
<?xml version = "1.0"?>
< definitions name = "StockQuote"
        targetNamespace = "http://example.com/stockquote.wsdl"
        xmlns:tns = "http://example.com/stockquote.wsdl"
        xmlns:xsd1 = "http://example.com/stockquote.xsd"
        xmlns:soap = "http://schemas.xmlsoap.org/wsdl/soap/"
        xmlns = "http://schemas.xmlsoap.org/wsdl/">
    < types >
```

```
< schema targetNamespace = "http://example.com/stockquote.xsd"
        xmlns = "http://www.w3.org/1999/XMLSchema">
  < element name = "TradePriceRequest">
    < complexType >
      < all >
        < element name = "tickerSymbol" type = "string"/>
      </all >
    </complexType >
  </element >
  < element name = "TradePriceResult">
    < complexType >
      < all >
        < element name = "price" type = "float"/>
      </all >
    </complexType >
  </element >
</schema >
</types >
```

2）消息格式定义

- GetlastTradePriceInput（获取最后交易价格的请求消息格式）　由一个消息片断组成，该消息片断的名字是 body，包含的具体元素类型是 TradePriceRequest；GetLastTradePriceOutput（获取最后交易价格的响应消息格式）　由一个消息片断组成，该消息片断的名字是 body，包含的具体元素类型是 TradePriceResult。

代码如下所示。

```
< message name = "GetLastTradePriceInput">
    < part name = "body" element = "xsd1:TradePriceRequest"/>
  </message >

  < message name = "GetLastTradePriceOutput">
    < part name = "body" element = "xsd1:TradePriceResult"/>
  </message >
```

3）服务访问点调用模式描述

定义 StockQuoteService 的入口类型是请求/响应模式，请求消息是 GetlastTradePriceInput，而响应消息是 GetLastTradePriceOutput。

```
< portType name = "StockQuotePortType">
    < operation name = "GetLastTradePrice">
      < input message = "tns:GetLastTradePriceInput"/>
      < output message = "tns:GetLastTradePriceOutput"/>
    </operation >
  </portType >
```

4）服务访问点的抽象定义与 SOAP HTTP 绑定

规定在具体 SOAP 调用时，应当使用的 soapAction 是"http://example.com/

GetLastTradePrice",而请求/响应消息的编码风格都应当采用 SOAP 规范默认定义的编码风格" http://schemas. xmlsoap. org/soap/encoding/"。

代码如下所示。

```
< binding name = "StockQuoteSoapBinding" type = "tns:StockQuotePortType">
    < soap:binding style = "document" transport = "http://schemas. xmlsoap. org/soap/http"/>
      < operation name = "GetLastTradePrice">
        < soap:operation soapAction = "http://example. com/GetLastTradePrice"/>
          < input >
            < soap:body use = "literal" namespace = "http://example. com/stockquote. xsd"
                      encodingStyle = "http://schemas. xmlsoap. org/soap/encoding/"/>
          </ input >
          < output >
            < soap:body use = "literal" namespace = "http://example. com/stockquote. xsd"
                      encodingStyle = "http://schemas. xmlsoap. org/soap/encoding/"/>
          </ output >
        </ soap:operation >
      </ operation >
    </ soap:binding >
  </ binding >
```

5) 具体的 Web 服务的定义

在这个名为 StockQuoteService 的 Web 服务中,提供了一个服务访问入口,访问地址是"http://example. com/stockquote",使用的消息模式是由前面的 binding 所定义的。

```
< service name = "StockQuoteService">
    < documentation >股票查询服务</ documentation >
    < port name = "StockQuotePort" binding = "tns:StockQuoteBinding">
    < soap:address location = "http://example. com/stockquote"/>
    </ port >
  </ service >
</ definitions >
```

2. SOAP 消息请求

```
POST /StockQuote HTTP/1.1
Host: example. com
Content - Type: text/xml; charset = "utf - 8"
Content - Length: nnnn
SOAPAction: "http://example. com/GetLastTradePrice"

< SOAP - ENV:Envelope xmlns:SOAP - ENV = "http://schemas. xmlsoap. org/soap/envelope/"
                  SOAP - ENV:encodingStyle = "http://schemas. xmlsoap. org/soap/encoding/">
  < SOAP - ENV:Body >
    < m:TradePriceRequest xmlns:m = "http://example. com/stockquote. xsd">
      < tickerSymbol > MSFT </ tickerSymbol >
    </ m:TradePriceRequest >
  </ SOAP - ENV:Body >
</ SOAP - ENV:Envelope >
```

3. SOAP 消息响应

```
HTTP/1.1 200 OK
Content-Type: text/xml; charset="utf-8"
Content-Length: nnnn

<SOAP-ENV:Envelope xmlns:SOAP-ENV="http://schemas.xmlsoap.org/soap/envelope/"
                SOAP-ENV:encodingStyle="http://schemas.xmlsoap.org/soap/encoding/"/>
  <SOAP-ENV:Body>
    <m:TradePriceResult xmlns:m=" http://example.com/stockquote.xsd ">
      <price>74.5</price>
    </m:TradePriceResult>
  </SOAP-ENV:Body>
</SOAP-ENV:Envelope>
```

4. WSDL 描述的 Web 服务发布

一个完整的 WSDL 服务描述是由一个服务接口和一个服务实现文档组成的,下面是股票查询服务,服务接口在 UDDI 注册中心被作为 tModel 发布。服务实现文档中的每个 service 元素都被用于发布 UDDI businessService。当发布一个 WSDL 服务描述时,在服务实现被作为 businessService 发布之前,必须将一个服务接口作为一个 tModel 发布(如图 7-8 所示)。

1) 发布服务接口

在 UDDI 注册中心,服务接口被作为 tModel 发布。tModel 由服务接口提供者发布。tModel 中的一些元素是使用来自 WSDL 服务接口描述中的信息构建的。

```
<?xml version="1.0"?>          <!-WSDL 描述文件->
<definitions name="StockQuoteService-interface"
  targetNamespace="http://www.getquote.com/StockQuoteService-interface"
  xmlns:tns="http://www.getquote.com/StockQuoteService-interface"
  xmlns:xsd=" http://www.w3.org/2001/XMLSchema "
  xmlns:soap="http://schemas.xmlsoap.org/wsdl/soap/"
  xmlns="http://schemas.xmlsoap.org/wsdl/">
  <documentation>
    Standard WSDL service interface definition for a stock quote service.
  </documentation>
  <message name="SingleSymbolRequest">
    <part name="symbol" type="xsd:string"/>
  </message>
  <message name="SingleSymbolQuoteResponse">
    <part name="quote" type="xsd:string"/>
  </message>
  <portType name="SingleSymbolStockQuoteService">
    <operation name="getQuote">
      <input message="tns:SingleSymbolRequest"/>
      <output message="tns:SingleSymbolQuoteResponse"/>
```

```
        </operation>
    </portType>
    <binding name = "SingleSymbolBinding"
            type = "tns:SingleSymbolStockQuoteService">
        <soap:binding style = "rpc"
                transport = "http://schemas.xmlsoap.org/soap/http"/>
        <operation name = "getQuote">
            <soap:operation soapAction = "http://www.getquote.com/GetQuote"/>
            <input>
                <soap:body use = "encoded"
                    namespace = "urn:single - symbol - stock - quotes"
                    encodingStyle = "http://schemas.xmlsoap.org/soap/encoding/"/>
            </input>
            <output>
                <soap:body use = "encoded"
                    namespace = "urn:single - symbol - stock - quotes"
                    encodingStyle = "http://schemas.xmlsoap.org/soap/encoding/"/>
            </output>
        </operation>
    </binding>
</definitions>
```

根据上面的 WSDL 服务接口创建 UDDI tModel，tModel 的名称根据 targetNamespace 设置。overviewURL 被设置为 WSDL 服务接口文档可通过网络访问到的位置。categoryBag 包含 wsdlSpec 条目以及其他的所有 keyedReference，keyedReference 指出这个服务接口描述的意向中的商业用途。

```
<?xml version = "1.0"?>          <! - UDDI 描述文件 - >
<tModel tModelKey = "">
    <name>http://www.getquote.com/StockQuoteService - interface</name>
    <description xml:lang = "en">
        Standard service interface definition for a stock quote service.
    </description>
    <overviewDoc>
        <description xml:lang = "en">
            WSDL Service Interface Document
        </description>
        <overviewURL>
            http://www.getquote.com/services/SQS - interface.wsdl # SingleSymbolBinding
        </overviewURL>
    </overviewDoc>
    <categoryBag>
        <keyedReference tModelKey = "UUID:C1ACF26D - 9672 - 4404 - 9D70 - 39B756E62AB4"
                        keyName = "uddi - org:types" keyValue = "wsdlSpec"/>
        <keyedReference tModelKey = "UUID:DB77450D - 9FA8 - 45D4 - A7BC - 04411D14E384"
                        keyName = "Stock market trading services"
                        keyValue = "84121801"/>
    </categoryBag>
</tModel>
```

2）发布服务实现

根据 WSDL 服务实现在 UDDI 创建 businessService。

```
<?xml version = "1.0"?>      <! -- WSDL 描述文件 -- >
<definitions name = "StockQuoteService"
  targetNamespace = "http://www.getquote.com/StockQuoteService"
  xmlns:interface = "http://www.getquote.com/StockQuoteService - interface"
  xmlns:xsd = "http://www.w3.org/2001/XMLSchema"
  xmlns:soap = "http://schemas.xmlsoap.org/wsdl/soap/"
  xmlns = "http://schemas.xmlsoap.org/wsdl/">
  <documentation>
    This service provides an implementation of a standard stock quote service.
    The Web service uses the live stock quote service provided by XMLtoday.com.
    The XMLtoday.com stock quote service uses an HTTP GET interface to request
    a quote, and returns an XML string as a response.
    For additional information on how this service obtains stock quotes, go to
    the XMLtoday.com web site: http://www.xmltoday.com/examples/soap/stock.psp.
  </documentation>
  <import namespace = "http://www.getquote.com/StockQuoteService - interface"
    location = "http://www.getquote.com/wsdl/SQS - interface.wsdl"/>
  <service name = "StockQuoteService">
    <documentation>Stock Quote Service</documentation>
      <port name = "SingleSymbolServicePort"
        binding = "interface:SingleSymbolBinding">
      <documentation>Single Symbol Stock Quote Service</documentation>
      <soap:address location = "http://www.getquote.com/stockquoteservice"/>
    </port>
  </service>
</definitions>
```

根据上面的 WSDL 服务实现创建 UDDI 服务实现，服务实现在 UDDI 注册中心是作为带有一个或多个 bindingTemplate 的 businessService 发布的。

代码如下所示。

```
<businessService businessKey = "..." serviceKey = "...">      <! -- UDDI 文件 -- >
  <name>StockQuoteService</name>
  <description xml:lang = "en">
    Stock Quote Service
  </description>
  <bindingTemplates>
    <bindingTemplate bindingKey = "..." serviceKey = "...">
      <description>
        Single Symbol Stock Quote Service
      </description>
      <accesssPoint URLType = "http">
       http://www.getquote.com/singlestockquote
      </accessPoint>
      <tModelInstanceDetails>
        <tModelInstanceInfo tModelKey = "[tModel Key for Service Interface]">
          <instanceDetails>
```

```
            < overviewURL >
                http://www.getquote.com/wsdl/SQS - interface.wsdl # SingleSymbolServicePort
            </overviewURL >
        </instanceDetails >
      </tModelInstanceInfo >
    </tModelInstanceDetails >
  </bindingTemplate >
</bindingTemplates >
< categoryBag >
  < keyedReference tModelKey = "UUID:DB77450D - 9FA8 - 45D4 - A7BC - 04411D14E384"
                keyName = "Stock market trading services"
                keyValue = "84121801"/>
</categoryBag >
</businessService >
```

上面描述了在 UDDI 注册中心发布和查找完整的 WSDL 服务描述的过程。WSDL 服务接口描述作为 UDDI tModel 发布,WSDL 服务实现描述是作为 UDDI businessService 发布的,上述过程如图 7-9 所示。

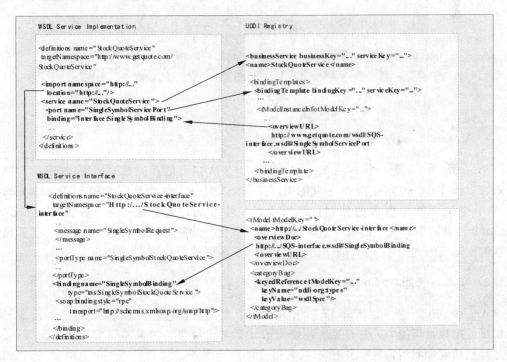

图 7-9 从 WSDL 到 UDDI 的映射概览实例

7.5 亚马逊 Web 服务平台简介

随着 Web 服务技术的发展,各个商业公司也推出了自己的 Web 服务平台用于各种网络应用。本节介绍一个比较成功商用的 Web 服务平台,亚马逊 Web 服务平台 Amazon

Web Services(AWS)。

Amazon Web Services(AWS)是一组服务,允许通过程序访问 Amazon 的计算基础设施。Amazon 通过构建健壮的计算平台,并通过 Internet 使用 AWS。在 Amazon 提供的可靠有效服务上构建功能,可以实现复杂的企业应用程序。这些 Web 服务本身驻留在云中,具备很高的可用性。只需根据使用的资源付费,不需要提前付费。硬件由 Amazon 维护和服务。Amazon 提供很多个 Web 服务,本节只简单介绍核心需求的基本服务:存储、计算、消息传递和数据集。AWS 基础设施的主要元素如图 7-10 所示,包括存储、计算、消息传递和数据集。

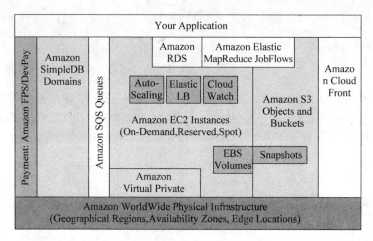

图 7-10　AWS 架构

1. Amazon Simple Storage Service(S3)

Amazon 的 S3 是一个 Web 服务,使 Web 开发人员能够存储数字资源(如图片、视频、音乐和文档等),以便在应用程序中使用。使用 S3 时,把 S3 当作一个位于 Internet 的机器,有一个包含数字资源的硬盘。实际上,S3 涉及到许多机器(位于各个地理位置)。Amazon 还处理所有复杂的服务请求,可以存储数据并检索数据。Amazon 的 S3 服务提供了能够使用任何支持 HTTP 通信的语言访问 S3 的开放编程接口(API)。

2. Amazon Elastic Compute Cloud(EC2)

Amazon EC2 是一个 Web 服务,使用户可以在几分钟内获得虚拟机器,根据需要轻松地扩展或缩减计算能力。并根据实际使用的计算时间付费。如果需要增加计算能力,可以快速地启动虚拟实例;当需求下降时,可以立即终止服务。

Amazon EC2 提供完全 Web 范围的计算,很容易扩展和缩减计算资源。可以完全控制在 Amazon 数据中心中运行计算环境。Amazon 提供 5 种服务器类型,用户可以选择适合自己应用程序需要的服务器类型。可以把实例放在不同的地理位置中,从而增强抵抗故障的能力。

3. Amazon Simple Queue Service(SQS)

Amazon Simple Queue Service(SQS)提供可靠的消息传递基础设施。可以使用基于

HTTP 请求在任何地方发送和接收消息。不需要安装和配置任何东西。可以创建任意数量的队列，发送任意数量的消息。Amazon 把消息存储在多个服务器和数据中心中，从而提供消息传递系统所需的冗余和可靠性。每个队列有一个可配置的预期超时周期，用来控制多个读者对队列的访问。一个应用程序从队列中读取一个消息之后，其他读者就看不到这个消息，直到超时周期期满为止。在超时周期期满之后，消息重新出现在队列中，另一个读者进程就可以处理它。另外，SQS 提供身份验证机制保护队列中的消息，用来防止未授权的访问。

4. Amazon SimpleDB(SDB)

Amazon SimpleDB(SDB) 是一个用于存储、处理和查询结构化数据集的 Web 服务。SDB 并不是传统意义上的关系数据库，而是一个云中的非结构化数据存储，可以使用它存储和获取键值。在每个域中对自己的数据集执行查询。SDB 便于使用，提供关系数据库的大多数功能。SDB 的维护比典型的数据库方便，不需要设置或配置任何东西。Amazon 负责所有管理任务，自动地为数据编制索引，可以在任何时候任何地方访问索引。

Amazon Web Services 具有可靠性、安全性、低成本、易部署等特点。服务在经过充分测试的 Amazon 数据中心中运行，根据需要在服务之上为应用程序提供基本安全性和身份验证机制，没有固定的成本或维护成本，可以根据需要扩展资源和预算。其中 4 个核心服务（存储、计算、消息传递和数据集）进行协同合作，为各种应用程序提供一个完整的解决方案。此外，AWS 社区非常活跃，这会促进世界各地的用户使用这些 Web 服务，有助于在这个基础设施上创建应用程序。

7.6　小结

本章着重描述 Web 服务体系中相关概念、框架及工作流程。首先介绍 Web 服务的概述，包括 Web 服务基本概念、典型场景、体系架构和技术架构等。然后介绍简单对象访问协议 SOAP，包括 SOAP 的基本概念、体系架构和 SOAP 消息的具体描述。接下来介绍 Web 服务描述语言 WSDL 和 Web 服务的注册与发现。最后对 Web 服务的具体实例亚马逊 Web 服务平台做了一个简单介绍。

参 考 文 献

[1]   左美云等. 信息系统的开发与管理教程. 北京：清华大学出版社,2001.

[2]   杨天路等. P2P网络技术原理与系统开发案例. 北京：人民邮电出版社,2007.

[3]   Abraham Silberschatz 等著,郑扣根译. 操作系统概念(第七版). 北京：高等教育出版社,2010.

[4]   William S. Davis 等著,陈向群等译. 操作系统基础教程(第五版). 北京：电子工业出版社,2003.

[5]   William Stallings 著. 操作系统——内核与设计原理(第四版). 北京：电子工业出版社,2002.

[6]   尹传高等. 操作系统. 北京：电子工业出版社,1998.

[7]   屠祁等. 操作系统基础(第三版). 北京：清华大学出版社,2003.

[8]   庞丽萍. 操作系统原理(第二版). 武汉：华中理工大学出版社,1988.

[9]   汤子瀛等. 计算机操作系统. 西安：西安电子科技大学出版社,2003.

[10]   殷肖川等. 网络编程与开发技术(第2版). 西安：西安交通大学出版社,2009.

[11]   孟庆昌等. 操作系统(第2版). 北京：电子工业出版社,2011.

[12]   Andrew S. Tanenbaum 等著,潘爱民译. 计算机网络(第四版). 北京：清华大学出版社,2008.

[13]   James F. Kurose 等著,陈鸣译. 计算机网络：自顶向下方法(第四版). 北京：机械工业出版社,2009.

[14]   谢希仁. 计算机网络(第五版). 北京：电子工业出版社,2008.

[15]   Douglas E. Comer 著,林生等译. 计算机网络与因特网(第五版). 北京：机械工业出版社,2009.

[16]   Behrouz A. Forouzan. TCP/IP Protocol Suite (forth edition).   New York：The McGraw-Hill Companies,2010.

[17]   Laura A. Chappell 等著,张长富等译. TCP/IP 协议原理与应用(第三版). 北京：清华大学出版社,2009.

[18]   Douglas E. Comer 著,林瑶等译. 用 TCP/IP 进行网际互联(第一卷：原理、协议与结构)(第四版). 北京：电子工业出版社,2001.

[19]   鲁斌等. 网络程序设计与开发. 北京：清华大学出版社,2010.

[20]   叶树华. 网络编程实用教程(第2版). 北京：人民邮电出版社,2010.

[21]   罗军舟等. TCP/IP 协议及网络编程技术. 北京：清华大学出版社,2004.

[22]   丁跃潮等. XML 实用教程. 北京：北京大学出版社,2006.

[23]   信息技术、开放系统互连、对象标识符(OID)的国家编号体系和注册规程(草案). 国家质量监督检验检疫总局.

[24]   URL、URN http://zh.wikipedia.org.

[25]   HTML http://www.w3cschool.cn/.

[26]   汪城波. 网络程序设计 JSP. 北京：清华大学出版社,2011.

[27]   Marty Hall 等著,胡书敏译. Servlet 与 JSP 核心编程(第2卷 第2版). 北京：清华大学出版社,2009.

[28]   苗连强. JSP 程序设计基础教程. 北京：人民邮电出版社,2009.

[29]   刘俊亮等. JSP Web 开发学习实录. 北京：清华大学出版社,2011.

[30]   范立锋. JSP 程序设计. 北京：人民邮电出版社,2009.

[31]   邓子云. JSP 网络编程从基础到实践. 北京：电子工业出版社,2009.

[32]　JSP 从入门到精通 http://wenku. baidu. com/view/6cd371f8c8d376eeaeaa31ee. html.

[33]　Michael P. Papazoglou 著,龚玲等译. Web 服务原理和技术. 北京:机械工业出版社,2010.

[34]　H. M. Deitel 著,励志等译. Web 服务技术教程. 北京:机械工业出版社,2004.

[35]　顾宁等. Web Services 原理与开发实践. 北京:机械工业出版社,2006.

[36]　http://zh. wikipedia. org/wiki/.

[37]　开发 Web 服务. https://www. ibm. com/developerworks/cn/webservices/ws-intwsdl/.

[38]　Understanding WSDL in a UDDI registry. http://www. ibm. com/developerworks/webservices/library/ws-wsdl/index. html.